PowerPoint 5minutes Drill

PowerPoint の「伝わる」資料デザイン

著 VEGGEY

SE SHOEISHA

本書について

本書はPowerPointによる資料デザインのスキルを習得するためのドリルです。入門書などで基本操作を一度学んだ方や実践が足りないと感じている初学者が、自分のスキルを定着させるためにお使いください。

本書の特徴

1. 短時間で基本をマスターできる

1ドリルはたった5分（目安）。全36ドリルをスキマ時間に自分のペースで解くことができます。巻末には基本機能を複合的に利用して制作する「演習」がついています。

2. 学びたいところからスタートできる

構成は6章立て。問題は「やさしい☆」「普通☆☆」「ちょいむず☆☆☆」の3レベルがあり、自分のレベルに合わせて、できるところから始められます。

3. 全ファイルダウンロードできる

ドリルで使用するファイルはすべて以下のサイトからダウンロードできます。

https://www.shoeisha.co.jp/book/download/9784798181257

4. 解説動画で確認できる

全ドリルに解説動画のQRコードがついているので、スマートフォンなどですぐに確認できます。

※動画の公開は終了または移転する場合があります。あらかじめご了承ください。終了する際はダウンロードサイト内で告知します。

ドリルの構成

ドリルはすべて「問題」→「Hint」→「Answer」が1セットになっています。問題を読んで、トライしてみてください。難しいと感じた方はHintをお読みください。答えは必ずしもひとつではありません。Answerはあくまでも一例と考えて、参考としてお読みください。

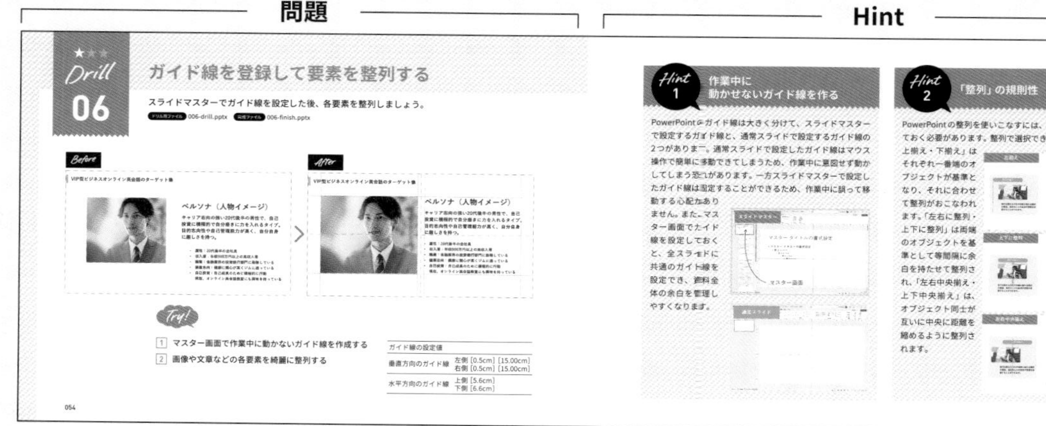

問題

★★★
Drill
06

ガイド線を登録して要素を整列する

スライドマスターでガイド線を設定した後、各要素を整列しましょう。

ドリル用ファイル 006-drill.pptx　完成ファイル 006-finish.pptx

Before

After

Try!

1 マスター画面で作業中に動かないガイド線を作成する
2 画像や文章などの各要素を綺麗に整列する

ガイド線の設定値	
垂直方向のガイド線	左側 [0.5cm] [15.00cm] 右側 [0.5cm] [15.00cm]
水平方向のガイド線	上側 [5.6cm] 下側 [6.6cm]

054

Hint

Hint 1 作業中に動かせないガイド線を作る

PowerPointのガイド線は大きく分けて、スライドマスターで設定するガイド線と、通常スライドで設定するガイド線の2つがあります。通常スライドで設定したガイド線はマウス操作で簡単に移動できてしまうため、作業中に意図せず動かしてしまう恐れがあります。一方スライドマスターで設定したガイド線は固定することができるため、作業中に誤って移動する心配もありません。また、マスター画面でガイド線を設定しておくと、全スライドに共通のガイド線を設定でき、資料全体の余白を管理しやすくなります。

Hint 2 「整列」の規則性

PowerPointの整列を使いこなすには、整列の規則性を覚えておく必要があります。整列で選択できる「左揃え・右揃え・上揃え・下揃え」はそれぞれ一番端のオブジェクトが基準となり、それに合わせて整列がおこなわれます。「左右に整列・上下に整列」は両端のオブジェクトを基準として等間隔に余白を持たせて整列され、「左右中央揃え・上下中央揃え」は、オブジェクト同士が互いに中央に距離を縮めるように整列されます。

055

Answer

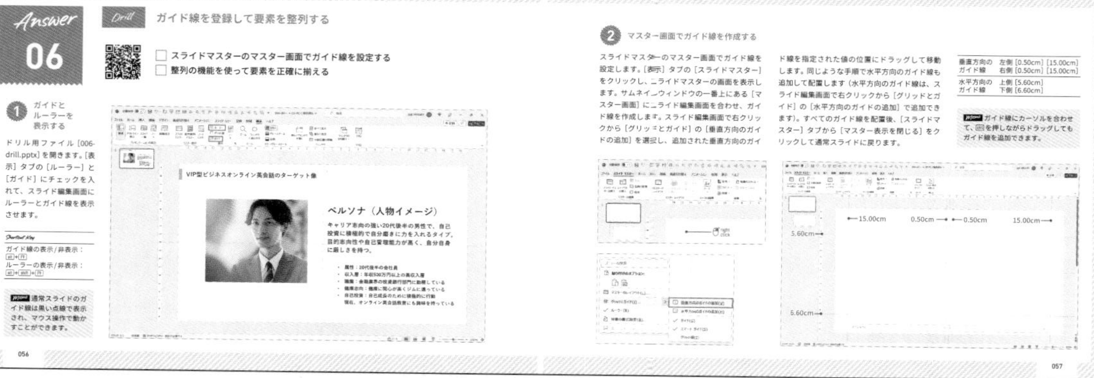

Answer
06

Drill ガイド線を登録して要素を整列する

□ スライドマスターのマスター画面でガイド線を設定する
□ 整列の機能を使って要素を正確に揃える

1 ガイドとルーラーを表示する

ドリル用ファイル［006-drill.pptx］を開きます。［表示］タブの［ルーラー］と［ガイド］にチェックを入れて、スライド編集画面にルーラーとガイド線を表示させます。

Shortcut Key
ガイド線の表示/非表示：Alt+F9
ルーラーの表示/非表示：Alt+Shift+F9

POINT 通常スライドのガイド線は黒い点線で表示され、マウス操作で動かすことができます。

056

2 マスター画面でガイド線を作成する

スライドマスターのマスター画面でガイド線を設定します。［表示］タブの［スライドマスター］をクリックし、スライドマスターの画面を表示します。サムネイルウィンドウの一番上にある［マスター画面］にスライド編集画面を合わせ、ガイド線を作成します。スライド編集画面で右クリックから［グリッドとガイド］の［垂直方向のガイドの追加］を選択し、追加された垂直方向のガイド線を指定された値の位置にドラッグして移動します。同じような手順で水平方向のガイド線も追加して配置します（水平方向のガイド線は、スライド編集画面で右クリックから［グリッドとガイド］の［水平方向のガイドの追加］で追加できます）。すべてのガイド線を配置後、［スライドマスター］タブから［マスター表示を閉じる］をクリックして通常スライドに戻ります。

垂直方向のガイド線	左側 [0.50cm] [15.00cm] 右側 [0.50cm] [15.00cm]
水平方向のガイド線	上側 [5.60cm] 下側 [6.60cm]

POINT ガイド線にカーソルを合わせて、Ctrlを押しながらドラッグしてもガイド線を追加できます。

057

CONTENT

本書内容に関するお問い合わせについて

本書に関する正誤表、ご質問については、下記のWebページをご参照ください。

正誤表 .... https://www.shoeisha.co.jp/book/errata/
書籍に関するお問い合わせ .... https://www.shoeisha.co.jp/book/qa/

インターネットをご利用でない場合は、FAXまたは郵便にて、下記にお問い合わせください。電話でのご質問は、お受けしておりません。

〒160-0006　東京都新宿区舟町5　㈱翔泳社 愛読者サービスセンター係
FAX番号 03-5362-3818

※ 本書に記載されたURL等は予告なく変更される場合があります。
※ 本書の出版にあたっては正確な記述につとめましたが、著者や出版社などのいずれも、本書の内容に対してなんらかの保証をするものではなく、内容やサンプルに基づくいかなる運用結果に関してもいっさいの責任を負いません。
※ 本書に掲載されているサンプルプログラムやスクリプト、および実行結果を記した画面イメージなどは、特定の設定に基づいた環境にて再現される一例です。
※ 本書に記載されている会社名、製品名はそれぞれ各社の商標および登録商標です。

本書を読むときの注意

Windows と Mac の対応

本書はWindowsをベースにして解説をおこなっていますが、Macでも使用できます。なおMacの場合は、キーボードを以下のように読み替えてご使用ください。

Windows	Mac
ctrl	⌘
alt	option

PowerPoint のバージョンについて

本書はMicrosoftが提供する「Microsoft 365」というサブスクリプション版のPowerPointを基本としています。名称や一部の機能については古いバージョンでは異なっていたり、利用できない場合があります。あらかじめご注意ください。

フォントについて

作例で利用しているフォントは、Windowsの標準フォントを使用しています。一部、Macでは標準で入っていないフォントを使用していますが、Google Fonts のWebサイトからダウンロードすれば利用が可能です。
https://fonts.google.com/

Google FontsについてはChapter1のコラムをご覧ください。もしGoogle Fonts自体や該当するフォントが利用できない場合は、似たフォントで代用しても問題ありません。

Introduction

設定と操作のポイント

Intro i

PowerPointの基本画面を理解する

PowerPointを使用する上で、基本となる画面構成とその役割を理解しておくことが重要です。各部の名称は本書で頻繁に登場するので、名称がわからなかった場合はこのページに戻って見直しましょう。

❶タブ

タブはPowerPointの画面上部に表示される水平のバーで、ホーム、挿入、描画、デザイン、画面切り替え、アニメーション、スライドショーなどがあります。これらのタブをクリックすると、それぞれの機能が表示されます。

❷リボン

リボンは選択したタブによって変化する水平のバーで、各タブに関連するコマンドが表示されます。例えば、ホームタブを選択すると、フォントや段落などのテキスト編集機能が表示されます。リボンの各コマンドで詳細な操作ができます。

❸サムネイルウィンドウ

サムネイルウィンドウは左側に表示されるスライドのプレビューで、スライドの内容やレイアウトがひと目で確認できます。また、スライドの順序を変更したりすることができます。

❹スライド編集画面

スライド編集画面はスライドを作成・編集するためのメイン画面です。スライドの中にテキスト、画像、図形、チャート、表などを挿入することができます。

❺作業ウィンドウ

作業ウィンドウはPowerPointの編集画面の右側に表示される領域で、スライド上のテキストボックス、図形、写真などの編集に使用されます。書式設定をおこなうためのさまざまなオプションがまとまっているため、編集作業をスムーズにおこなうことができます。

❻ステータスバー

ステータスバーは画面下部に表示されるバーで、現在のスライドの番号やスライドショーの再生時間、ズームの倍率などが表示されます。ステータスバーの右端には、スライドショーの開始などの機能があります。

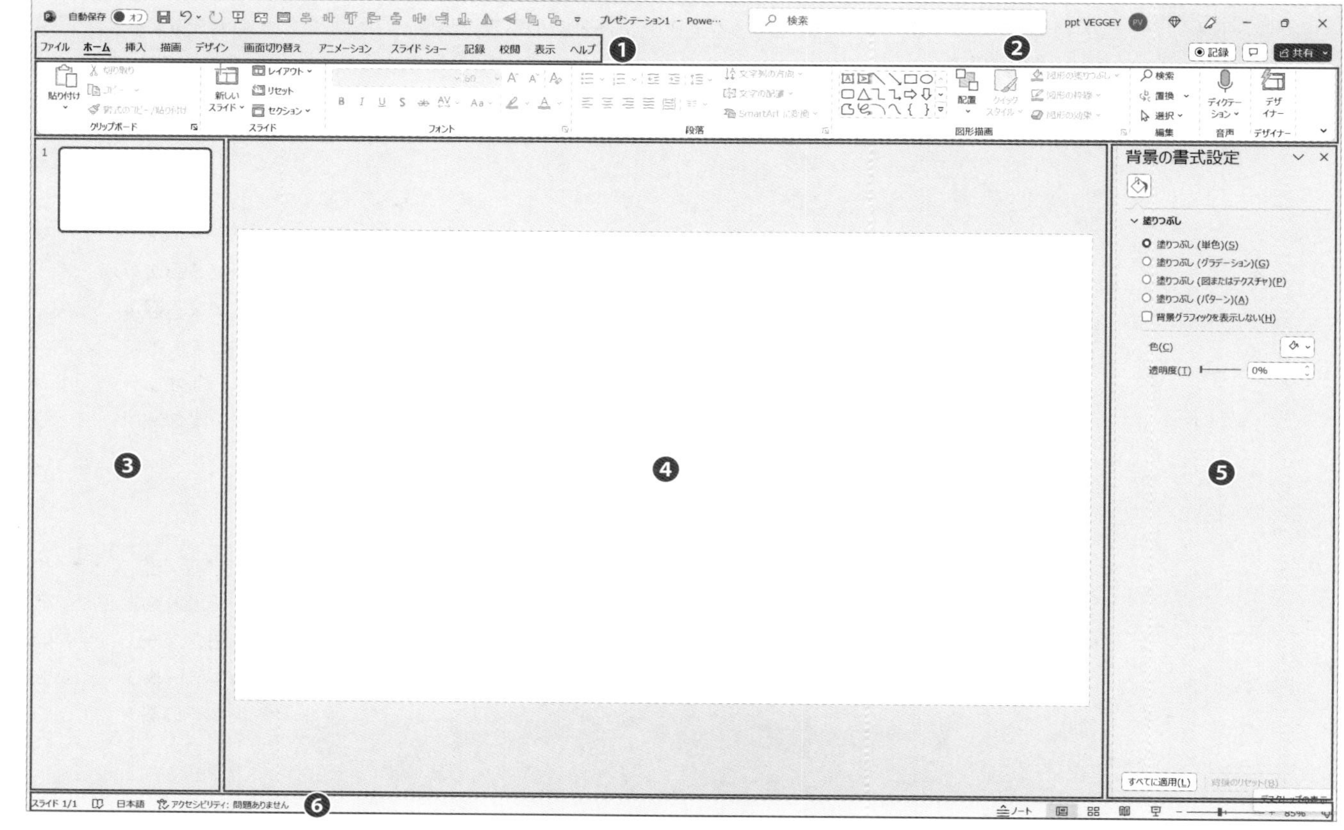
自動保存 オフ
プレゼンテーション1 - Powe…
検索
ppt VEGGEY
ファイル ホーム 挿入 描画 デザイン 画面切り替え アニメーション スライド ショー 記録 校閲 表示 ヘルプ
記録
共有
貼り付け
クリップボード
新しい スライド
レイアウト
リセット
セクション
スライド
フォント
段落
配置
図形描画
検索
置換
選択
編集
ディクテーション
音声
デザイナー
1
❶
❷
❸
❹
❺
❻
背景の書式設定
塗りつぶし
塗りつぶし (単色)(S)
塗りつぶし (グラデーション)(G)
塗りつぶし (図またはテクスチャ)(P)
塗りつぶし (パターン)(A)
背景グラフィックを表示しない(H)
色(C)
透明度(T)
0%
すべてに適用(L)
スライド 1/1
日本語
アクセシビリティ: 問題ありません
ノート

Intro ii

作業効率向上のために見ておきたい「PowerPointのオプション」

スライド作成を進める前に「PowerPointのオプション」をカスタマイズして、作業しやすい環境を整えましょう。ここでは設定しておきたい項目について紹介します。

デザインアイデアを非表示にする

デザインアイデアはスライドに文字や画像を配置したときに、それに合わせたデザインを画面右側の作業ウィンドウで自動的に提案・生成してくれる機能です。便利な機能である一方で、スライドを編集する上では邪魔になってしまうことがあります。本書ではデザインアイデアを使った内容は取り上げていないので、非表示にしておきましょう。

Memo デザインアイデアの非表示：[ファイル] タブから画面左下の [オプション] を選択し「PowerPointのオプション」のダイアログボックスを開きます。[全般] メニューの「PowerPointデザイナー」にあるチェックを外すとデザインアイデアを非表示にすることができます。

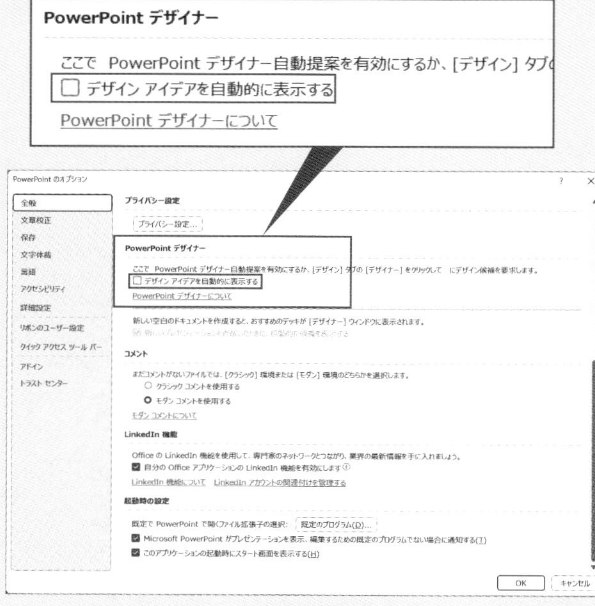

元に戻す操作の最大数を上げる

PowerPointでは、「元に戻す」操作を実行することができますが、この操作を繰り返すことができる回数には上限があります。デフォルトでは、PowerPointの「元に戻す操作の最大数」は20回となっていますが、PowerPointのオプションで最大150回に増やすことができます。最大数を増やしておくことでミスの修正がより容易になるので、「元に戻す操作の最大数」を最大化しておきましょう。

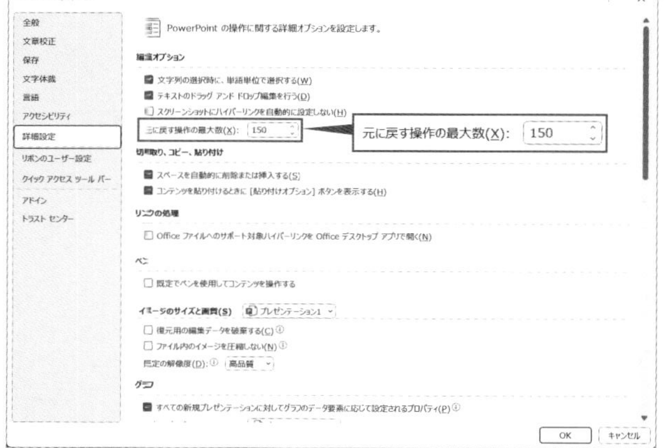

Memo 設定方法：[ファイル] タブから画面左下の [オプション] を選択し「PowerPointのオプション」のダイアログボックスを開きます。[詳細設定] メニューの「編集オプション」にある [元に戻す操作の最大数] を [150] にすると、上限まで「元に戻る」操作を実行できます。

Intro iii

表示に関する基本操作と便利な機能

素早く正確で美しい作業に欠かせないのが拡大や縮小、移動といった基本的な操作です。PowerPointの表示に関する機能を知っておくことで、用途に合わせて的確な作業ができるようになります。

拡大/縮小/移動のショートカット

スライド作成において画像やオブジェクトの拡大・縮小・移動などの操作は頻繁におこなわれる基本的な操作です。例えば、拡大操作はステータスバーにあるズームスライダーで拡大することができますが、通常はスライダーを使用せずに、ctrlキーとマウスホイールを使っての拡大や、ctrlキーと+を使った操作が主になります。

移動	ドラッグ
細かく移動	alt+ドラッグ
垂直・水平方向に移動	shift+ドラッグ
拡大	ctrl+マウスホイール奥に回転 / ctrl++ (Macの場合は⌘+shift++)
縮小	ctrl+マウスホイール手前に回転 / ctrl+− (Macの場合は⌘+−)

トラックパッドを使用している場合は2本指によるピンチイン/ピンチアウトでも拡大/縮小が可能です。

作業ウィンドウを小窓にする

作業ウィンドウはスライド作りにおいて、文字や図形の詳細な設定をおこなうことができるウィンドウのひとつです。しかし、この作業ウィンドウは右側に表示される領域が大きく、ノートパソコンなどの液晶画面が小さい場合は肝心のスライド編集画面の領域を狭めてしまう可能性があります。この作業ウィンドウは、上部のバーをドラッグすることでウィンドウを小さく表示することができます。スライド編集画面の大きさを保ったまま、細かな設定をおこなう場合に活用しましょう。

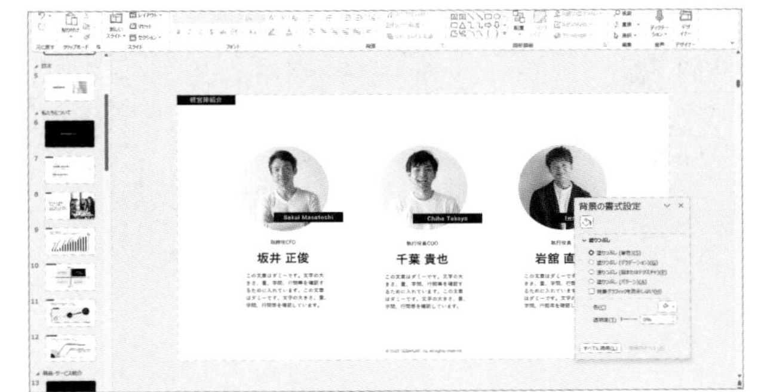

ファイルサイズを軽くする

近年、画像やイラストの品質が向上し、フリー素材であっても高品質な画像の利用が可能になりました。しかしながら、これらの高品質な画像をPowerPointに使用すると、ファイルサイズが重くなってしまうことがあります。ファイルサイズの重さによっては、PowerPointの作業がスムーズに進まなくなるほか、メールで送受信ができないといった問題も生じます。

このような場合、図の圧縮をおこなうことでファイルサイズを小さくすることができます。ただし、圧縮率を上げすぎると画像品質が劣化してしまい逆に表示されなくなることもあるので、圧縮率を適切に設定して、画像品質の低下を最小限に抑えるようにしましょう。圧縮の目安は、スライドをパソコン画面で閲覧させる場合であれば「150ppi」、印刷して使用する場合であれば「220ppi以上」に設定します。

画像の圧縮率が高すぎると劣化してしまう

Memo 図の圧縮：任意の図を選択して、[図の形式] タブにある [図の圧縮] をクリックし「画像の圧縮」のダイアログボックスを開きます。もしファイル内のすべての画像を圧縮する場合は、圧縮オプションで [この画像だけに適用する] のチェックボックスを外します。あとは用途に応じて解像度で圧縮率を選び [OK] をクリックすれば圧縮されます。

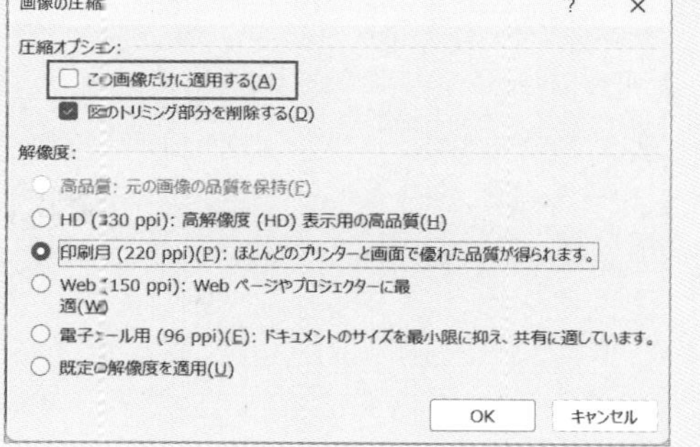

スライドサイズを変更する

スライドの作成を進める前に確認しておきたいのが、スライドサイズです。近年では4：3サイズよりもA4サイズや16：9サイズが主流となっています。4：3サイズは他サイズと比べて小さくレイアウトの自由度が限られるほか、時代遅れのような見劣りを感じさせてしまいます。現在では、ワイドスクリーンの普及や紙の印刷を避ける傾向もあるため、必ずしも4：3サイズを採用する必要はありません。本書では16：9サイズを採用しています。

4：3サイズの単調なデザイン

DXを進める上での組織的チャレンジとプラクティス

1. トップダウン＋ボトムアップでの推進体制
- ✓ トップがデジタル化の意義を理解し、推進のイニシアティブを取る。
- ✓ 現場の若手職員に裁量を与え、任せる。専任の担当者を置き、エバンジェリストにする。

2. 行政官＋IT人材が一体となったチーム作り
- ✓ それぞれの専門性を活かしつつ、お互いがやろうとしていることを理解する。
- ✓ 両者がフラットな立場で議論できる環境を作る。思っていることをぶつける。

3. 目的の明確化と関係者での共有
- ✓ 何のためにそのデジタルサービスを作ろうとしているのかを明確にし共有する。
- ✓ サービス全体の中で自分の開発しているものはどのような位置付けになるのか意識する。

4. デジタル化を進める仕組みの組織内への埋め込み
- ✓ 開発におけるデータ形式、項目、API等の標準化と仕様書への埋め込み
- ✓ データ利活用を前提とした組織内の業務プロセスの見直し、ルール化

経済産業省：経済産業省のデジタルトランスフォーメーションについて2020年6月をもとに作成

16：9サイズはデザインの幅も広がる

DXを進める上での組織的チャレンジとプラクティス

1. トップダウン＋ボトムアップでの推進体制

トップがデジタル化の意義を理解し、推進のイニシアティブを取る。
現場の若手職員に裁量を与え、任せる。専任の担当者を置き、エバンジェリストにする。

2. 行政官＋IT人材が一体となったチーム作り

それぞれの専門性を活かしつつ、お互いがやろうとしていることを理解する。
両者がフラットな立場で議論できる環境を作る。思っていることをぶつける。

3. 目的の明確化と関係者での共有

何のためにそのデジタルサービスを作ろうとしているのかを明確にし共有する。
サービス全体の中で自分の開発しているものはどのような位置付けになるのか意識する。

4. デジタル化を進める仕組みの組織内への埋め込み

開発におけるデータ形式、項目、API等の標準化と仕様書への埋め込み
データ利活用を前提とした組織内の業務プロセスの見直し、ルール化

Memo スライドサイズ変更：[デザイン] タブにある [スライドのサイズ] をクリックすると、「標準 (4:3)」または「ワイド画面(16:9)」でサイズを選ぶことができます。また、A4サイズに変更する場合は [ユーザー設定のスライドのサイズ] から「スライドのサイズ」のダイアログボックスを開き、「スライドのサイズ指定」のドロップダウンリストで変更できます。

※ PowerPoint標準のA4サイズ (275.17×190.5mm) は、国際規格 (297×210mm) よりもひと回り小さくなっています。

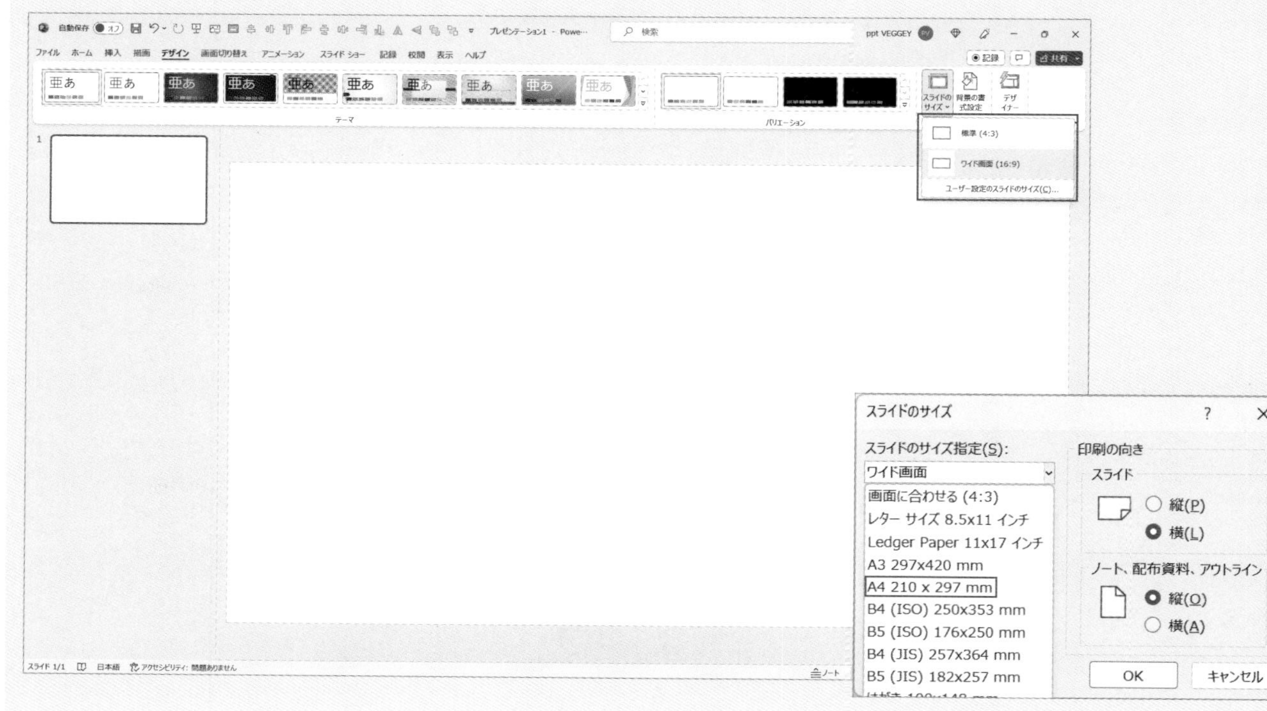

Intro iv

クイックアクセスツールバーをカスタマイズする

クイックアクセスツールバーを自分仕様にカスタマイズすることで、作業効率を上げることができます。ここではそのメリットと設定方法を紹介します。

クイックアクセスツールバーはよく使用する機能を、常に見える位置（リボン上部や下部）に表示しておくことができる非常に便利なツールです。これにより、作業効率が上がり資料の作成にかかる時間を短縮することができます。

例えば、複数の図形を左揃えで揃える場合、「図形の書式タブ」>「配置」>「左揃え」の順に操作する必要がありますが、クイックアクセスツールバーに「左揃え」を追加しておくことで、ワンクリックで「左揃え」をおこなえるようになります。

資料作成では同じコマンドを使用する場面が多いので、よく使用する機能をまとめておくだけで、作業へのストレスを大幅に軽減できます。特に使用頻度の高い、整列や回転、画像の挿入といったコマンドはクイックアクセスツールバーに登録しておくことをおすすめします。

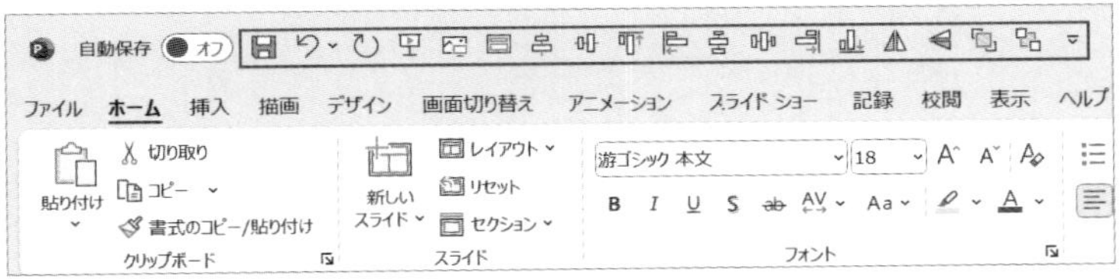

自動保存
オフ
ファイル
ホーム
挿入
描画
デザイン
画面切り替え
アニメーション
スライド ショー
記録
校閲
表示
ヘルプ
切り取り
コピー
書式のコピー/貼り付け
貼り付け
クリップボード
新しいスライド
レイアウト
リセット
セクション
スライド
游ゴシック 本文
18
フォント

Memo クイックアクセスツールバーの登録：[ファイル] タブから画面左下の [オプション] を選択し「PowerPointのオプション」のダイアログボックスを開きます。[クイックアクセスツールバー] メニューで追加したいコマンドを選択して、[追加] をクリックし登録できます。「コマンドの選択」で初期表示される「基本的なコマンド」には左揃えや上下反転などが入っていないので、ドロップダウンリストで「すべてのコマンド」を選択して探しましょう。

PowerPoint のオプション
全般
文章校正
保存
文字体裁
言語
アクセシビリティ
詳細設定
リボンのユーザー設定
クイック アクセス ツール バー
アドイン
トラスト センター
クイック アクセス ツール バーをカスタマイズします。
すべてのコマンド
追加(A) >>
<< 削除(R)
OK
キャンセル

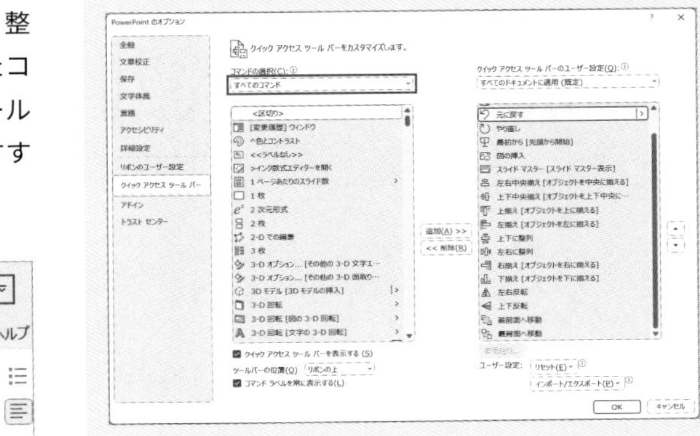

Intro V

覚えておきたいショートカットキー

PC初心者にありがちなのが片手でのキーボード操作です。マウス操作をするとき以外は両手でキーボードを操作しましょう。その上で、素早く作業するために必要不可欠なのがショートカットキーの活用です。ここでは特に資料作成の実務でよく利用するものを紹介します。

ファイル操作に関するショートカットキー	
新規作成	ctrl + N
開く	ctrl + O
閉じる	ctrl + W
保存	ctrl + S
別名で保存	F12
戻る	ctrl + Z
進む/直前の操作の繰り返し	ctrl + Y
全て選択	ctrl + A

文字に関する操作	
太字	ctrl + B
斜体	ctrl + I
下線	ctrl + U
フォントサイズ拡大	ctrl + shift + >
フォントサイズ縮小	ctrl + shift + <
左寄せ	ctrl + L
中央寄せ	ctrl + E
右寄せ	ctrl + R
両端寄せ	ctrl + J

オブジェクトに関する操作	
複製	ctrl + D
拡大/縮小	shift + 方向キー
グループ化	ctrl + G
グループ化解除	ctrl + shift + G
前面に移動	ctrl + shift +]
背面に移動	ctrl + shift + [

便利なショートカットキー	
書式のコピー	ctrl + shift + C
書式の貼り付け	ctrl + shift + V
検索	ctrl + F
置換	ctrl + H
スライドショー開始	F5
現在のスライドからスライドショー開始	shift + F5

Column

AI技術を搭載した「Microsoft 365 Copilot」

AI技術を搭載した「ChatGPT」の登場に伴って、さまざまな分野でその技術が活発に利用されはじめました。私たちが普段よく使うオフィスアプリもAI技術が搭載される予定で、「Microsoft 365 Copilot」として多くのユーザーが正式リリースを待ち望んでいます。ここではプレスリリースで紹介されている機能を少し覗いてみましょう。

数秒でプレゼン資料が作れる

「Microsoft 365 Copilot」は、AI技術によって瞬時にプレゼン資料を作成できる新しい機能です。プレゼンの内容やシチュエーション、スライドの枚数などを指示するだけで、適切なデザインのプレゼン資料が数秒で完成します。さらに、細かい修正もCopilotに指示を出すことで瞬時に修正されるようです。また、PowerPointが苦手な方には、Wordで作成したファイルを読み込ませて資料を生成する機能も備わっています。

ビジネス現場ですぐに活用できる資料が作成されるかどうかはわかりませんが、プレゼン資料の骨組みや基本的な内容を手早く作成するための頼りになるツールとして期待できそうです。今後、正式リリースが予定されているとのことで、その動向には目が離せません。

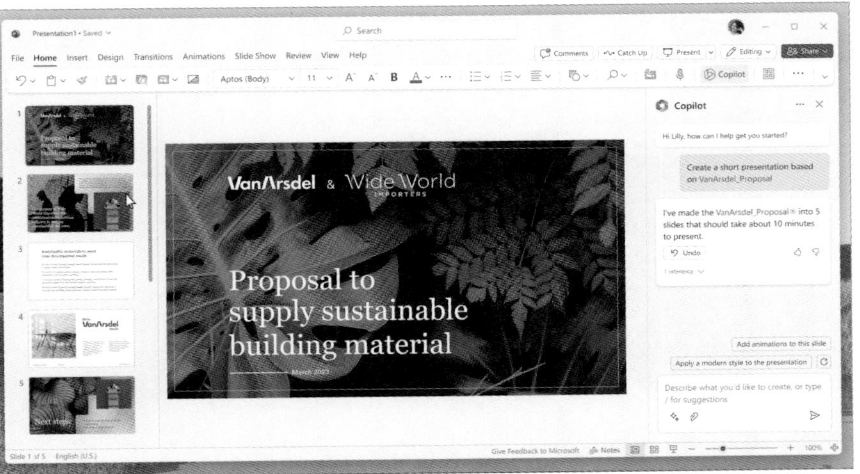

Chapter 1

文字・フォント

★★★ Drill 01

登録したフォントでシンプルな表紙を作る

お気に入りのフォントを登録して表紙を作成しましょう。

ドリル用ファイル 001-drill.pptx　素材ファイル 001-01.txt　完成ファイル 001-finish.pptx

Before

新型システムのご提案と
来年度の販促計画
医療AIポータルを利用した人工知能搭載型の治療診断

After

新型システムのご提案と
来年度の販促計画
医療AIポータルを利用した人工知能搭載型の治療診断

1 お気に入りのフォントを登録する
2 タイトルの行間を設定する
3 フッターにコピーライトを表示する

使用フォント	英数字用フォント　Segoe UI 日本語用フォント　メイリオ
スタイル	太字（タイトルのみ）
行間の設定値	倍数 1.1
背景色	白、背景1、黒＋基本色5%

Hint 1 フォントを登録する

PowerPointには、よく使用するお気に入りフォントを登録する機能があります。この機能を使用することで、新しいテキストの挿入時にフォント変換の手間を省くことができ、資料全体でのフォントの統一が容易になります。フォント登録はスライドマスター、またはデザインタブから「新しいテーマのフォント パターンの作成」のダイアログボックスで設定します（一度登録したフォントは同じPC内で別のPowerPointファイルからも利用できます。Macでは任意のフォント登録ができず、PowerPointが提供する「Officeセクション」から選ぶ仕様になっています）。

新しいテーマのフォント パターンの作成
英数字用のフォント
見出しのフォント (英数字)(H): Segoe UI
本文のフォント (英数字)(B): Segoe UI
サンプル
Heading
Body text body text body text. Bod
日本語文字用のフォント
見出しのフォント (日本語)(A): メイリオ
本文のフォント (日本語)(O): メイリオ
サンプル
見出しのサンプルです
本文のサンプルです。本文のサン
名前(N): Segoe UI / メイリオ
保存(S)
キャンセル

Hint 2 フッターを表示する

フッターに社名やコピーライトを表示するには、「挿入」タブにある［ヘッダーとフッター］を編集する必要があります。ここでは、フッター以外にも日付や時刻、スライド番号などの表示・非表示を設定することができます。

Answer 01

Drill

登録したフォントでシンプルな表紙を作る

- □ 「新しいテーマのフォント パターンの作成」からフォントを登録する
- □ 段落のダイアログボックスから「行間」を設定する
- □ 挿入タブの「ヘッダーとフッター」でコピーライトを設定する

1 「新しいテーマのフォント パターンの作成」のダイアログボックスを開く

ドリル用ファイル [001-drill.pptx] を開きます。[表示] タブにある [スライドマスター] を選択して、スライドマスターの編集画面を開きます。[スライドマスター] タブにある [フォント] をクリックし、ドロップダウンリストの下部にある [フォントのカスタマイズ] を選択して「新しいテーマのフォント パターンの作成」のダイアログボックスを開きます。

Memo 「新しいテーマのフォント パターンの作成」のダイアログボックスは「デザインタブ」→「バリエーション」→「フォント」→「フォントのカスタマイズ」からも開くことができます。

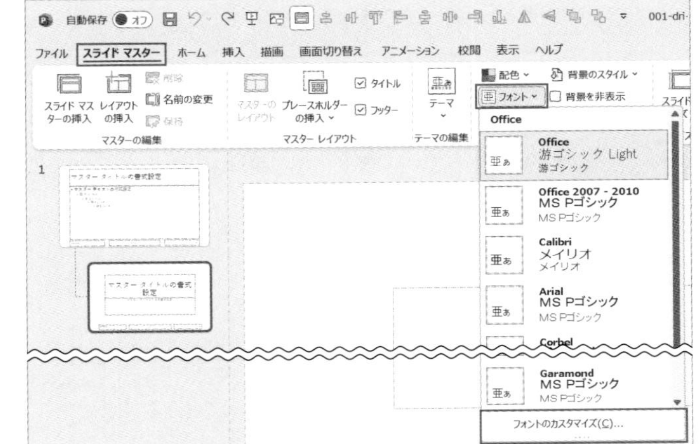

2 お気に入りフォントを登録する

「新しいテーマのフォント パターンの作成」のダイアログボックスで、下記のフォントに設定し名前をつけて［保存］をクリックします。登録後は［スライドマスター］タブの［マスター表示を閉じる］を選択して、スライドマスターの編集画面を閉じます。

英数字用フォント	見出しのフォント（英数字） 本文のフォント（英数字）	：Segoe UI ：Segoe UI
日本語文字用フォント	見出しのフォント（日本語） 本文のフォント（日本語）	：メイリオ ：メイリオ

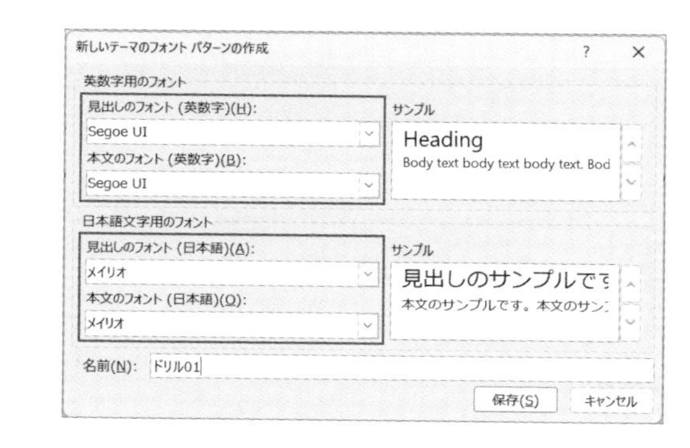

3 テキストの書式（揃え・太字・行間）を設定する

タイトルとサブタイトルのテキストボックスを選択して［ctrl］+［L］で左揃えにします。次にタイトルのテキストボックスを選択して［ctrl］+［B］で太字に変更したのち、行間を読みやすくしていきます。タイトルのテキストボックスを選択して［ホーム］タブの「段落」の右下にある［↘］をクリックし、「段落」のダイアログボックスを開きます。「行間」を［倍数］［1.1］に設定して［OK］をクリックします。

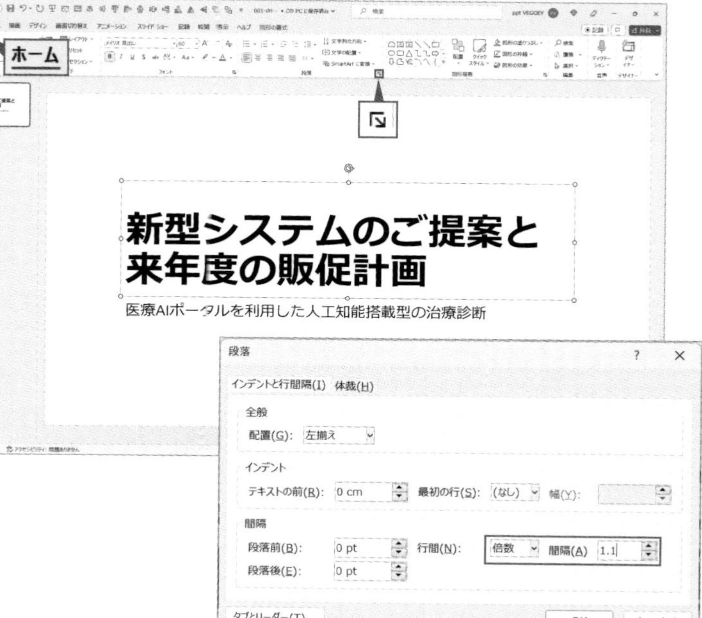

 背景色を変更する

スライド編集画面で右クリックから［背景の書式設定］を開きます。右側に作業ウィンドウが表示されるので、［塗りつぶし（単色）］にチェックを入れ「色」を［白、背景1、黒＋基本色5%］に設定して背景色を変更します。

背景色	白、背景1、黒＋基本色5%

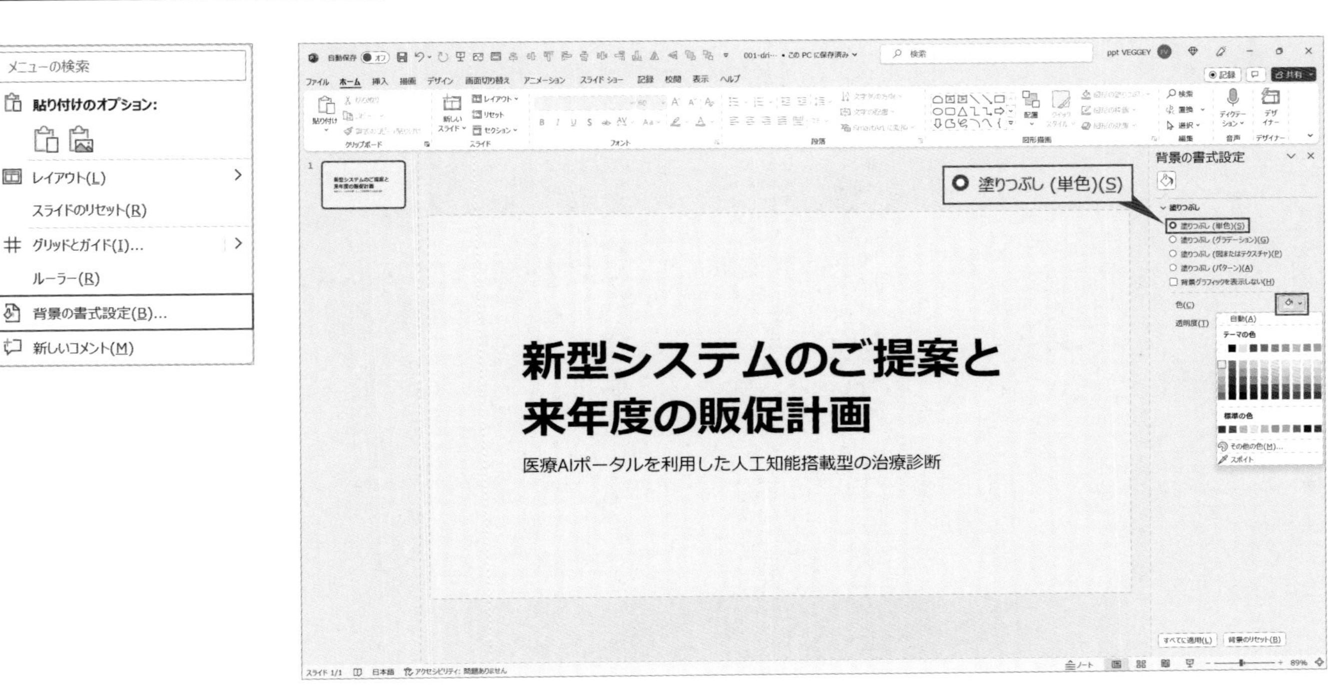

メニューの検索
貼り付けのオプション:
レイアウト(L)
スライドのリセット(R)
グリッドとガイド(I)...
ルーラー(R)
背景の書式設定(B)...
新しいコメント(M)

塗りつぶし（単色）(S)

新型システムのご提案と
来年度の販促計画
医療AIポータルを利用した人工知能搭載型の治療診断

5 コピーライトをフッターに表示する

[挿入] タブにある [ヘッダーとフッター] をクリックして、ダイアログボックスを開き「フッター」にチェックを入れます。素材ファイル [001-01.txt] を開いて、コピーライトのテキストを ctrl+C でコピーします。フッターの入力欄に ctrl+V でペーストし [すべてに適用] をクリックします。スライドのフッターにコピーライトが表示されたら完成です。

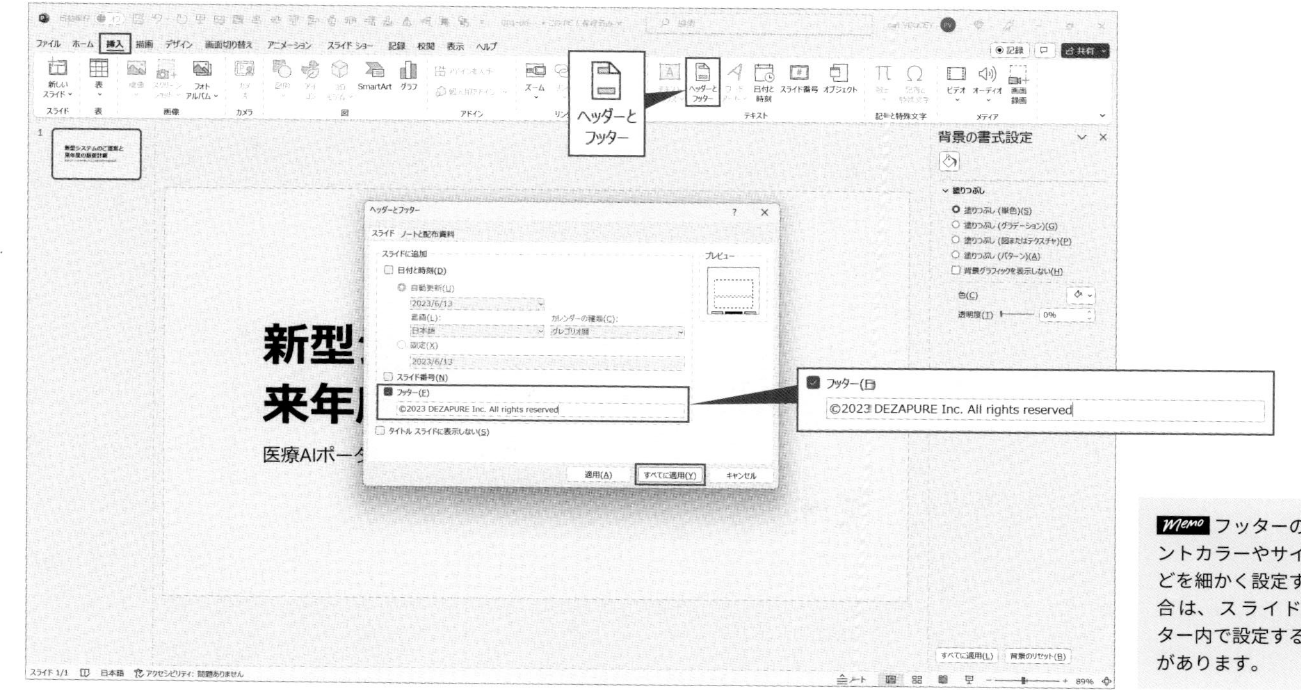

Memo フッターのフォントカラーやサイズなどを細かく設定する場合は、スライドマスター内で設定する必要があります。

読みやすい文章を作る

読みやすい文章になるように指定された値を設定しましょう。
設定後、説明文のテキストボックスを「既定のテキストボックス」として設定しましょう。

ドリル用ファイル 002-drill.pptx　完成ファイル 002-finish.pptx

Before

地球温暖化の影響と対策について

地球温暖化とは地球の平均気温が上昇する現象を指します。主な原因は人為的な温室効果ガスの排出による影響です。温室効果ガスとは大気中に存在する二酸化炭素、メタン、一酸化窒素、フロンなどの気体のことを言います。これらのガスは太陽からの熱を大気中に閉じ込めて、地球の表面を暖かく保っています。しかし、人為的な活動によってこれらのガスが増加すると地球の気温が上昇することになります。
地球温暖化の影響は極端な気象現象や海面上昇、生物多様性の低下、食料生産への悪影響など、多岐にわたります。例えば、地球温暖化によって北極圏の氷が溶けると、海面が上昇するだけでなく、生態系や気象現象にも深刻な影響を与えます。また、熱波や異常気象が増加することによって、人間の健康への影響も懸念されています。
地球温暖化の対策としては温室効果ガスの排出削減や、再生可能エネルギーの利用などが挙げられます。また、地球温暖化の影響に備えた適応策の開発も必要です。国際的な取り組みとしては、1997年に採択された「京都議定書」や、2015年に採択された「パリ協定」があります。

After

地球温暖化の影響と対策について

地球温暖化とは地球の平均気温が上昇する現象を指します。主な原因は人為的な温室効果ガスの排出による影響です。温室効果ガスとは大気中に存在する二酸化炭素、メタン、一酸化窒素、フロンなどの気体のことを言います。これらのガスは太陽からの熱を大気中に閉じ込めて、地球の表面を暖かく保っています。しかし、人為的な活動によってこれらのガスが増加すると地球の気温が上昇することになります。

地球温暖化の影響は極端な気象現象や海面上昇、生物多様性の低下、食料生産への悪影響など、多岐にわたります。例えば、地球温暖化によって北極圏の氷が溶けると、海面が上昇するだけでなく、生態系や気象現象にも深刻な影響を与えます。また、熱波や異常気象が増加することによって、人間の健康への影響も懸念されています。

地球温暖化の対策としては温室効果ガスの排出削減や、再生可能エネルギーの利用などが挙げられます。また、地球温暖化の影響に備えた適応策の開発も必要です。国際的な取り組みとしては、1997年に採択された「京都議定書」や、2015年に採択された「パリ協定」があります。

1. フォントサイズを変更する
2. 字間や行間を設定する
3. 説明文を既定のテキストボックスに設定する

フォントサイズ	見出し：44pt 説明文：16pt
スタイル	太字（見出しのみ）
字間の設定値	間隔：文字間隔を広げる　幅：1pt
行間の設定値	倍数1.2
段落後の設定値	6pt

Hint 1 字間と行間の調節

字間や行間は、文章の見栄えや読みやすさを上げるための重要な要素です。使用するフォントの種類やサイズによって異なりますが、デフォルトの設定のまま文章を入力すると視覚的に読みにくい文章になってしまいます。そのためスライドを開いてすぐに文章を入力するのではなく、字間や行間の設定をしてから資料作成にとりかかると「見やすい文章」が作れます。字間の詳細設定は「フォント」のダイアログボックスから、行間の詳細設定は「段落」のダイアログボックスから設定できます。

フォント
フォント(N) 文字幅と間隔(R)
間隔(S): 文字間隔を広げる 幅(B): 1 pt
カーニングを行う(K): 12 ポイント以上の文字(O)

段落
インデントと行間隔(I) 体裁(H)
全般
配置(G): 中央揃え
インデント
テキストの前(R): 0 cm 最初の行(S): (なし) 幅(Y):
間隔
段落前(B): 0 pt 行間(N): 倍数 間隔(A) 1.2
段落後(E): 6 pt
タブとリーダー(T)... OK キャンセル

Hint 2 既定のテキストボックスに設定

「既定のテキストボックス」とは、テキストに施した字間や行間などの設定を初期設定値として保存できる機能です。この設定により、新たにテキストボックスを追加した際の書式設定が省略されるため、作業がスムーズになります。設定の方法は、既定のテキストボックスに設定したいテキストを右クリックし「既定のテキストボックスに設定」を選ぶだけです。ただし、新しいスライドを追加したときに初期表示で出てくるプレースホルダーには既定のテキストボックスの設定値は反映されません。

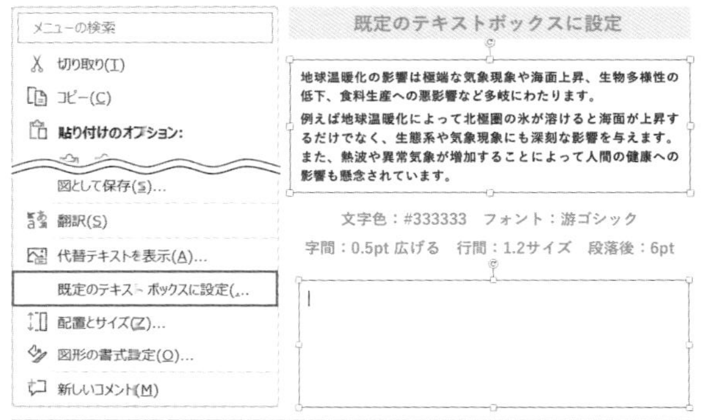

新規に追加したテキストボックスも設定した書式を使用できる

Answer 02

Drill 読みやすい文章を作る

- [ ] フォントのダイアログボックスと、段落のダイアログボックスで「字間・行間・段落後」の設定をする
- [ ] 説明文を右クリックし「既定のテキストボックス」に設定する

1 見出しと説明文の文字列を変更する

ドリル用ファイル［002-drill.pptx］を開き、見出しのテキストボックスを選択して ctrl + L で左揃えにします。次に、説明文のテキストボックスを選択して ctrl + J で両端揃えにします。

左揃えに

地球温暖化の影響と対策について

両端揃えに

地球温暖化とは地球の平均気温が上昇する現象を指します。主な原因は人為的な温室効果ガスの排出による影響です。温室効果ガスとは大気中に存在する二酸化炭素、メタン、一酸化窒素、フロンなどの気体のことを言います。これらのガスは、太陽からの熱を大気中に閉じ込めて、地球の表面を暖かく保っています。しかし、人為的な活動によってこれらのガスが増加すると地球の気温が上昇することになります。
地球温暖化の影響は極端な気象現象や海面上昇、生物多様性の低下、食料生産への悪影響など、多岐にわたります。例えば、地球温暖化によって北極圏の氷が溶けると、海面が上昇するだけでなく、生態系や気象現象にも深刻な影響を与えます。また、熱波や異常気象が増加することによって、人間の健康への影響も懸念されています。
地球温暖化の対策としては温室効果ガスの排出削減や、再生可能エネルギーの利用などが挙げられます。また、地球温暖化の影響に備えた適応策の開発も必要です。国際的な取り組みとしては、1997年に採択された「京都議定書」や、2015年に採択された「パリ協定」があります。

Memo 文字列（左揃え・中央揃え・右揃え・両端揃え・均等割り）は「ホーム」タブの「段落」からも変更できます。

文字列の方向
文字の配置
SmartArt に変換
段落

② 見出しのフォントサイズと太さを変更する

見出しのサイズや太さを強調して、優先的に内容を把握させます。見出しのテキストボックスを選択して［ホーム］タブの A^ からフォントサイズを［44pt］に拡大し、B で太字にします。

Shortcut Key

フォントサイズの拡大：ctrl+shift+>
太字の設定：ctrl+B

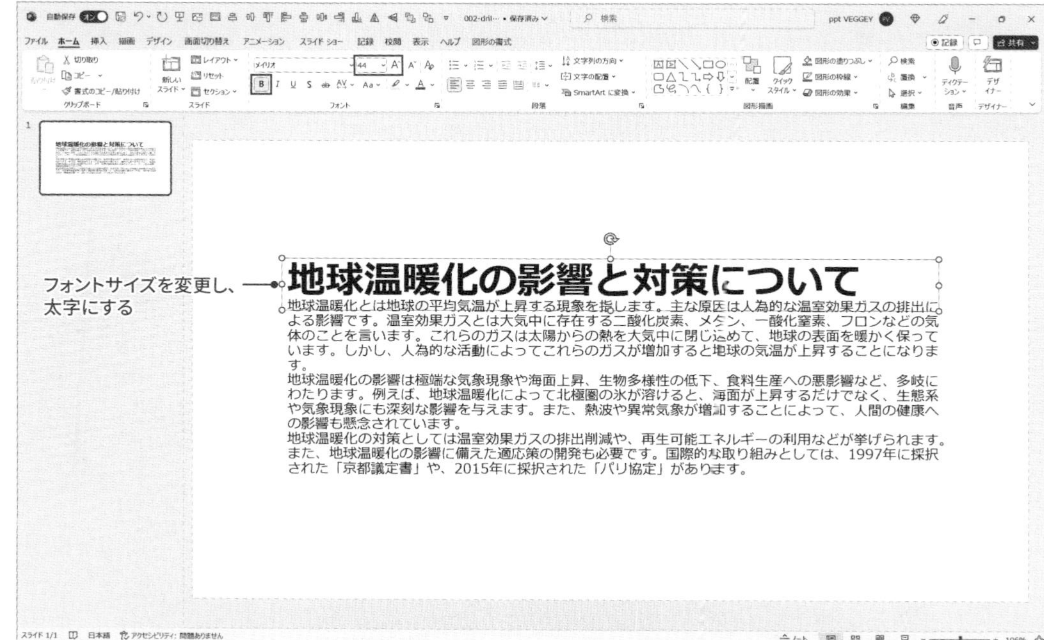

地球温暖化の影響と対策について
地球温暖化とは地球の平均気温が上昇する現象を指します。主な原因は人為的な温室効果ガスの排出による影響です。温室効果ガスとは大気中に存在する二酸化炭素、メタン、一酸化窒素、フロンなどの気体のことを言います。これらのガスは太陽からの熱を大気中に閉じ込めて、地球の表面を暖かく保っています。しかし、人為的な活動によってこれらのガスが増加すると地球の気温が上昇することになります。
地球温暖化の影響は極端な気象現象や海面上昇、生物多様性の低下、食料生産への悪影響など、多岐にわたります。例えば、地球温暖化によって北極圏の氷が溶けると、海面が上昇するだけでなく、生態系や気象現象にも深刻な影響を与えます。また、熱波や異常気象が増加することによって、人間の健康への影響も懸念されています。
地球温暖化の対策としては温室効果ガスの排出削減や、再生可能エネルギーの利用などが挙げられます。また、地球温暖化の影響に備えた適応策の開発も必要です。国際的な取り組みとしては、1997年に採択された「京都議定書」や、2015年に採択された「パリ協定」があります。
フォントサイズを変更し、太字にする

3 フォントのダイアログボックスで字間を設定する

見出しと本文の文字の間隔を広げて読みやすくします。見出しと本文のテキストボックスを選択した状態で［ホーム］タブにある AV から［その他の間隔］を選択し、「フォント」のダイアログボックスを開きます。「間隔」を［文字間隔を広げる］、「幅」を［1pt］に設定して［OK］をクリックします。

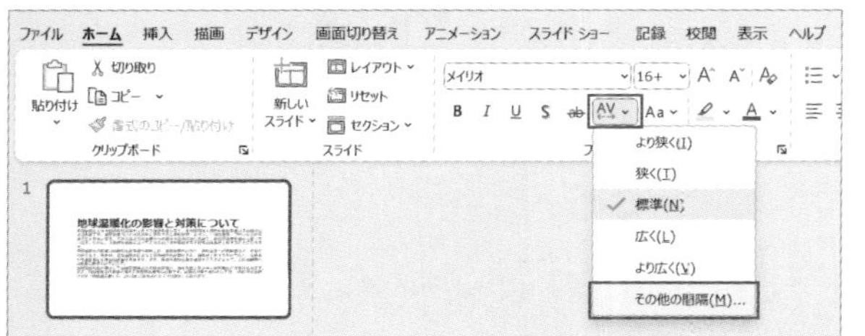

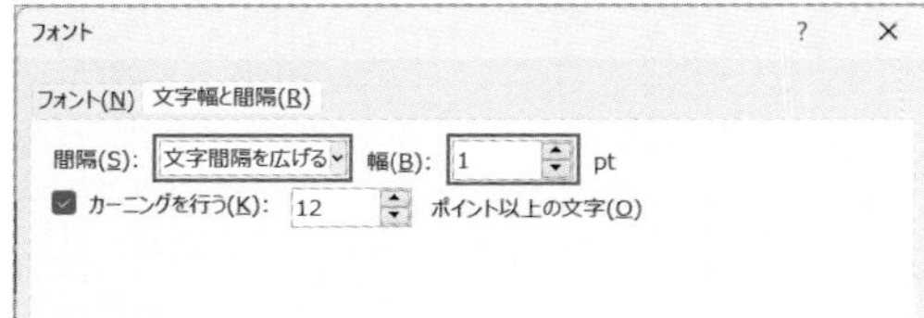

Memo 「ホーム」タブの「フォント」の右下にある ↘ からも、フォントのダイアログボックスを表示できます。字間を設定する場合は、ダイアログボックスにある［文字幅と間隔］のタブを選択すると設定画面に切り替わります。

4 段落のダイアログボックスで行間を設定する

見出しと本文の行間を設定して読みやすくします。見出しと本文のテキストボックスを選択した状態で［ホーム］タブの「段落」の右下にある ↘ をクリックし、「段落」のダイアログボックスを開きます。「段落後」を［6pt］、「行間」を［倍数］［1.2］に設定して［OK］をクリックします。最後に見出しと本文が読みやすいようにマウス操作でレイアウトを整えます。

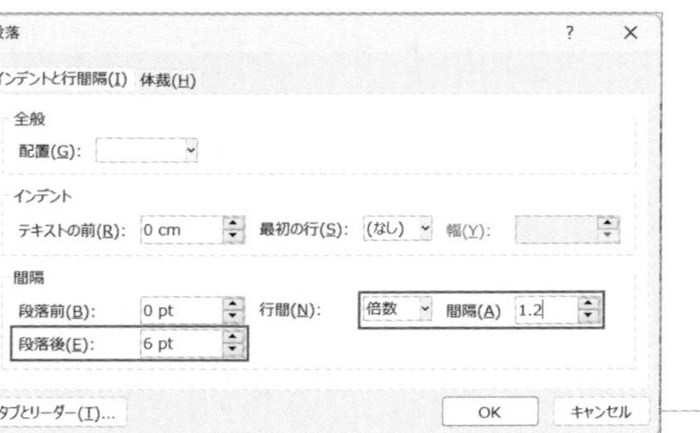

地球温暖化の影響と対策について

地球温暖化とは地球の平均気温が上昇する現象を指します。主な原因は人為的な温室効果ガスの排出による影響です。温室効果ガスとは大気中に存在する二酸化炭素、メタン、一酸化窒素、フロンなどの気体のことを言います。これらのガスは太陽からの熱を大気中に閉じ込めて、地球の表面を暖かく保っています。しかし、人為的な活動によってこれらのガスが増加すると地球の気温が上昇することになります。

地球温暖化の影響は極端な気象現象や海面上昇、生物多様性の低下、食料生産への悪影響など、多岐にわたります。例えば、地球温暖化によって北極圏の氷が溶けると、海面が上昇するだけでなく、生態系や気象現象にも深刻な影響を与えます。また、熱波や異常気象が増加することによって、人間の健康への影響も懸念されています。

地球温暖化の対策としては温室効果ガスの排出削減や、再生可能エネルギーの利用などが挙げられます。また、地球温暖化の影響に備えた適応策の開発も必要です。国際的な取り組みとしては、1997年に採択された「京都議定書」や、2015年に採択された「パリ協定」があります。

5 既定のテキストボックスに設定する

説明文のテキストボックスを選択して、右クリックから［既定のテキストボックスに設定］を選択します。選択後、既定のテキストボックスが反映されているかを確認します。［挿入］タブにある［図形］から［テキストボックス］を選択して、スライド編集画面で任意の文字を入力し、「フォント」と「段落」のダイアログボックスから設定値を確認します。

地球温暖化の影響と対策について

メニューの検索
切り取り(T)
コピー(C)
貼り付けのオプション:
テキストの編集(X)
頂点の編集(E)
グループ化(G)
最前面へ移動(R)
最背面へ移動(K)
ロック(L)
リンク(I)
検索「地球温暖化とは地球の...
図として保存(S)...
翻訳(S)
代替テキストを表示(A)...
既定のテキスト ボックスに設定(...
配置とサイズ(Z)...
図形の書式設定(O)...
新しいコメント(M)

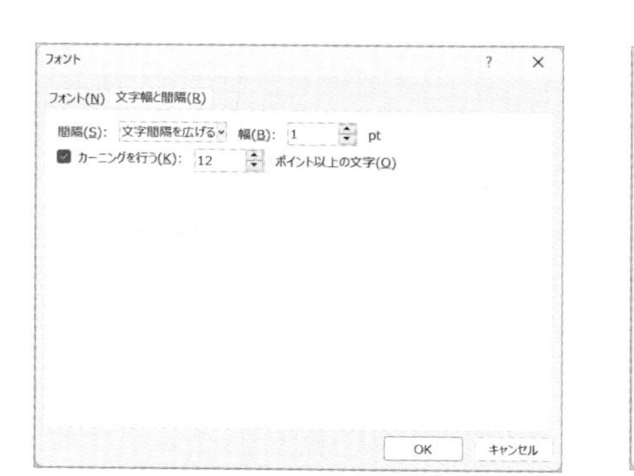

フォント
フォント(N) 文字幅と間隔(R)
間隔(S): 文字間隔を広げる 幅(B): 1 pt
カーニングを行う(K): 12 ポイント以上の文字(O)
OK キャンセル

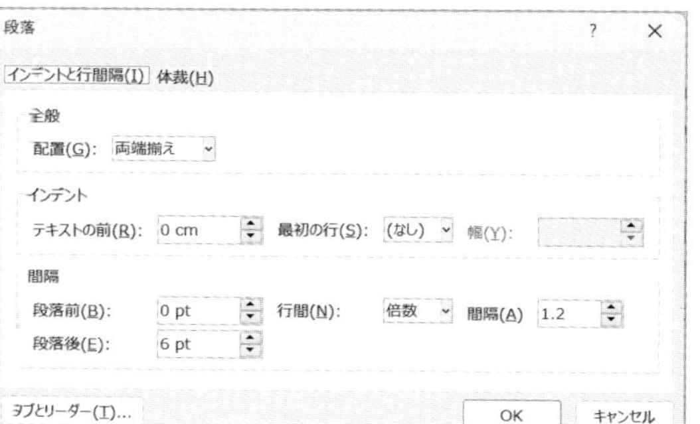

和欧混植の文章を読みやすくする

読みやすい文章になるように日本語は和文フォント、英数字は欧文フォントに設定しましょう。

ドリル用ファイル 003-drill.pptx　完成ファイル 003-finish.pptx

Before

シンド州における地方道路復興事業

本事業は中期開発計画「Sustainable Development Strategy 2024」において「より良い復興 Build Back Better」を中心に据え、交通の円滑化を目指しています。現在、シンド州公共事業局（Works and Services Department, Government of Sind）は、この計画の一環として、修復の対象となる道路や橋梁を調査中です。

After

シンド州における地方道路復興事業

本事業は中期開発計画「Sustainable Development Strategy 2024」において「より良い復興 Build Back Better」を中心に据え、交通の円滑化を目指しています。現在、シンド州公共事業局（Works and Services Department, Government of Sind）は、この計画の一環として、修復の対象となる道路や橋梁を調査中です。

1. 日本語は和文フォント、英数字は欧文フォントに設定する
2. ライン付きの見出しを作成する

使用フォント	英数字用フォント　Segoe UI 日本語用フォント　メイリオ
使用する色	○白、背景1 ●薄い青（標準の色）

Hint 1 影を活用して ライン付き見出しを作る

ライン付きの見出しは「図形の書式設定」にある「影」を利用して作ることができます。テキストボックスの図形の左側に影が映るスタイル（オフセット：左）を選び、透明度やぼかしの設定をなくすことで、影をラインのように表示できます。

影の設定で作られたライン

影で見出しラインが作れる

Hint 2 日本語と英数字で フォントを使い分ける

英数字が混ざる文章では、日本語には「和文フォント」、英数字には「欧文フォント」と、フォントを使い分けると読みやすくなります。ひとつのテキストボックス内に変更するフォントが複数ある場合は、「フォント」のダイアログボックスで設定するのが早く正確です。

フォント ? ×
フォント(N) 文字幅と間隔(R)
英数字用のフォント(三):
スタイル(Y): 標準
サイズ(S): 28
日本語用のフォント(T):
すべてのテキスト
フォントの色(C) 下線のスタイル(U) (なし) 下線の色(I)
文字飾り
取り消し線(K)
二重取り消し線(L)
上付き(P) 相対位置(E): 0%
下付き(B)
小型英大文字(M)
すべて大文字(A)
文字の高さを揃える(Q)
OK キャンセル

Answer 03

Drill 和欧混植の文章を読みやすくする

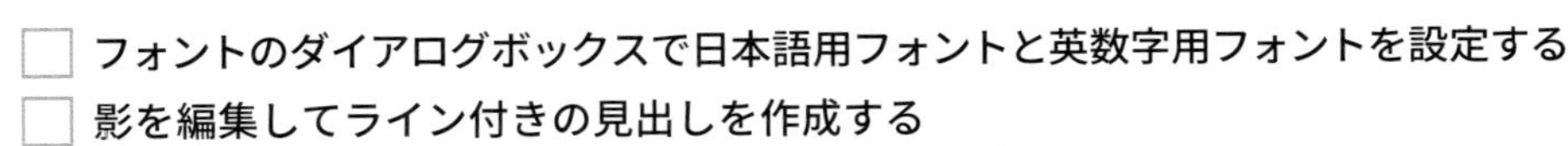

□ フォントのダイアログボックスで日本語用フォントと英数字用フォントを設定する
□ 影を編集してライン付きの見出しを作成する

1 フォントのダイアログボックスでフォントを設定する

ドリル用ファイル [003-drill.pptx] を開きます。日本語には和文フォント、英数字には欧文フォントが表示されるよう「フォント」のダイアログボックスで設定します。見出しと説明文のテキストボックスを選択して、[ホーム] タブの「フォント」の右下にある をクリックし「フォント」のダイアログボックスを開きます。「英数字用のフォント」に [Segoe UI]、「日本語用のフォント」に [メイリオ] を設定します。

シンド州における地方道路復興事業

本事業は中期開発計画「Sustainable Development Strategy 2024」において「より良い復興 Build Back Better」を中心に据え、交通の円滑化を目指しています。現在、シンド州公共事業局（Works and Services Department, Government of Sind）は、この計画の一環として、修復の対象となる道路や橋梁を調査中です。

フォント
フォント(N) 文字幅と間隔(R)
英数字用のフォント(F): Segoe UI
日本語用のフォント(T): メイリオ
スタイル(Y): サイズ(S):
すべてのテキスト
フォントの色(C) 下線のスタイル(U) (なし) 下線の色(I)
文字飾り
取り消し線(K) 小型英大文字(M)
二重取り消し線(L) すべて大文字(A)
上付き(P) 相対位置(E): 0% 文字の高さを揃える(Q)
下付き(B)
OK キャンセル

英数字用フォント
Segoe UI

日本語用フォント
メイリオ

Shortcut Key

フォントのダイアログボックスを開く：ctrl+T

2 見出しに影をつける

見出しのテキストボックスを右クリックして［図形の書式設定］を選択し、画面右側に作業ウィンドウを表示させます。「図形のオプション」の［塗りつぶし（単色）］にチェックを入れ「色」を［○白、背景1］に設定します。次に作業ウィンドウの「図形のオプション」から をクリックし、影の設定で「標準スタイル」を［オフセット左］にします。設定すると見出しに影が表示されます。

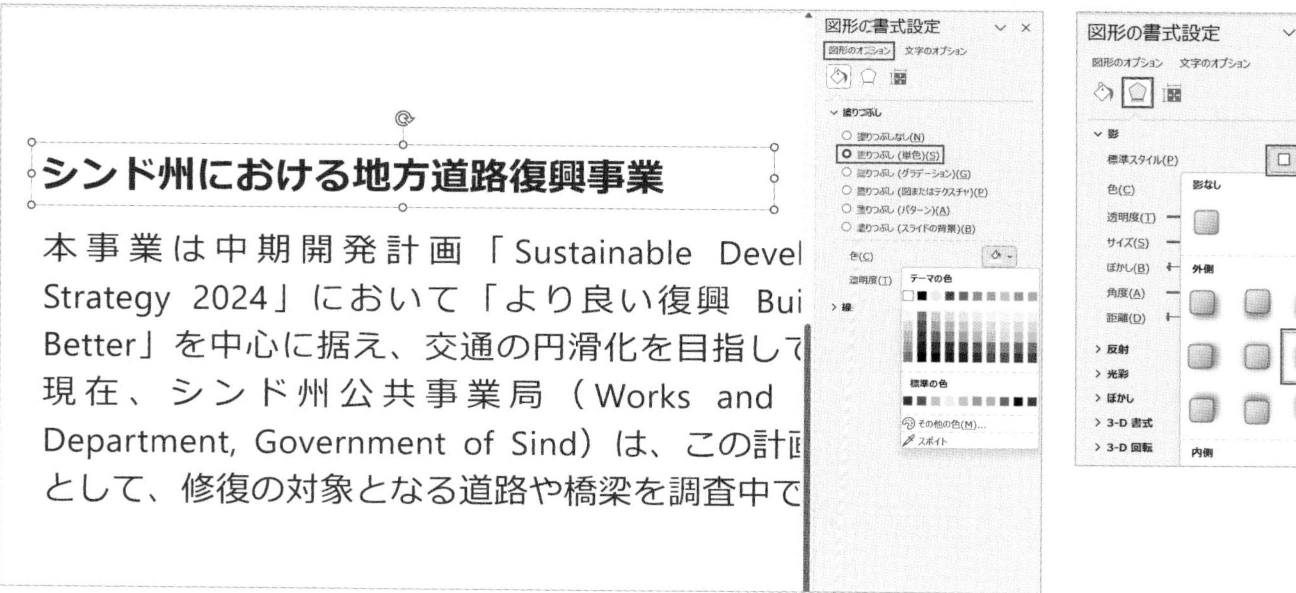

シンド州における地方道路復興事業

本事業は中期開発計画「Sustainable Devel
Strategy 2024」において「より良い復興 Bui
Better」を中心に据え、交通の円滑化を目指して
現在、シンド州公共事業局（Works and
Department, Government of Sind）は、この計画
として、修復の対象となる道路や橋梁を調査中で

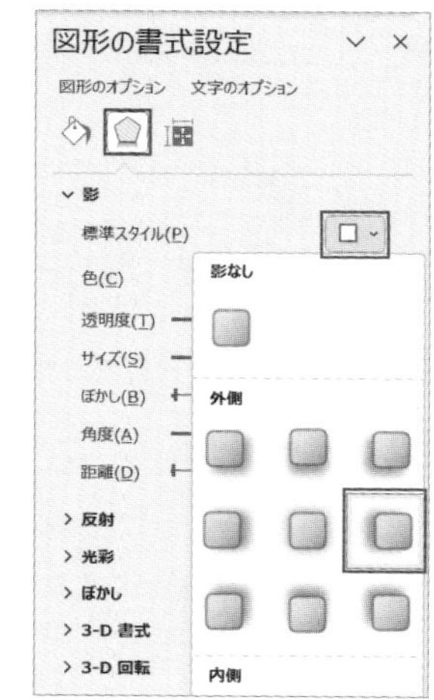

3 見出しの影をラインにする

見出しの影がラインになるように影とぼかしを細かく設定します。見出しのテキストボックスを選択した状態で、作業ウィンドウの⬠をクリックし「影」の設定画面で右記の値を設定します。

色	●薄い青（標準の色）
透明度	0%
サイズ	100%
ぼかし	0pt
角度	180°
距離	9pt

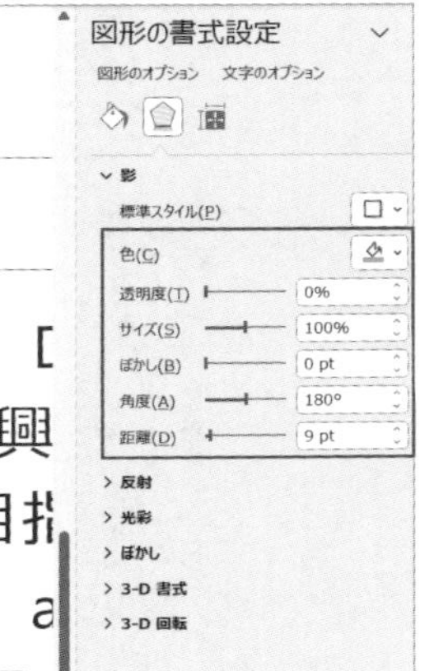

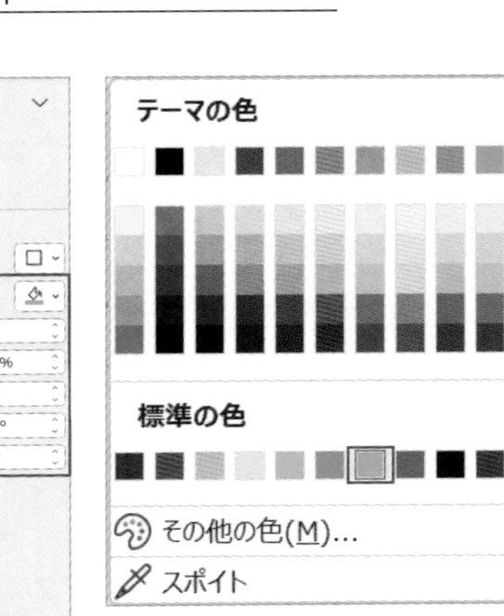

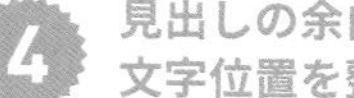

4 見出しの余白を調整して文字位置を整える

見出しのテキストボックスを選択して、作業ウィンドウの「図形のオプション」で をクリックします。「テキストボックス」の「垂直方向の配置」を［上下中央揃え］に設定し、テキストボックスの余白を下記の数値に設定します。

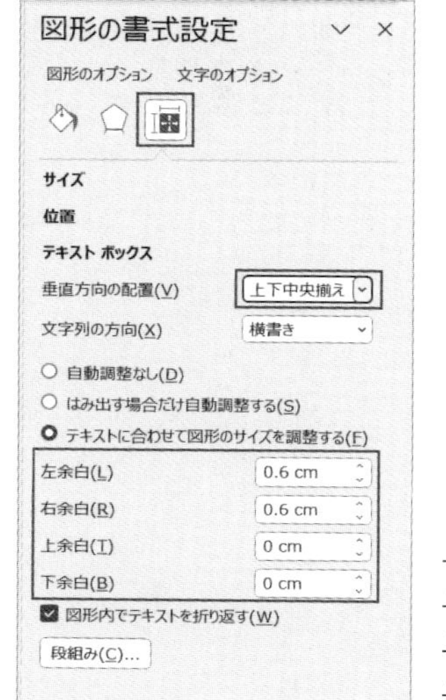

左余白	0.6cm
右余白	0.6cm
上余白	0cm
下余白	0cm

5 レイアウトを整える

見出しのテキストボックスを右側に少し移動し、本文と行頭を揃えたら完成です。

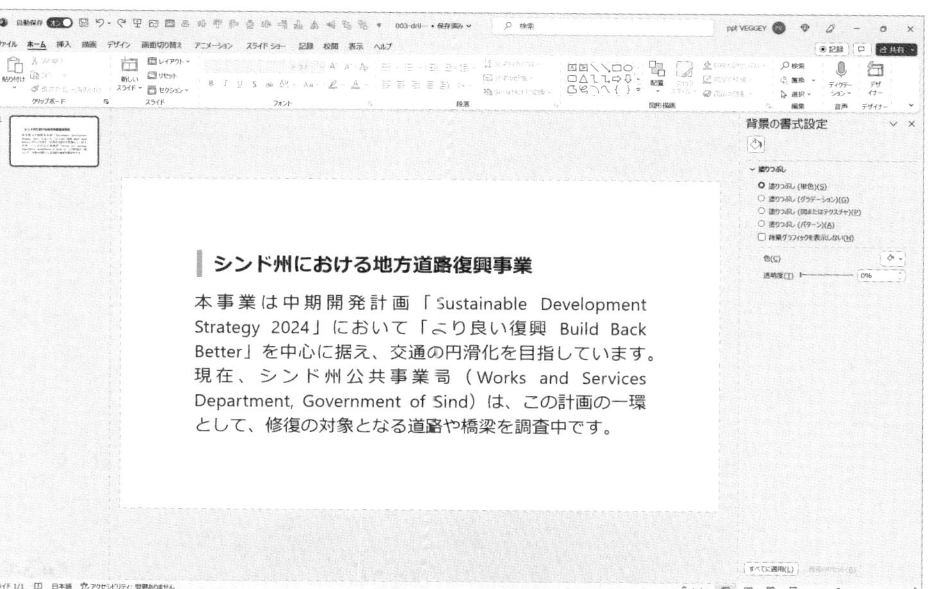

箇条書きを使って目次を作る

箇条書きの機能を使って目次を作成しましょう。

ドリル用ファイル 004-drill.pptx　完成ファイル 004-finish.pptx

Before

監理団体向けの顧問契約のご案内

監査人の専門性の向上　P.02
監査手続きの改善　P.05
監査報告書のクオリティの向上　P.06
監査人の独立性の確保　P.08
監査の質の評価　P.10
新しい監査基準への対応　P.12

After

監理団体向けの顧問契約のご案内

- 監査人の専門性の向上　P.02
- 監査手続きの改善　P.05
- 監査報告書のクオリティの向上　P.06
- 監査人の独立性の確保　P.08
- 監査の質の評価　P.10
- 新しい監査基準への対応　P.12

1. 箇条書きの機能を使用する
2. 項目とページ番号の間隔をあけて右揃えで整列する（スペースキー使用不可）

使用する色	●薄い青（標準の色）

箇条書き機能を使う

箇条書きの機能は「●」や「①」といった記号や段落番号を自動的に配置し、さらに行頭を美しく揃えてくれます。箇条書き機能を使わずにテキストで記号や番号を入力することもできますが、その場合はスペース（空白）を入れて文字位置を調整する必要があるため、行頭のずれの原因になります。資料作成において、視覚的な違和感を少しでも減らして内容に集中させることが望ましいので、行頭が綺麗に揃う箇条書き機能を使用するのが◎です。

箇条書き機能を使用しない場合

電子決済導入の課題

・電子決済を実現するために、信頼性の高いインフラストラクチャーや適切なテクノロジーが必要
・ユーザーの個人情報や金融情報を取り扱うため、セキュリティとプライバシーの保護が非常に重要
・電子決済を利用するためには利用者や事業者の間での普及と受け入れが必須
・消費者と事業者の間での取引手数料やコスト削減などの経済的な利益が実現されることが求められる

箇条書き機能を使用した場合

電子決済導入の課題

- 電子決済を実現するために、信頼性の高いインフラストラクチャーや適切なテクノロジーが必要
- ユーザーの個人情報や金融情報を取り扱うため、セキュリティとプライバシーの保護が非常に重要
- 電子決済を利用するためには利用者や事業者の間での普及と受け入れが必須
- 消費者と事業者の間での取引手数料やコスト削減などの経済的な利益が実現されることが求められる

Hint 2 タブで文字を整列

文字の整列にタブを使うことでテキストボックス内の文字位置を正確に揃えることができます。たまにテキストとテキストの間にスペース（空白）を入力して、文字位置を調整しているスライドを見かけますが、文字の追加や修正が発生した場合にスペースの数や配置を手動で調整する必要があるため、メンテナンスに手間を要します。一方でタブは文字と文字の間隔を一定の幅で揃えているため、文字の追加や修正にも、既存のタブに影響を受けずに整列を保てます。

空白を入力して調整すると文字位置が揃いづらい

会社名　株式会社DEZAPURE
設立　2016年8月24日
資本金　20百万円
事業内容　インターネット事業
代表者　田村博彦
所在地　東京都千代田区大手町5-110-1-1

タブで調整すると綺麗に揃えられる

会社名	株式会社DEZAPURE
設立	2016年8月24日
資本金	20百万円
事業内容	インターネット事業
代表者	田村博彦
所在地	東京都千代田区大手町5-110-1-1

Answer 04

Drill

箇条書きを使って目次を作る

- □ 箇条書き機能を使って行頭の揃った目次を作る
- □ タブ機能で項目とページ番号の間隔を空けて文字位置を右揃えにする

1 目次のテキストボックスを箇条書きにする

ドリル用ファイル［004-drill.pptx］を開きます。目次のテキストボックスを選択して［ホーム］タブの「箇条書き」から［箇条書きと段落番号］をクリックします。すると「箇条書きと段落番号」のダイアログボックスが開くので、箇条書きの形を［塗りつぶし四角の行頭文字］、「色」を［●薄い青（標準の色）］に設定して［OK］をクリックします。

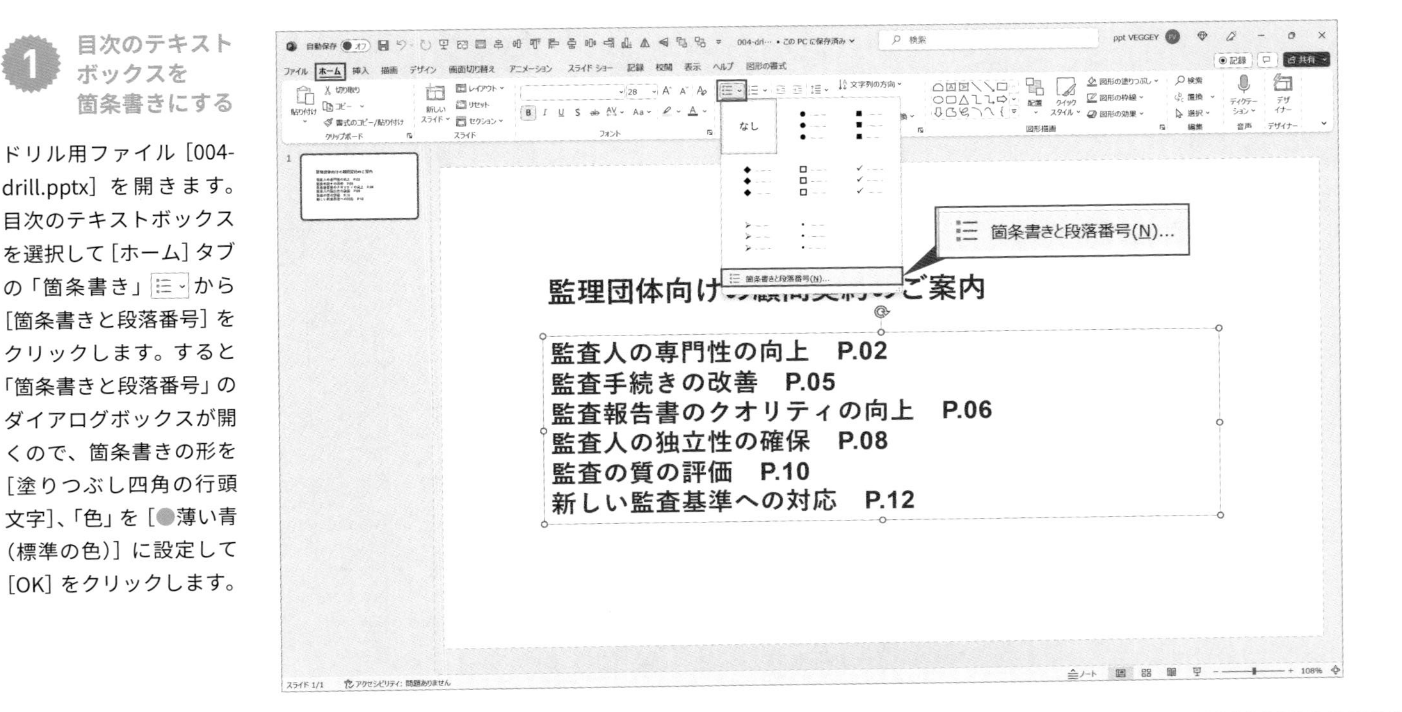

箇条書きと段落番号(N)...

監理団体向けの顧問契約のご案内

監査人の専門性の向上　P.02
監査手続きの改善　P.05
監査報告書のクオリティの向上　P.06
監査人の独立性の確保　P.08
監査の質の評価　P.10
新しい監査基準への対応　P.12

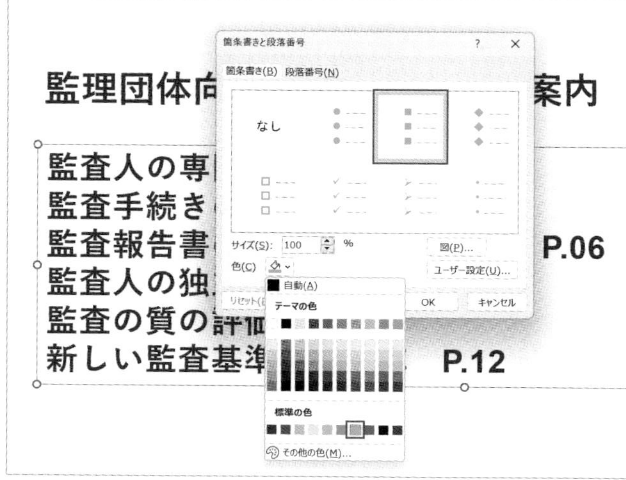

Memo 箇条書きは「ユーザー設定」から記号や特殊文字などの形に設定することもできます。

2 箇条書き記号と行頭に余白を作る

目次のテキストボックスを選択して［ホーム］タブから「段落」の右下にある ⧉ をクリックし、「段落」のダイアログボックスを開きます。「インデント」欄にある「幅」を［1.7cm］に設定して箇条書きの記号と行頭の間に余白を作ります。

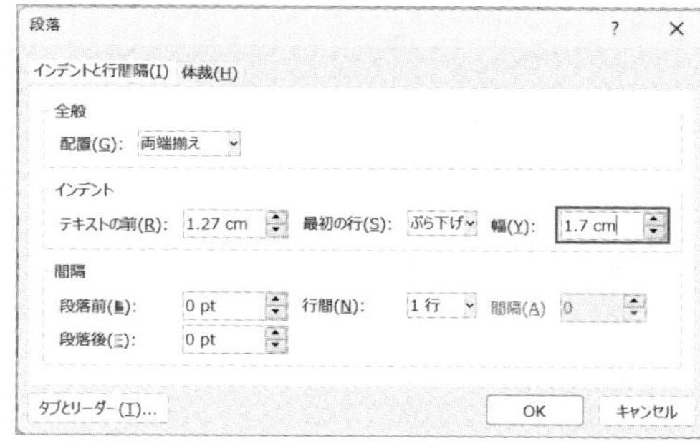

Memo インデントの幅はルーラーをカーソルで動かして設定することもできます（ルーラーの表示方法は❸で解説します）。

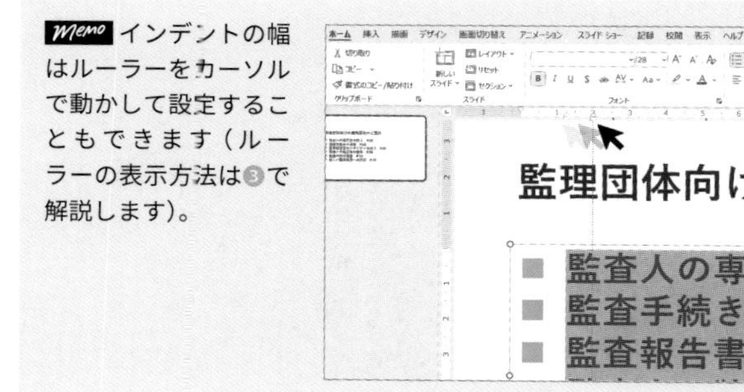

3 タブ位置を数値で設定する

[表示] タブの [ルーラー] にチェックを入れてスライド編集画面にルーラーを表示させます。目次のテキストボックスの範囲をすべて選択（テキストボックスにカーソルを挿入し ctrl+A）した状態で、[ホーム] タブから「段落」の右下にある ↘ をクリックし「段落」のダイアログボックス開いて [タブとリーダー] を選択します。「タブ位置」に [25cm] と入力し、配置のボタンで [右] にチェックを入れたら [設定] をクリックして [OK] を選択します。「段落」のダイアログボックスの画面に戻り [OK] をクリックするとタブ位置が設定されます。

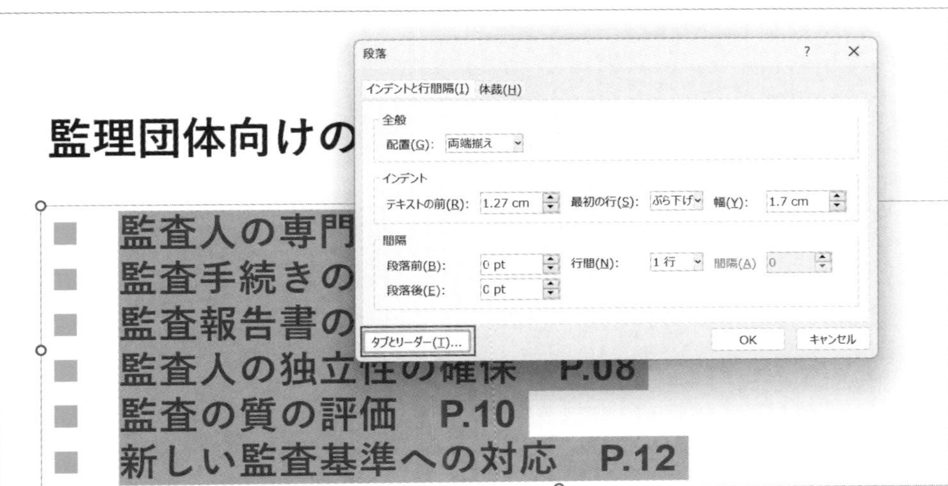

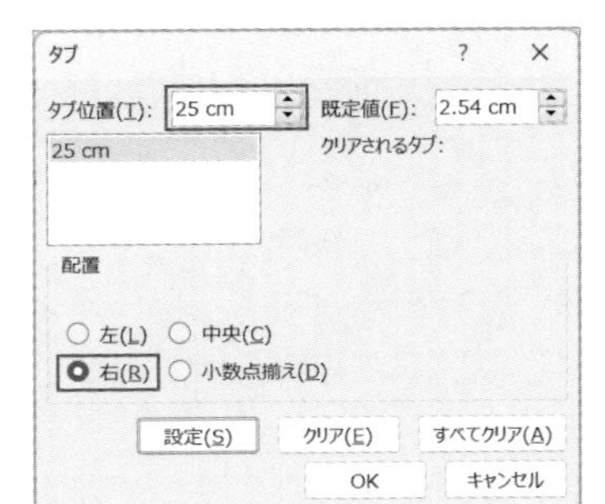

Memo タブ位置の設定後、段落のダイアログボックス画面に戻った際に [OK] を選択せずにウィンドウを閉じると、タブが未設定のままとなるので注意が必要です。

4 設定したタブ位置にページ番号を整列する

目次のテキスト（「P.02」）の手前にカーソルを合わせて tab を押し、設定したタブ位置（水平ルーラーの25cm部分）にページ番号を右揃いで整列させます。他のページ番号も同様に tab を使って右揃いで整列させます。

5 段落の間隔を設定して行間を調整する

目次のテキストボックスを選択した状態で、[ホーム] タブから「段落」の右下にある ⧉ をクリックし「段落」のダイアログボックスを開きます。「段落後」を［20pt］に設定して目次の行間を広くします。最後に、見出しと目次を選択してスライドの上下中央に移動したら完成です。

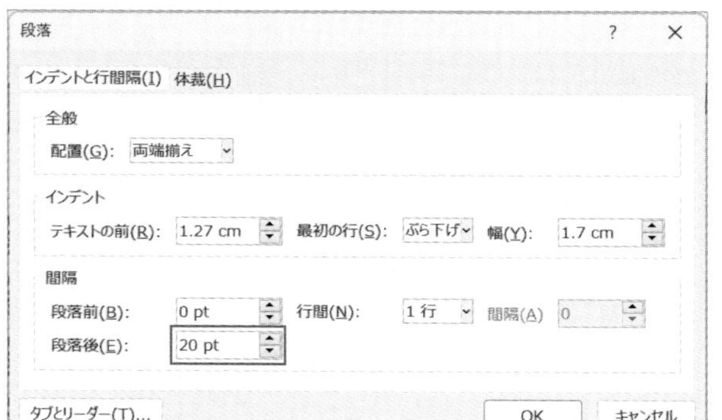

監理団体向けの顧問契約のご案内

■ 監査人の専門性の向上 P.02
■ 監査手続きの改善 P.05
■ 監査報告書のクオリティの向上 P.06
■ 監査人の独立性の確保 P.08
■ 監査の質の評価 P.10
■ 新しい監査基準への対応 P.12

監理団体向けの顧問契約のご案内

■ 監査人の専門性の向上 P.02
■ 監査手続きの改善 P.05
■ 監査報告書のクオリティの向上 P.06
■ 監査人の独立性の確保 P.08
■ 監査の質の評価 P.10
■ 新しい監査基準への対応 P.12

伝わる文字組みを作る

影や反射などの余計な装飾をなくして、伝わる文字組みを作成しましょう。

ドリル用ファイル 005-drill.pptx　完成ファイル 005-finish.pptx

Before

WINTER SALE
冬の応援セール
導入費用 25,000円
セール期間にご導入いただくと、DEZAPUREビジネスプランに関係なく最大3台まで追加費用なしで利用いただけます。
2023年12月10日先行受付 | お問い合わせ先 03-4242-5533

After

WINTER SALE
冬の応援セール
導入費用 25,000円
セール期間にご導入いただくと、DEZAPUREビジネスプランに関係なく最大3台まで追加費用なしで利用いただけます。
2023年12月10日先行受付 | お問い合わせ先 03-4242-5533

1 袋文字を作成する

2 伝わる文字組みを意識して「数字・記号・単位」を編集する

使用フォント	英数字用フォント　Roboto
使用する色	●薄い青（標準の色） ○白、背景1

Hint 1 袋文字で文字を強調する

袋文字とは文字の周りを縁取ったテキストスタイルの一種で、メリハリをつけたり、重要な情報を強調したいときに役立ちます。特に背景に写真がある場合、袋文字を利用することで文字を際立たせることができます。袋文字は、文字幅の違う2つのテキストを重ねて作成します（別の方法として光彩を使って袋文字を作ることもできます。この方法はドリル26で扱います）。

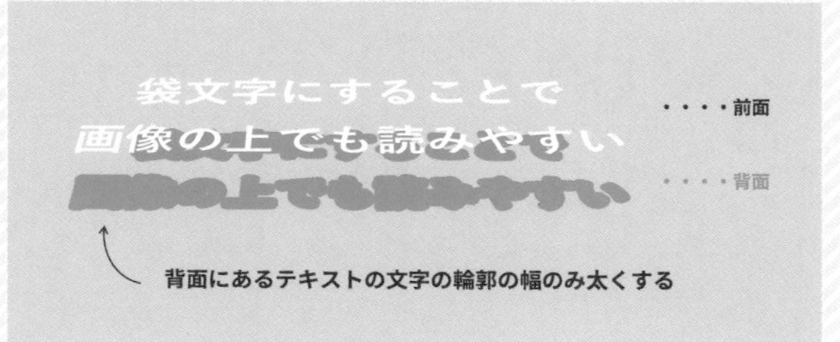

Hint 2 伝わる文字組みを作るために意識すること

「数字・記号・単位」を使った文字組みでは、影や反射などの余計な装飾を使用しなくてもフォントとサイズの調整のみで伝わる文字組みを作ることができます。文字組みを作る際は次の5つを意識しましょう。

1. 数字は欧文フォント
2. 単位は小さく
3. 記号のウエイトは細く
4. 助詞は小さく
5. 文字間隔を整える

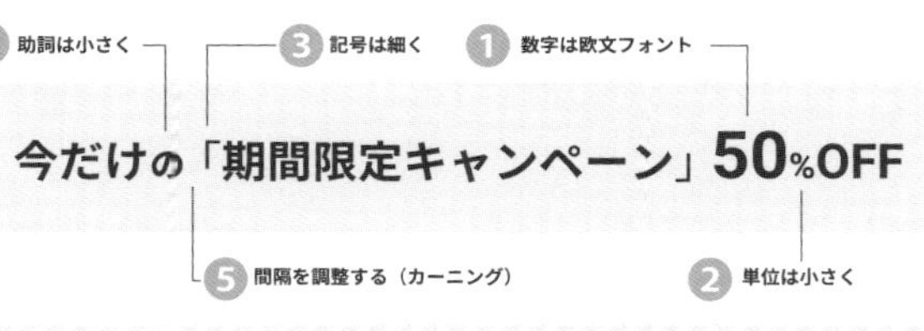

Answer 05

Drill　伝わる文字組みを作る

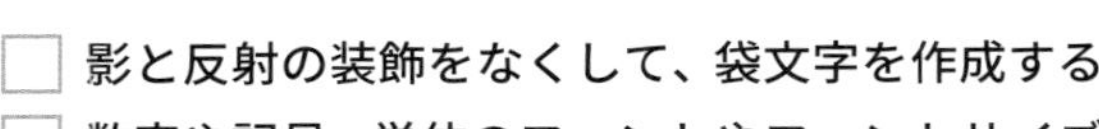

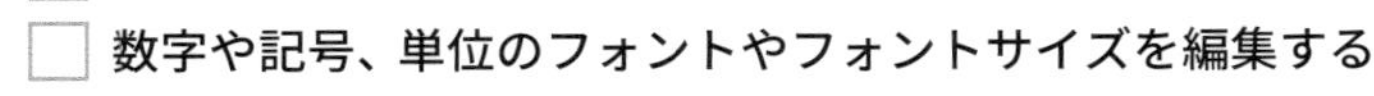

- □ 影と反射の装飾をなくして、袋文字を作成する
- □ 数字や記号、単位のフォントやフォントサイズを編集する

1 余計な装飾をなくす

ドリル用ファイル［005-drill.pptx］を開きます。テキスト（「冬の応援セール」）を選択して、［図形の書式］タブの［文字の効果］から［反射］の設定をなくします。次にテキスト（「25,000円」）を選択して、［図形の書式タブ］にある［文字の効果］の［影］の設定をなくします。

袋文字の縁取り部分を作成する

テキスト（「冬の応援セール」）を選択して ctrl + shift を押しながら上に向かって垂直にドラッグし、複製を作ります。複製元のテキスト（「冬の応援セール」）を右クリックして［図形の書式設定］を選択し、画面右側に作業ウィンドウを表示させます。「図形の書式設定」で［文字のオプション］を選択し「文字の輪郭」から［線（単色）］にチェックを入れ「色」を［●薄い青（標準の色）］、「幅」を［16.5pt］に設定します。

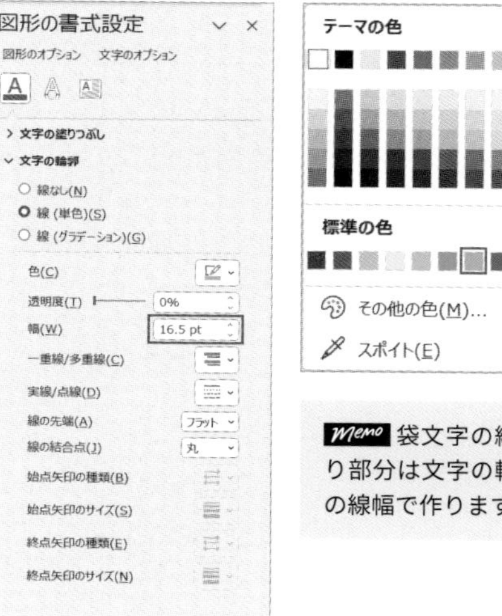

Memo 袋文字の縁取り部分は文字の輪郭の線幅で作ります。

3 2つのテキストを重ねて袋文字を作る

複製しておいたテキスト（「冬の応援セール」）の文字色を［○白、背景1］に変更します。次に shift を押しながら下方向に垂直に移動して、❷で作ったテキストの上に重ねて袋文字を作ります。

Memo 今回は手動でテキストを重ねていますが、チャプター2以降で学ぶ整列機能を使用すると誤差なく綺麗に重ねることができます。

料金の文字組みを作る

テキスト（「25,000円」）を選択して ctrl + T で「フォント」のダイアログボックスを開きます。「英数字用のフォント」を［Roboto］、「サイズ」を［96］に設定してフォントとサイズを変更します。次に「25,000円」の「円」を範囲選択してフォントサイズを［54pt］に設定します。最後に字間を調整していきます。「25,000円」の「25,00」の部分を範囲選択し AV から［より狭く］を選択します。次に「25,000円」の円の左に位置する「0」のみを範囲選択して、AV から［より広く］を設定し、文字間隔を調整します。

フォント
フォント(N)　文字幅と間隔(R)
英数字用のフォント(F):　Roboto
スタイル(Y):　太字
サイズ(S):　96
日本語用のフォント(T):　メイリオ
すべてのテキスト
フォントの色(C)　下線のスタイル(U)　(なし)　下線の色(I)
文字飾り
取り消し線(K)　小型英大文字(M)
二重取り消し線(L)　すべて大文字(A)
上付き(P)　相対位置(E):　0%　文字の高さを揃える(Q)
下付き(B)
これは TrueType フォントで、プリンターと画面の両方で使用されます。
OK　キャンセル

Memo 文字の間隔を調整する際には、調整したい文字間の手前のテキストを選択して設定します。

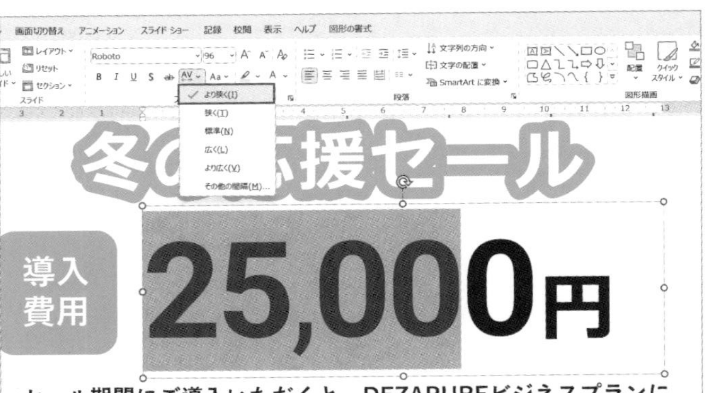

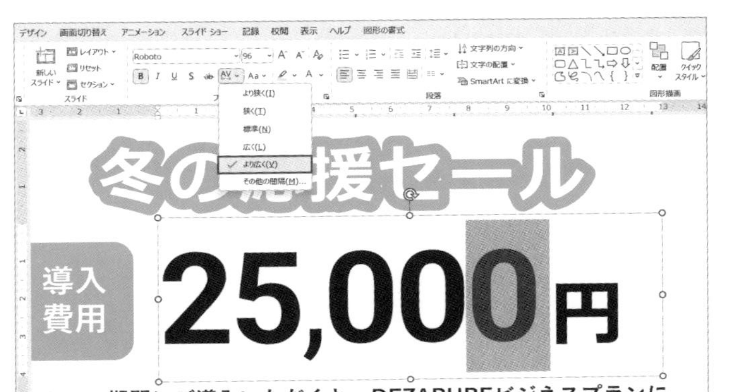

5 帯の書式を変更する

スライド下部にある受付日のテキスト（「2023年12月10日先行受付」）と電話番号のテキスト（「03-4242-5533」）を選択して、ctrl+Tで「フォント」のダイアログボックスを開き「英数字用のフォント」を［Roboto］に設定します。
次に、受付日のテキスト（「2023年12月10日先行受付」）の「12」と「10」のフォントサイズを［60pt］、「2023年」のフォントサイズを［36pt］に変更します（「2023年」のフォントサイズを小さくすることで、「12月10日」をより目立たせることができます）。続けて、電話番号のテキスト（「03-4242-5533」）の「–（ハイフン）」を範囲選択してctrl+Bで太字をなくし、「3-」と「2-」を範囲選択して AV から［広く］に設定し、文字間隔を調整します。最後に帯のレイアウトを整えて完成です。

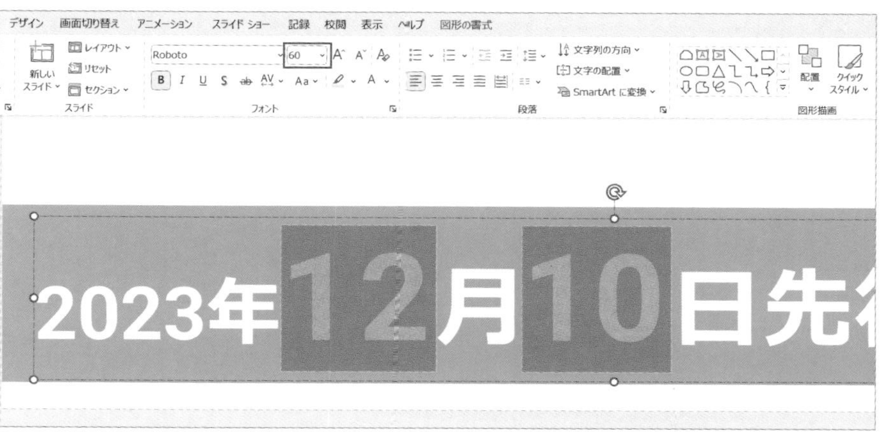

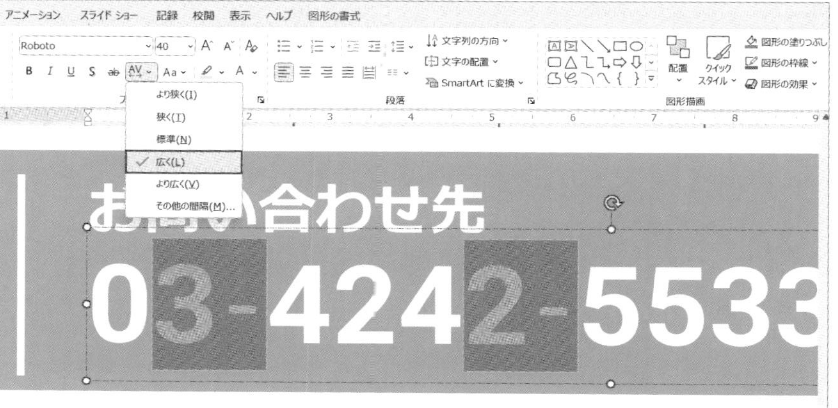

Column

Google Fontsを活用する

Google Fontsとは、Googleが提供しているWebフォントのサービスです。Google Fontsで提供されているフォントをPCにインストールすることで、PowerPointなどのデスクトップアプリケーションでも利用できるようになります。提供しているフォントは基本的に無料で使用でき、商用利用も可能です（詳細はGoogle Fontsのサイトをご確認ください）。

Googleフォントを利用する

1. Google Fontsのサイトから フォントを探す

Google Fontsにアクセスしてフォントを探します。インストールするフォントを見つけたら、そのフォントをクリックして詳細ページに移ります。

2. フォントをダウンロードする

画面右上にある［Download family］をクリックすると、zipファイルがダウンロードされます。

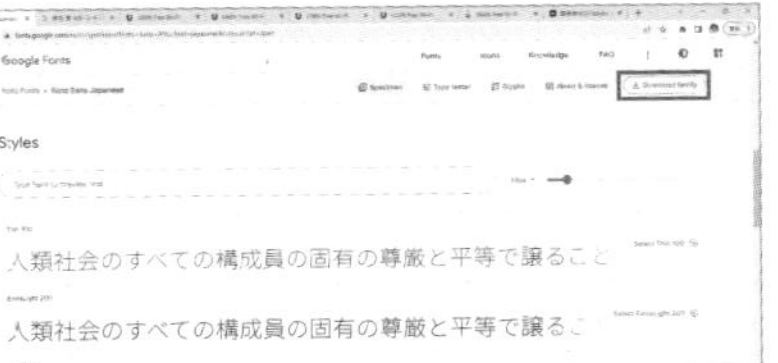

3. フォントをインストールする

zipファイルをダブルクリックで開き、インストールするフォントを選択して右クリックから［開く］を選択します。すると、ウエイトごとにインストーラーが立ち上がるので、ひとつずつインストールしていきます。

4. フォントを利用する

フォントをインストールしたら一度PCを再起動します。再起動後、PowerPointでテキストを入力するとインストールしたフォントが選択できるようになります。

Memo

資料作成でおすすめのGoogleフォント

- Noto Sans Japanese
- BIZ UDP Gothic
- Noto Serif Japanese
- M PLUS 1
- BIZ UDP Mincho

Chapter 2

レイアウト・オブジェクト

2

★★★ Drill 06

ガイド線を登録して要素を整列する

スライドマスターでガイド線を設定した後、各要素を整列しましょう。

ドリル用ファイル 006-drill.pptx　完成ファイル 006-finish.pptx

Before

VIP型ビジネスオンライン英会話のターゲット像

ペルソナ（人物イメージ）

キャリア志向の強い20代後半の男性で、自己投資に積極的で自分磨きに力を入れるタイプ。目的志向性や自己管理能力が高く、自分自身に厳しさを持つ。

- 属性：20代後半の会社員
- 収入層：年収500万円以上の高収入層
- 職業：金融業界の投資銀行部門に勤務している
- 健康志向：健康に関心が高くジムに通っている
- 自己投資：自己成長のために積極的に行動
  現在、オンライン英会話教室にも興味を持っている

After

VIP型ビジネスオンライン英会話のターゲット像

ペルソナ（人物イメージ）

キャリア志向の強い20代後半の男性で、自己投資に積極的で自分磨きに力を入れるタイプ。目的志向性や自己管理能力が高く、自分自身に厳しさを持つ。

- 属性：20代後半の会社員
- 収入層：年収500万円以上の高収入層
- 職業：金融業界の投資銀行部門に勤務している
- 健康志向：健康に関心が高くジムに通っている
- 自己投資：自己成長のために積極的に行動
  現在、オンライン英会話教室にも興味を持っている

Try!

1 マスター画面で作業中に動かないガイド線を作成する

2 画像や文章などの各要素を綺麗に整列する

ガイド線の設定値	
垂直方向のガイド線	左側 [0.5cm] [15.00cm] 右側 [0.5cm] [15.00cm]
水平方向のガイド線	上側 [5.6cm] 下側 [6.6cm]

Hint 1 作業中に動かせないガイド線を作る

PowerPointのガイド線は大きく分けて、スライドマスターで設定するガイド線と、通常スライドで設定するガイド線の2つがあります。通常スライドで設定したガイド線はマウス操作で簡単に移動できてしまうため、作業中に意図せず動かしてしまう恐れがあります。一方スライドマスターで設定したガイド線は固定することができるため、作業中に誤って移動する心配がありません。また、マスター画面でガイド線を設定しておくと、全スライドに共通のガイド線を設定でき、資料全体の余白を管理しやすくなります。

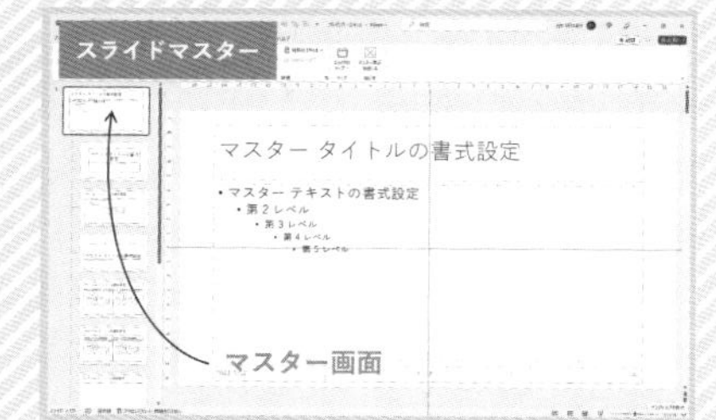

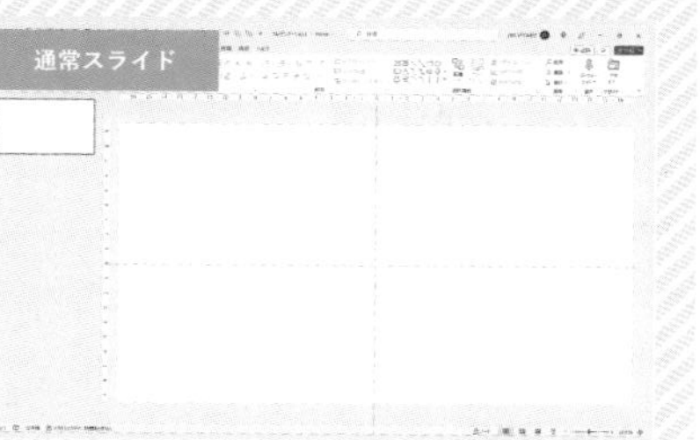

Hint 2 「整列」の規則性

PowerPointの整列を使いこなすには、整列の規則性を覚えておく必要があります。整列で選択できる「左揃え・右揃え・上揃え・下揃え」はそれぞれ一番端のオブジェクトが基準となり、それに合わせて整列がおこなわれます。「左右に整列・上下に整列」は両端のオブジェクトを基準として等間隔に余白を持たせて整列され、「左右中央揃え・上下中央揃え」は、オブジェクト同士が互いに中央に距離を縮めるように整列されます。

Answer 06

Drill

ガイド線を登録して要素を整列する

- [ ] スライドマスターのマスター画面でガイド線を設定する
- [ ] 整列の機能を使って要素を正確に揃える

1 ガイドとルーラーを表示する

ドリル用ファイル［006-drill.pptx］を開きます。［表示］タブの［ルーラー］と［ガイド］にチェックを入れて、スライド編集画面にルーラーとガイド線を表示させます。

VIP型ビジネスオンライン英会話のターゲット像

ペルソナ（人物イメージ）

キャリア志向の強い20代後半の男性で、自己投資に積極的で自分磨きに力を入れるタイプ。目的志向性や自己管理能力が高く、自分自身に厳しさを持つ。

- 属性：20代後半の会社員
- 収入層：年収500万円以上の高収入層
- 職業：金融業界の投資銀行部門に勤務している
- 健康志向：健康に関心が高くジムに通っている
- 自己投資：自己成長のために積極的に行動
  現在、オンライン英会話教室にも興味を持っている

Shortcut Key

ガイド線の表示/非表示：
alt + F9
ルーラーの表示/非表示：
alt + shift + F9

Memo 通常スライドのガイド線は黒い点線で表示され、マウス操作で動かすことができます。

2 マスター画面でガイド線を作成する

スライドマスターのマスター画面でガイド線を設定します。［表示］タブの［スライドマスター］をクリックし、スライドマスターの画面を表示します。サムネイルウィンドウの一番上にある［マスター画面］にスライド編集画面を合わせ、ガイド線を作成します。スライド編集画面で右クリックから［グリッドとガイド］の［垂直方向のガイドの追加］を選択し、追加された垂直方向のガイド線を指定された値の位置にドラッグして移動します。同じような手順で水平方向のガイド線も追加して配置します（水平方向のガイド線は、スライド編集画面で右クリックから［グリッドとガイド］の［水平方向のガイドの追加］で追加できます）。すべてのガイド線を配置後、［スライドマスター］タブから［マスター表示を閉じる］をクリックして通常スライドに戻ります。

垂直方向のガイド線	左側［0.50cm］［15.00cm］ 右側［0.50cm］［15.00cm］
水平方向のガイド線	上側［5.60cm］ 下側［6.60cm］

Memo ガイド線にカーソルを合わせて、ctrl を押しながらドラッグしてもガイド線を追加できます。

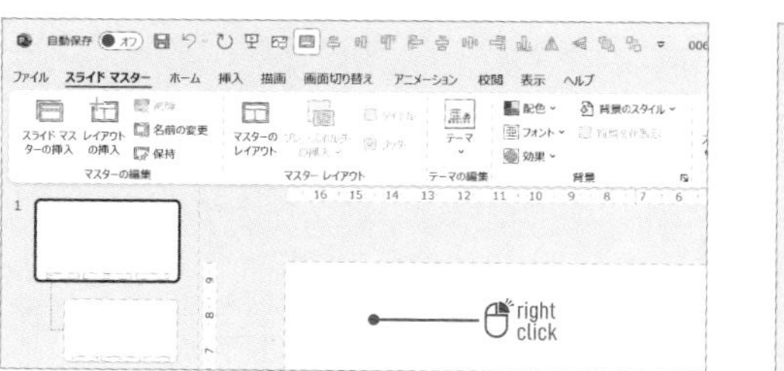

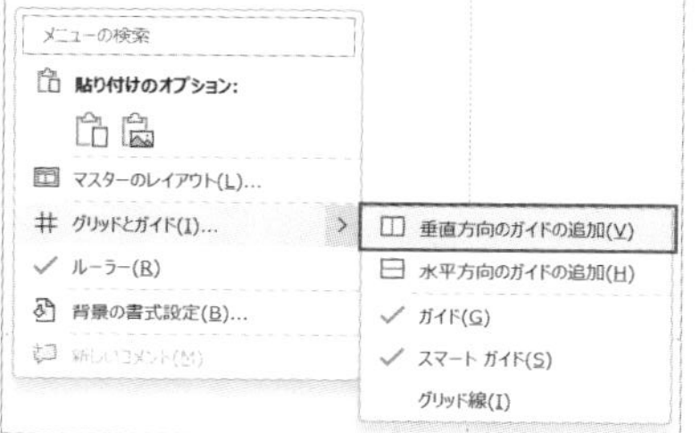

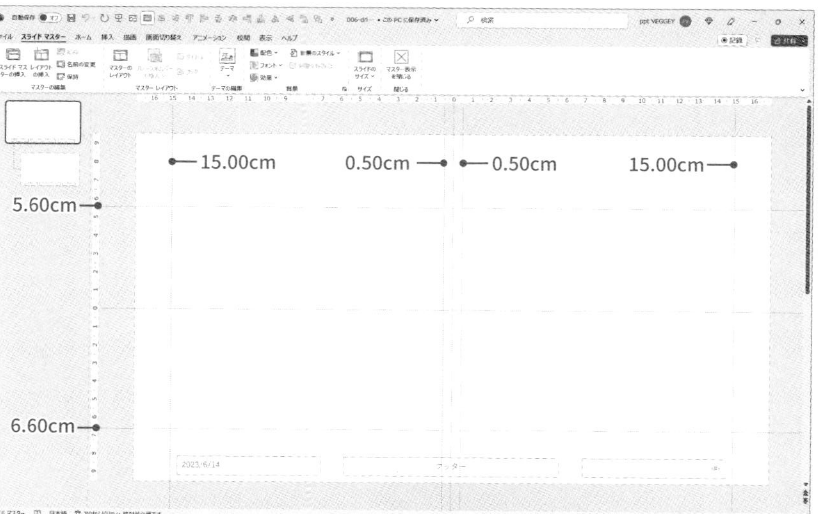

3 画像を等サイズのまま拡大して配置する

作成したガイド線に沿って画像を拡大して配置します。画面左上にあるガイド線の交点（15.00 , 5.6）に画像の頂点（左上）を重ね、右下にあるガイド線の交点（0.5 , 6.6）に向かって shift を押しながらドラッグし、画像を等倍サイズのまま拡大します。

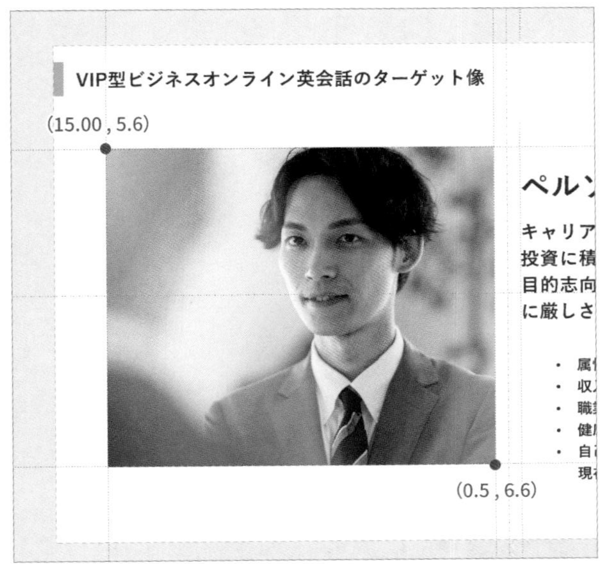

4 見出しのテキストボックスと画像を整列する

整列の機能を使って見出しのテキストボックスと画像を上揃えにします。見出しのテキスト（ペルソナ〜）と画像を選択し、[図形の書式] タブの [配置] から [上揃え] をクリックして画像とテキストボックスを整列します。

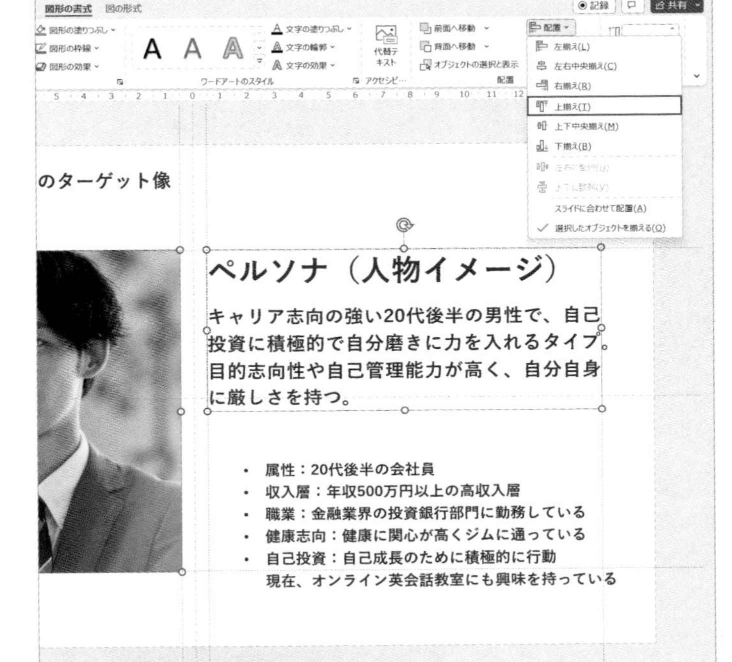

5 箇条書きのテキストを整列する

箇条書きのテキスト（・属性：20代後半の会社員～）と見出しのテキスト（ペルソナ～）を選択し、［図形の書式］タブの［配置］から［左揃え］をクリックして行頭を揃えます。最後に箇条書きのテキスト（・属性～）の下辺をガイド線の枠内に収まるように配置して完成です。

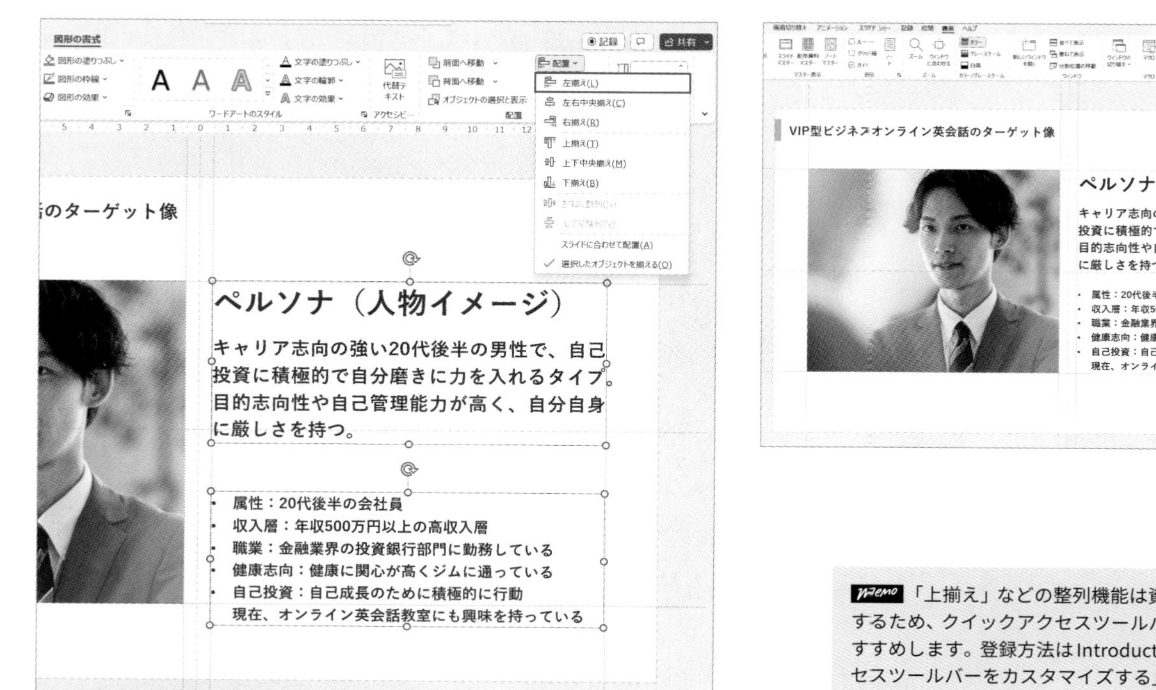

memo 「上揃え」などの整列機能は資料作成では頻繁に使用するため、クイックアクセスツールバーに登録することをおすすめします。登録方法はIntroduction ivの「クイックアクセスツールバーをカスタマイズする」を参照してください。

オブジェクトを活用して構造を伝える

四角の図形を並べて全体構造が伝わるスライドを作成しましょう。

ドリル用ファイル 007-drill.pptx　完成ファイル 007-finish.pptx

Before

SDGsの取り組み

当社はガバナンス・環境保全・人材基盤を軸としてSDGsの達成に貢献します

SDGsの取り組み	ESGの観点
ダイバーシティ推進	人材基盤
ワークライフバランス推進	人材基盤
コンプライアンスの徹底	ガバナンス
地域社会の支援	環境保全
次世代人材支援	環境保全
情報セキュリティの強化	ガバナンス

After

当社はガバナンス・環境保全・人材基盤を軸としてSDGsの達成に貢献します

SDGsの取り組み

人材基盤	ガバナンス	環境
ダイバーシティ推進	コンプライアンスの徹底	地域社会の支援
ワークライフバランス推進	情報セキュリティの強化	次世代人材支援

1 四角の図形を作成・整列して、内容を構造化する

使用フォント	游ゴシック
スタイル	太字
使用する色	○白、背景1、黒＋基本色5% ●黒、テキスト1、白＋基本色25%

Hint 1 グレー色の下地を利用する

文字情報のみのスライドは情報の関係や構造が直感的に伝わりにくい場合がありますが、図形を使ってレイアウトすることで構造が可視化され、伝わりやすいスライドになります。図形を使ってレイアウトするときのポイントは、グレー色の図形で下地を作ることです。グレー色の下地はノイズになることなく内容を区切るブロックとして機能し、視覚的な整列を助けてくれます。グレー色を使用するときは内容の邪魔にならないよう薄いグレーを使用します。

グレー色の下地が要素を分ける役割をしている

集客活動
WEB広告 WEBサイト
ポータル 展示会
DM 雑誌広告

育成活動
オウンドメディア メルマガ
SNS セミナー
ホワイトペーパー

グレーの下地がないだけで、要素の構造が掴みにくい

集客活動
WEB広告 WEBサイト
ポータル 展示会
DM 雑誌広告

育成活動
オウンドメディア メルマガ
SNS セミナー
ホワイトペーパー

Hint 2 左右中央揃えのもうひとつの整列パターン

ドリル06で紹介した「左右中央揃え」には、オブジェクト同士が互いに距離を縮めるように揃うパターンのほかに、「選択されたオブジェクトのうち、最も大きいオブジェクトの中央に揃う」というパターンがあります。図形を使ってレイアウトする際には、このパターンを活用して整列させることが多いので覚えておきましょう。

左右中央揃え

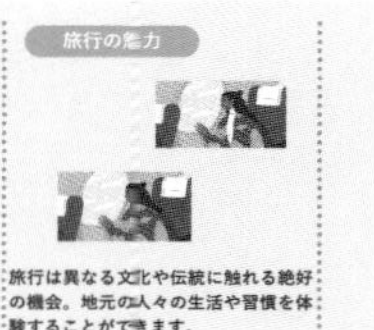

旅行の魅力

旅行は異なる文化や伝統に触れる絶好の機会。地元の人々の生活や習慣を体験することができます。

Answer 07

Drill

オブジェクトを活用して構造を伝える

□ 整列の機能を使って、四角形を均等にレイアウトする
□ テキストの書式を設定する

1 グレー色の図形で下地を作成する

ドリル用ファイル［007-drill.pptx］を開き、サムネイルウィンドウの2スライド目を選択して作業を始めます。まず［挿入］タブの「図形」から［正方形/長方形］を選択して四角形を作成し、［図形の書式］タブで高さ［10.3cm］幅［9.3cm］に設定します。次に、四角形を右クリックして「図形の書式設定」を選択し、作業ウィンドウから「塗りつぶし（単色）」にチェックを入れ「色」を［白、背景1、黒＋基本色5%］、「線」を［線なし］に設定します。最後に ctrl + D で下地の図形が3つになるよう複製しておきます。

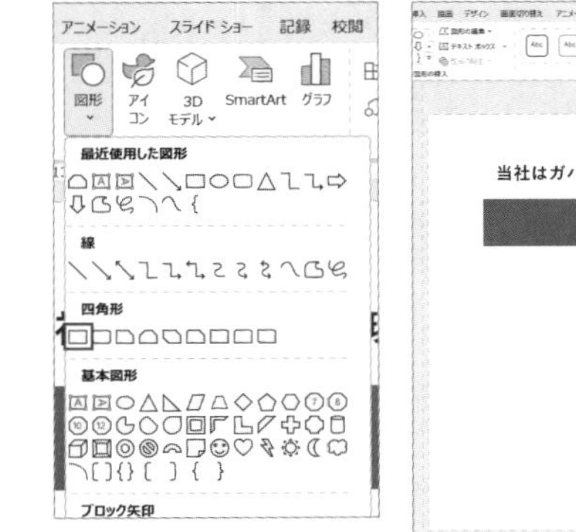

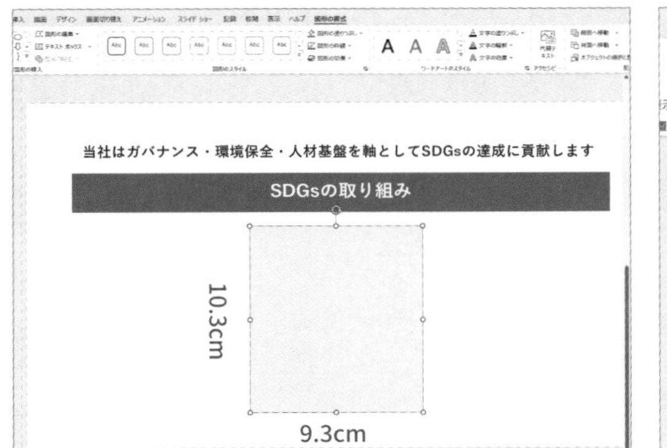

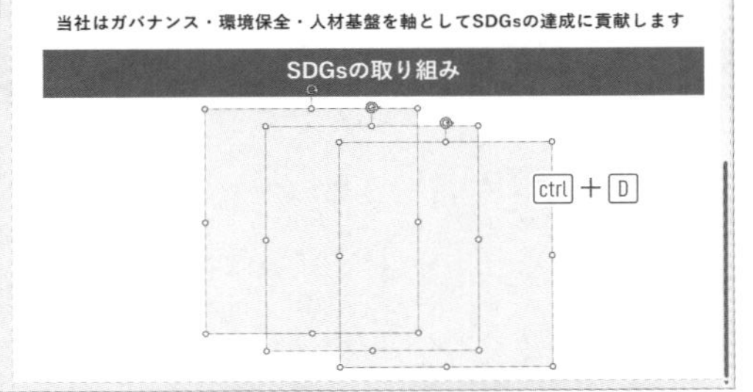

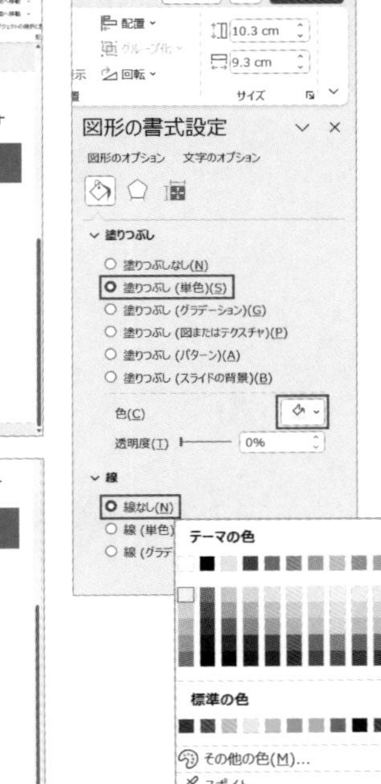

2 下地の図形を均等に整列する

ここからは「図形の書式」タブの「配置」にある整列機能を利用して、下地の図形（A・B・C）※を配置します。まず下地の図形Aとオブジェクト（「SDGsの取り組み」）を選択して［左揃え］をクリックします。次に下地の図形Cとオブジェクト（「SDGsの取り組み」）を選択して［右揃え］をクリックします。下地の図形（A・B・C）が横に並んだ状態で、図形（A・B・C）を選択して［上揃え］と［左右に整列］をクリックして均等に整列します。最後に整列した下地の図形（A・B・C）が「SDGsの取り組み」のオブジェクトのすぐ下に配置されるようにレイアウトを整えます。

※便宜上、下地の図形に名称をつけています。

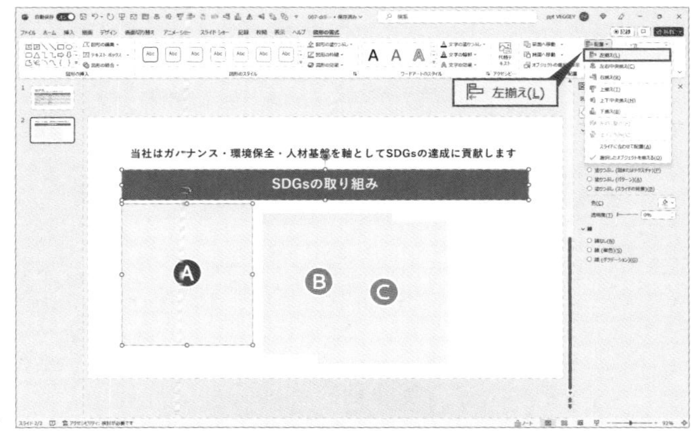

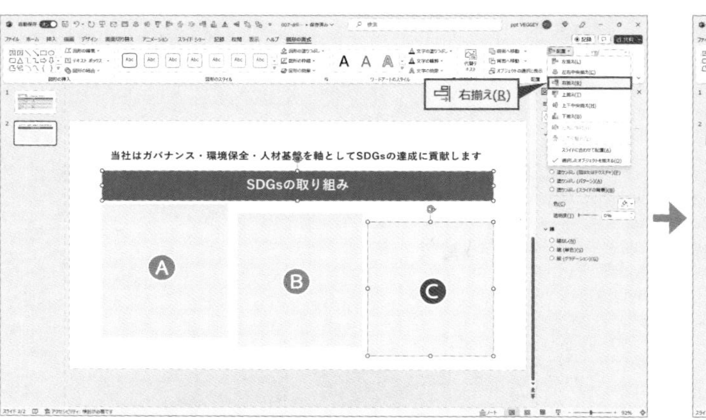

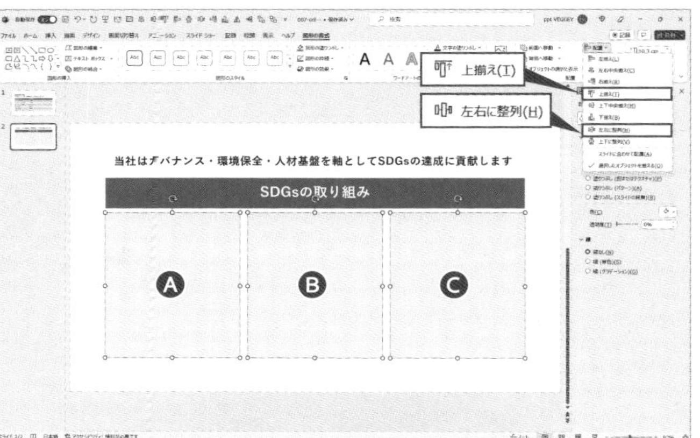

3 中項目を作成する

下地の図形（A・B・C）を選択して ctrl + shift を押しながら下方向に垂直にドラッグして複製を作ります。複製して新たに作成した図形（D・E・F）※の「高さ」を［図形の書式］タブで［1.8cm］に設定します。次に下地の図形（A）と新たに作成した図形（D・E・F）を複数選択して、［図形の書式］タブの［配置］で［上揃え］をクリックします。上揃えに整列したあと図形（D・E・F）を選択して、作業ウィンドウの［塗りつぶし（単色）］にチェックを入れ、「色」を［● 黒、テキスト1、白＋基本色25%］に設定して背景色を変更します。

※便宜上、複製して新たに作成した図形に名称をつけています。

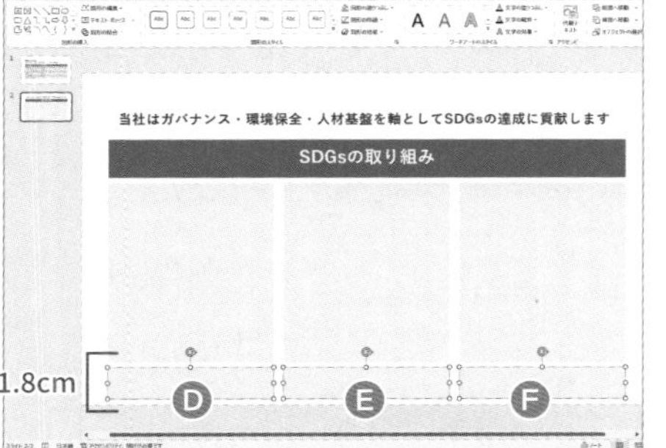

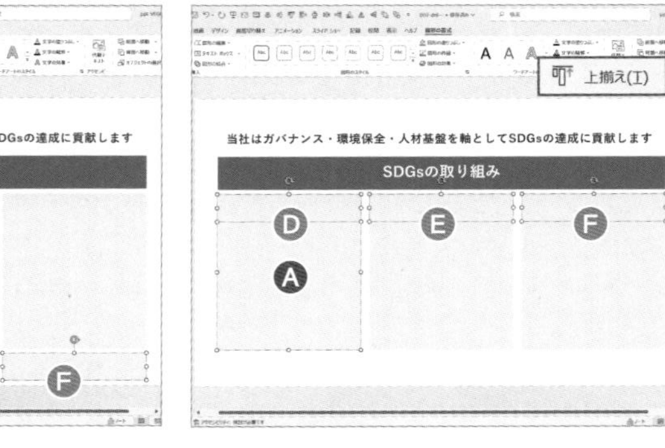

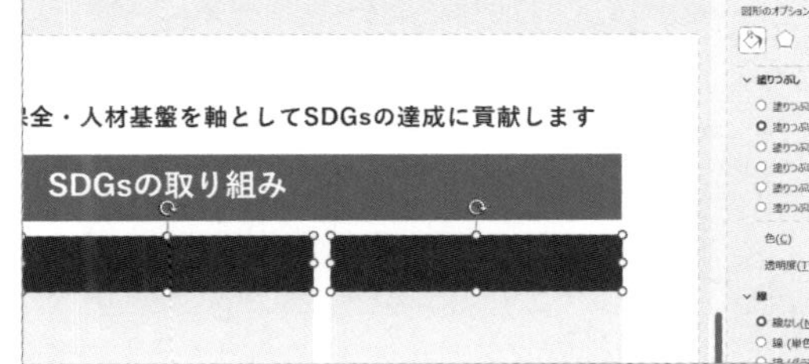

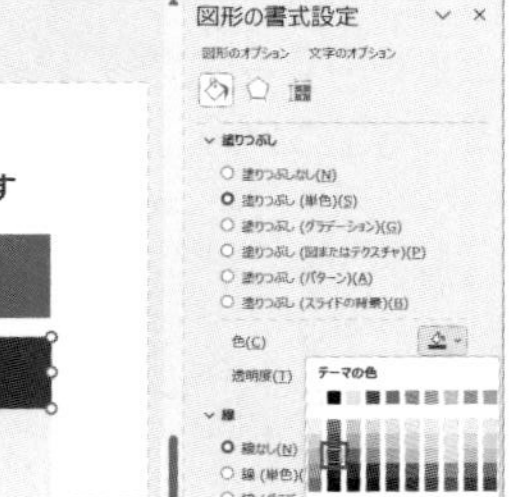

4 中項目にテキストを入力する

❸で作成した中項目の図形（D・E・F）それぞれにテキスト（「人材基盤」・「ガバナンス」・「環境」）を入力します。また ctrl + shift + > でフォントサイズを［20pt］に、ctrl + B で太字に設定します。

5 小項目を配置して、左右中央揃えで整列する

スライド編集画面の右脇に用意された小項目の図形をすべて選択して、右クリックから［最前面へ移動］します。1スライド目の内容を確認しながら、内容の構造が伝わるように各小項目を下地の図形の上に配置します（配置する際は shift を押しながら並行に移動し、下地の図形からはみ出ないよう注意します）。次に、下地の図形Ⓐと中項目（「人材基盤」）と小項目（「ダイバーシティ推進」・「ワークライフバランス」）を選択して［図形の書式］タブの［配置］で［左右中央揃え］をクリックして中央に整列します。ほかの項目も同じ手順でそれぞれを中央揃えにしたら完成です。

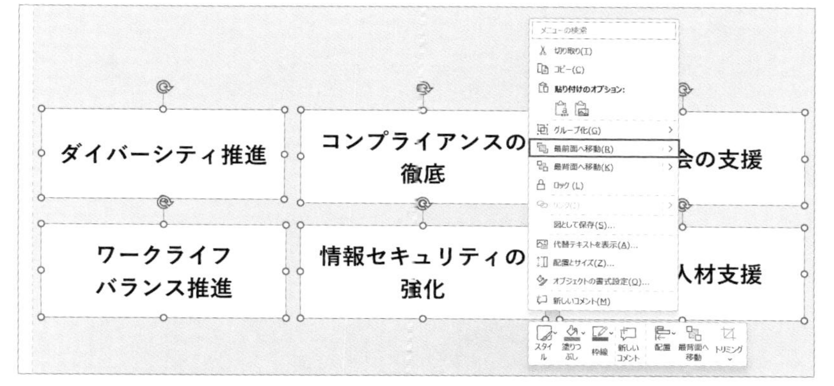

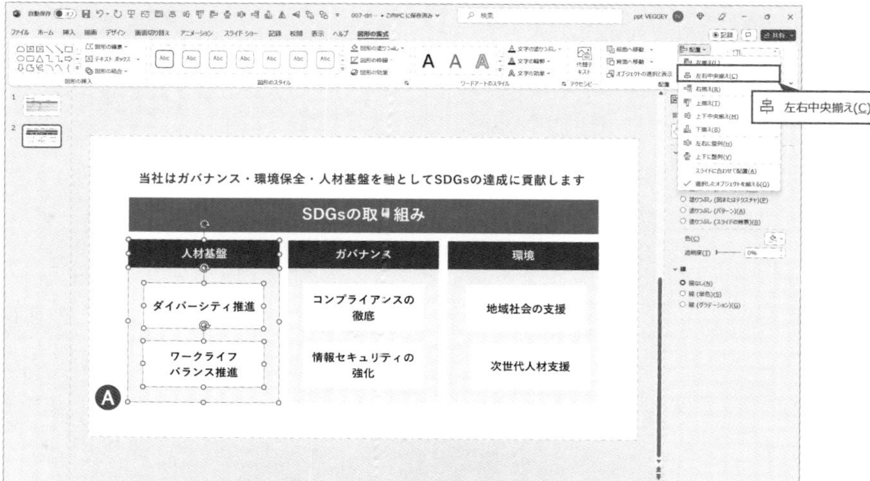

視線の流れに沿ったレイアウトに変更する

図形の書式を統一して、視線の流れに沿ったレイアウトに変更しましょう。

ドリル用ファイル 008-drill.pptx　完成ファイル 008-finish.pptx

Before

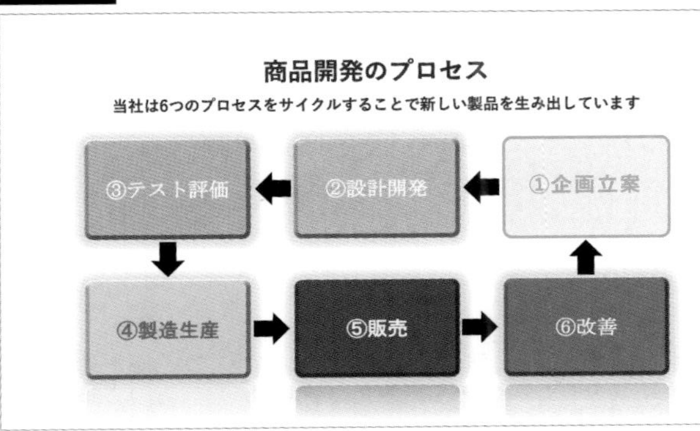

After

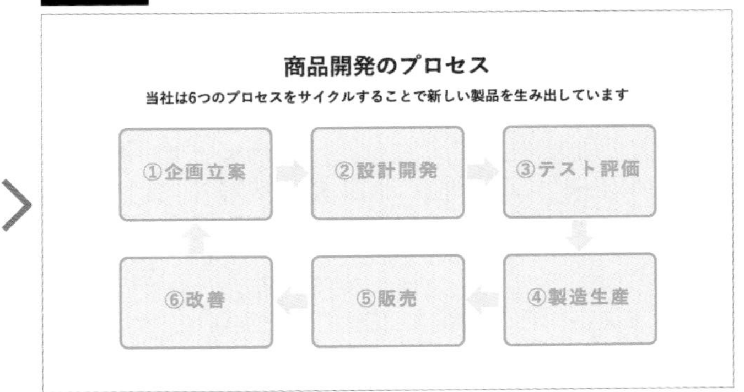

1. 「①企画立案」の書式スタイルを他のオブジェクトに反映して統一する
2. 視線の流れに沿ってオブジェクトを並べる
3. 文字の間隔にゆとりを持たせる

使用する色	青、アクセント5、白＋基本色80%
字間の設定値	文字間隔を広げる：2pt

Hint 1 書式のコピー/貼り付けで要素を統一

書式のコピーは、図形の塗りや線・文字のフォント・影などの効果も含めた書式を丸ごとコピーすることができます。コピーした書式をオブジェクトにペーストすると、簡単に書式が統一されます。資料作成において書式のコピーは使用頻度が高いので、ショートカットキーを覚えておくと便利です。

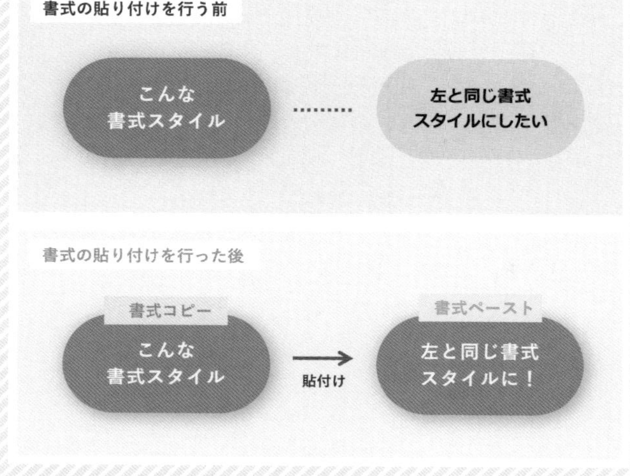

Shortcut Key

書式のコピー：ctrl+shift+C、書式のペースト：ctrl+shift+V

Hint 2 視線の流れに沿ったレイアウトを組む

スライドを見るとき、人は左上から右方向に視線を動かします。そのため、視線の流れに沿ったレイアウトを組むと情報が理解しやすくなります。視線の型はいくつかありますが、まずは基本である「左上から右方向」の流れを意識してレイアウトをしていきましょう。

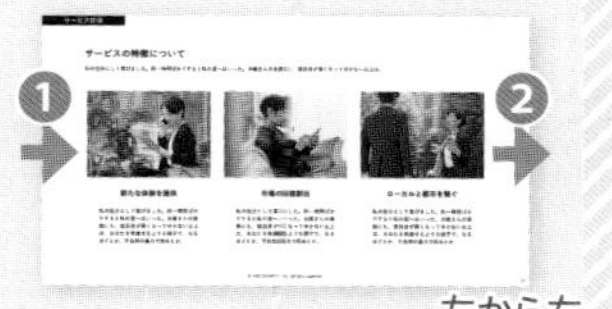

左から右

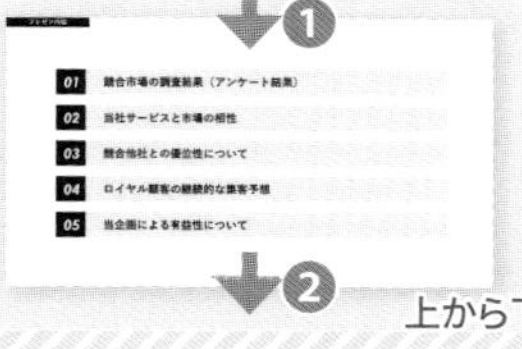

上から下

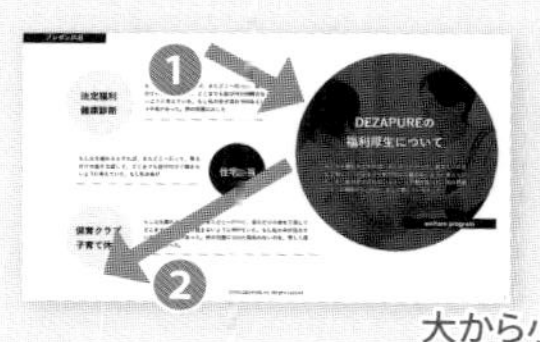

大から小

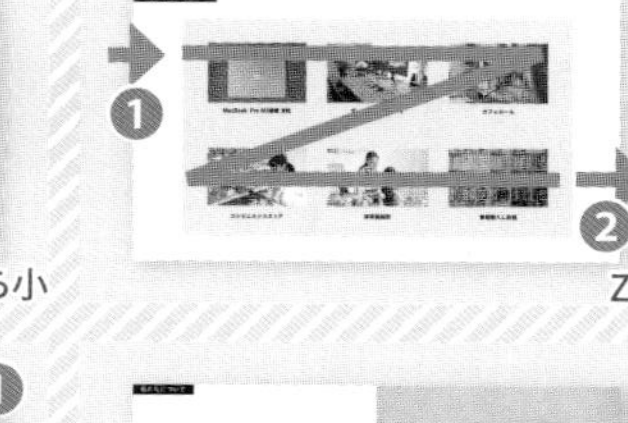

Z型

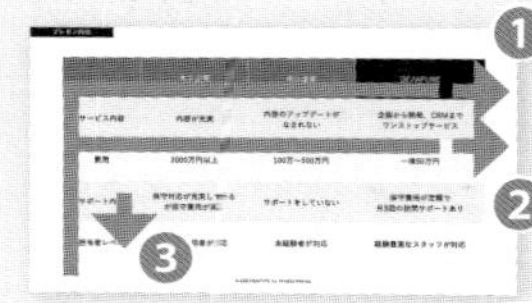

F型

ヒトの視線

Answer 08

Drill 視線の流れに沿ったレイアウトに変更する

- [ ] 書式のコピー/貼り付けで、「①企画立案」の書式スタイルに統一する
- [ ] 左上から右方向に視線が流れるように内容と矢印を変更する

1 「①企画立案」の書式スタイルに統一する

ドリル用ファイル[008-drill.pptx]を開きます。図形(「①企画立案」)を選択して[ホーム]タブにある[書式のコピー/貼り付け]をクリックします。カーソルの横に「はけ」が表示された状態で、図形(「③テスト評価」)をクリックして書式スタイルをペーストします。そのほかの図形も同じ手順で書式スタイルをペーストして、書式を統一します。

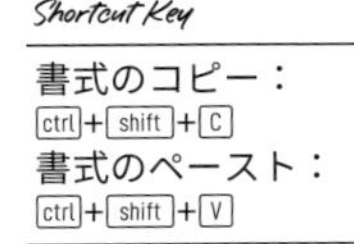

Shortcut Key
書式のコピー：
ctrl+shift+C
書式のペースト：
ctrl+shift+V

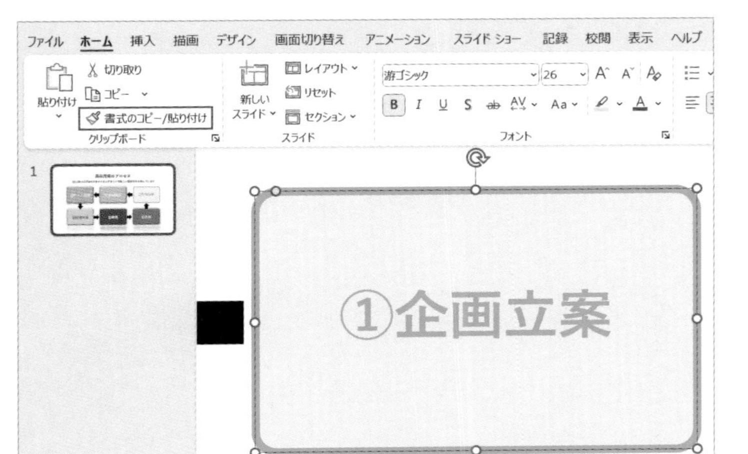

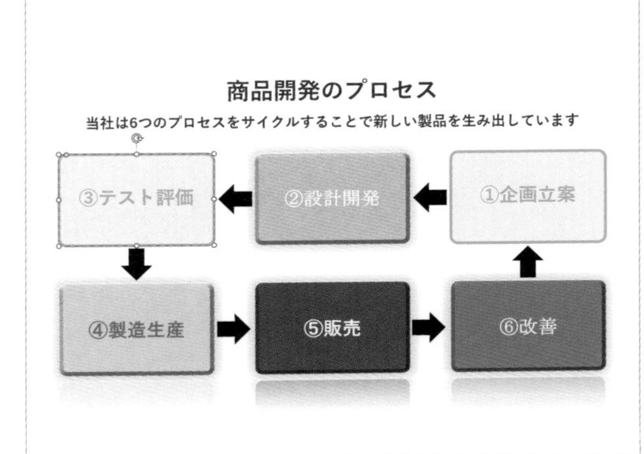

2 視線の流れに沿ったレイアウトに変更する

人の視線はスライドの左上から始まるので、それに合わせて図形（「①企画立案」）を左上に配置します。そこから時計回りに各図形（「②設計開発」から「⑥改善」）を配置していきます。配置を変えるときはすべてマウスで操作しようとせずに、ドリル06・07で学んだ整列機能を用いて配置を変更しましょう。

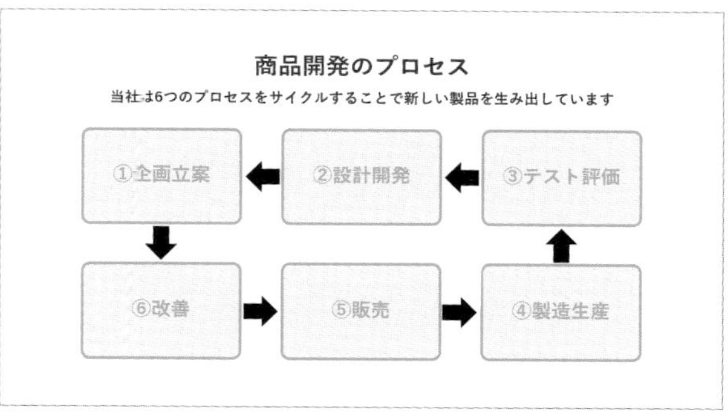

3 矢印を反転させて時計回りにする

横向きの矢印の4つを選択して［図形の書式］タブにある［回転］から［左右反転］をクリックします。次に上下に向いた矢印を2つ選択して［図形の書式］タブにある［回転］から［上下反転］をクリックして、矢印の流れを時計回りに変更します。

Memo ハンドルを回して矢印を反転することもできますが、180°回転する場合は「左右反転」や「上下反転」を使用するとずれることなく反転できます。

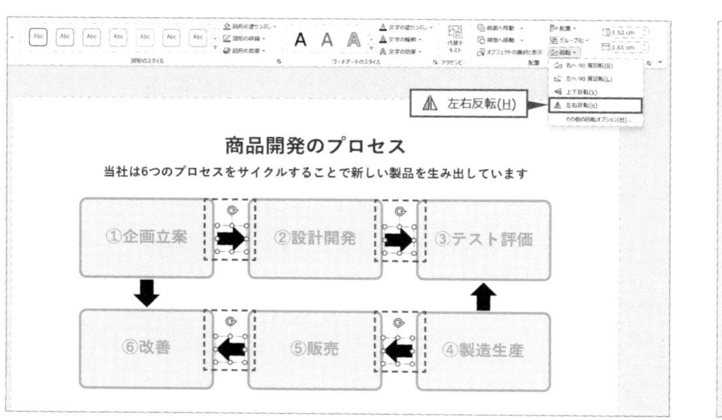

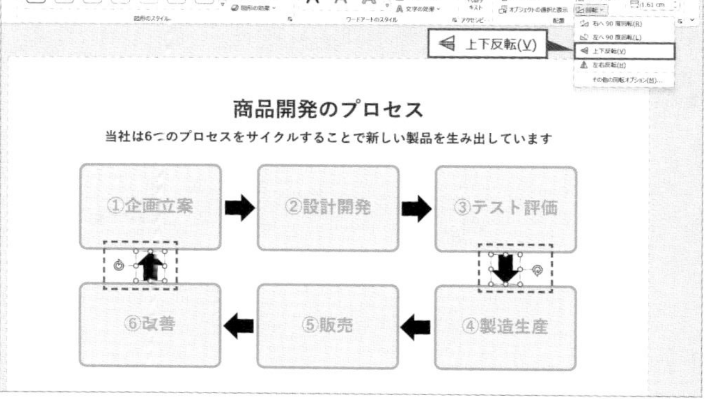

4 矢印の色を変更する

配置されている矢印をすべて選択して［図形の書式］タブの［図形の塗りつぶし］から［ 青、アクセント5、白＋基本色80%］を選択します。

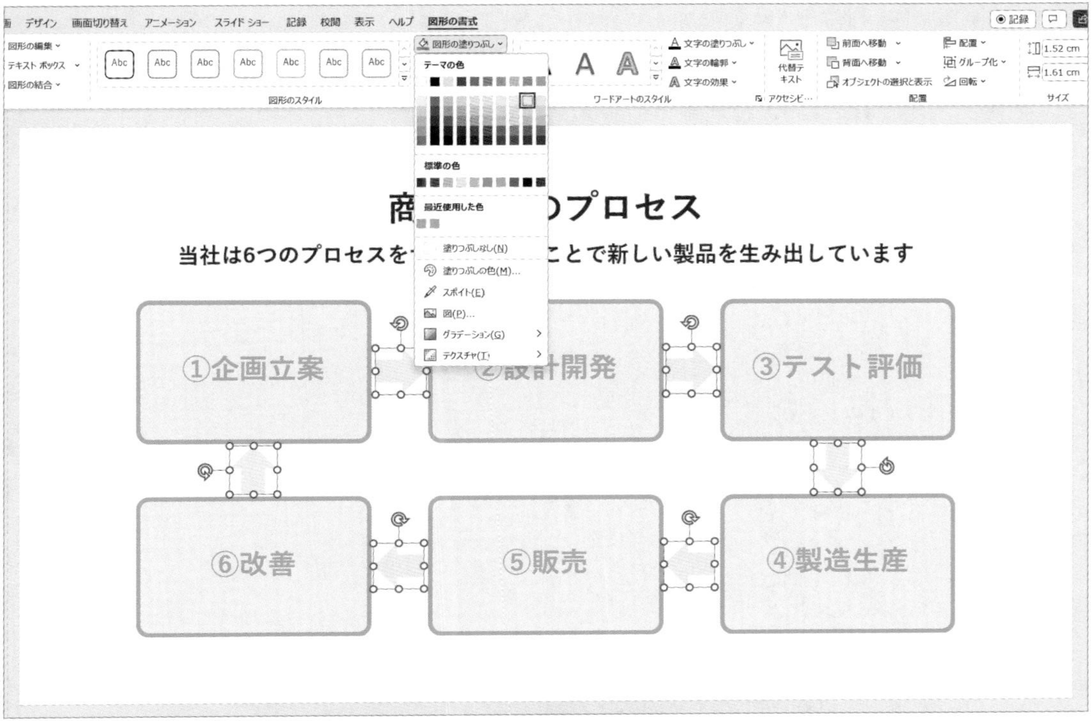

Memo 矢印はあくまで視線の流れを補助するものなので、原色に近い目立つ色を使用せずに、薄い色を選ぶのが◎です。

5 テキストの字間を調整する

図形をすべて選択して、[ホーム] タブの AV から [その他の間隔] をクリックし、「フォント」のダイアログボックスを開きます。「間隔」を [文字間隔を広げる]、「幅」を [2pt] に設定して、字間にゆとりを持たせたら完成です。

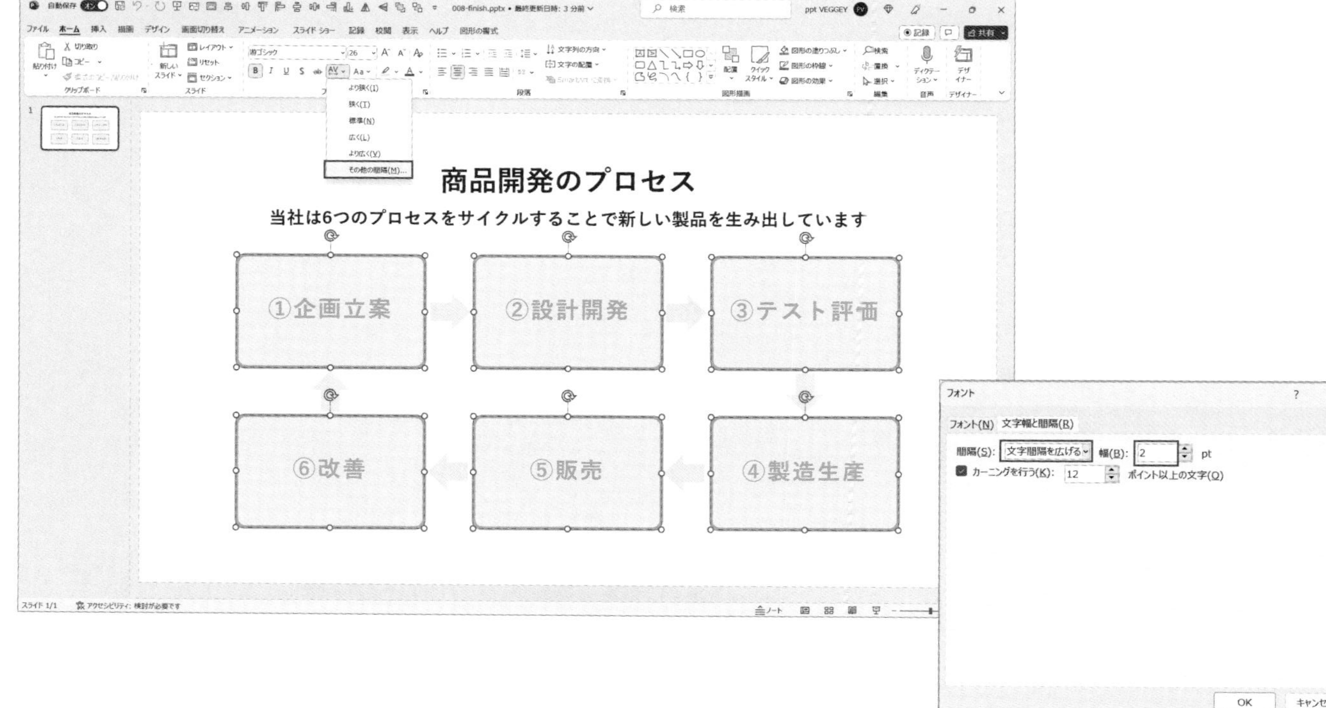

★★★ Drill 09

スライドサイズを変更してベン図の共通部分を強調する

A4サイズのスライドに変更し、ベン図の共通部分に色をつけて強調しましょう。

ドリル用ファイル 009-drill.pptx　完成ファイル 009-finish.pptx

After

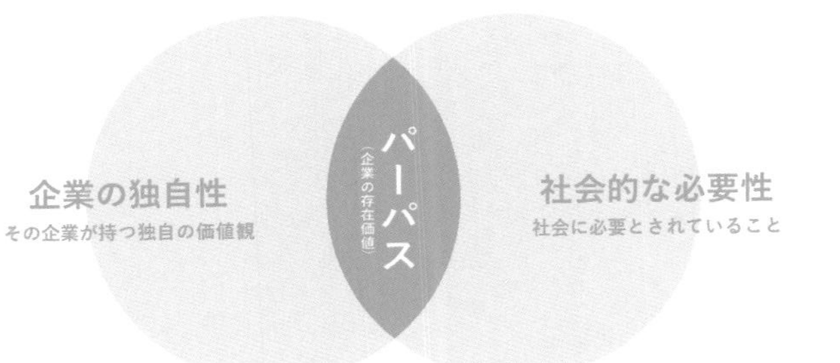

1 スライドのサイズを16:9からA4サイズ（国際規格：21cm×29.7cm）に変更する

2 ベン図を作成して共通部分に色をつける

使用する色	●薄い青（標準の色） ●青、アクセント5、白＋基本色80%

Hint 1 スライドサイズの設定

PowerPointではデフォルトで表示される16：9サイズ以外に、A4サイズやはがきサイズなどにスライドサイズを設定することができます。PowerPointが用意している定型サイズは実寸よりもひと回り小さくなっているため、サイズを正確に設定する場合は「ユーザー設定」から数値を入力する必要があります（定型サイズを利用することもできます）。

Hint 2 図形の編集に便利な「図形の結合」

「図形の結合」は複数の図形を組み合わせたり切り抜いたりして、オリジナルの図形を作ることができる機能です。「図形の結合」は「接合・型抜き／合成・切り出し・重なり抽出・単純型抜き」の5種類があります。ベン図のように図形が重なっている部分をそれぞれ別オブジェクトとして切り離す際は「切り出し」を使用します。

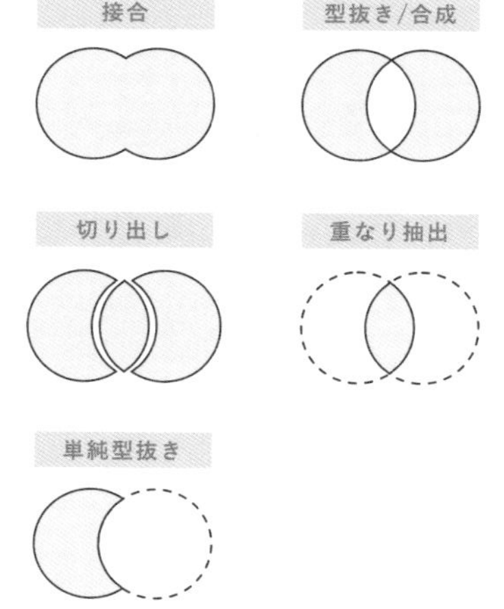

Answer 09

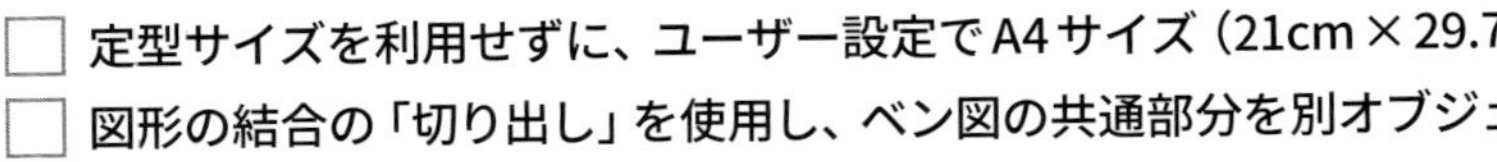

Drill

スライドサイズを変更してベン図の共通部分を強調する

- □ 定型サイズを利用せずに、ユーザー設定でA4サイズ（21cm×29.7cm）に変更する
- □ 図形の結合の「切り出し」を使用し、ベン図の共通部分を別オブジェクトにして塗る

1 A4サイズに変更する

ドリル用ファイル［009-drill.pptx］を開きます。［デザイン］タブにある［スライドのサイズ］をクリックし［ユーザー設定のスライドのサイズ］を選びます。「スライドのサイズ」のダイアログボックスを開き、「スライドのサイズ指定」を［ユーザー設定］にして「幅」を［29.7cm］、「高さ」を［21cm］に設定し「OK」をクリックします。するとコンテンツの拡大縮小に関するダイアログボックスが表示されるので、［サイズに合わせて調整］を選択し、16:9サイズからA4サイズに変更します。

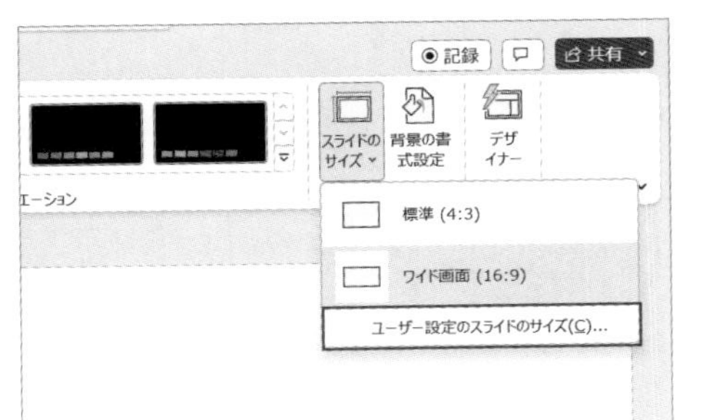

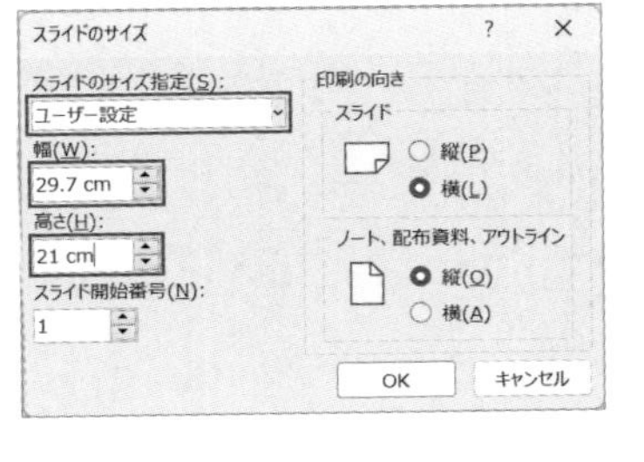

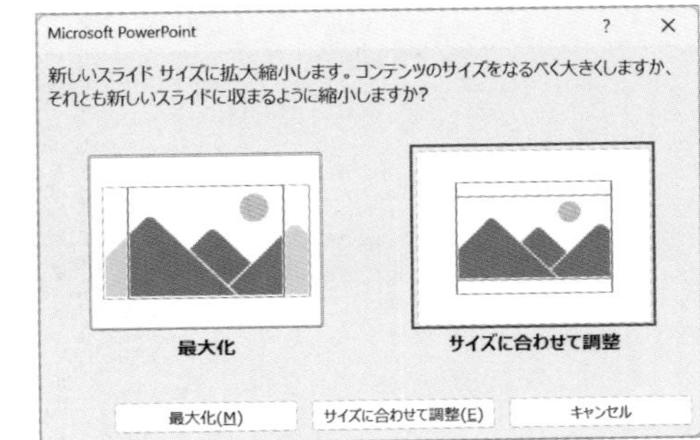

Memo 「サイズに合わせて調整」は変更したサイズに合わせて、コンテンツが収まるように調整される設定で、「最大化」は、コンテンツは調整されずにスライドサイズだけが変更される設定です。

2 正円を作成して重ねる

[挿入] タブの [図形] から [楕円] を選択します。スライド編集画面で shift を押しながらドラッグして正円を作成します（Afterスライドの正円は「高さ」[11cm]、「幅」[11cm]）。作成した正円を選択して ctrl + shift を押しながら右方向に水平にドラッグして正円を複製し、端と端を重ねた状態にします。2つの正円を選択して ctrl + G でグループ化し、[図形の書式] タブの [配置] で [左右中央揃え] にして、2つの正円をスライド中央に移動させます。

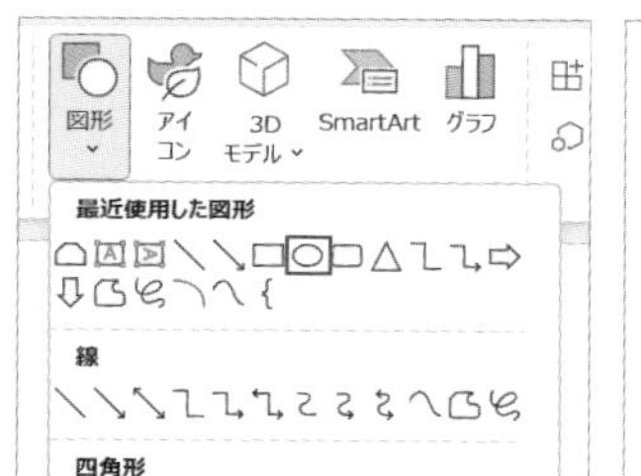

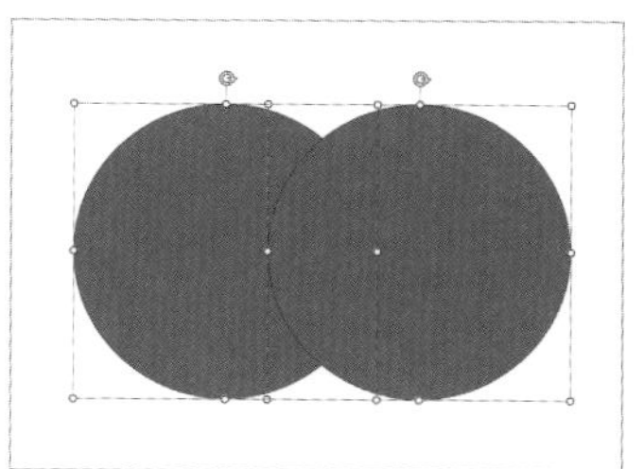

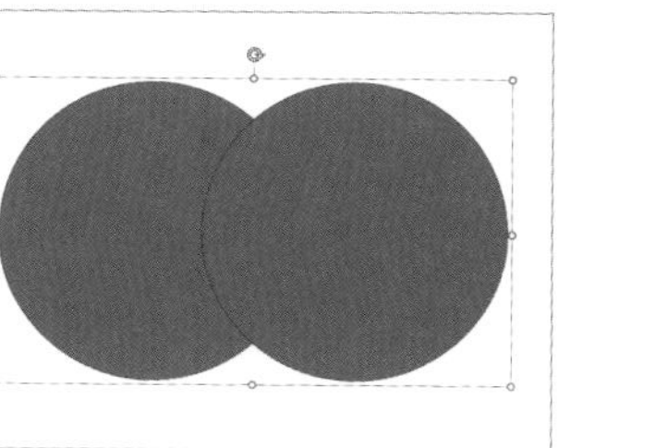

 「切り出し」で別々のオブジェクトとして切り出す

グループ化された図形を選択して ctrl + shift + G でグループ化を解除します。そして正円を2つ選択した状態で [図形の書式] タブの [図形の結合] から [切り出し] を選択して、3つのオブジェクトに切り分けます。

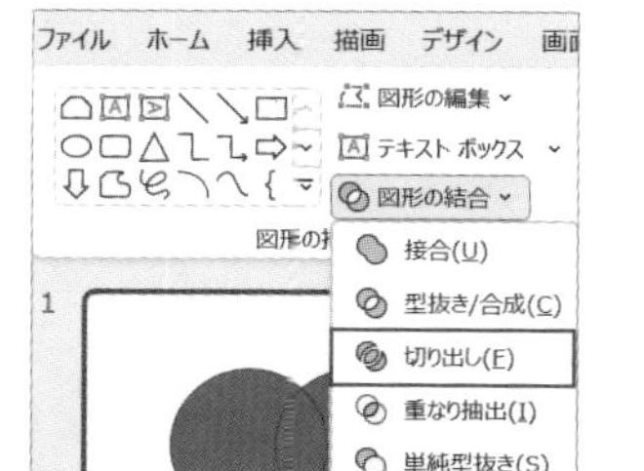

Memo グループ化された状態では「図形の結合」をすることはできません。

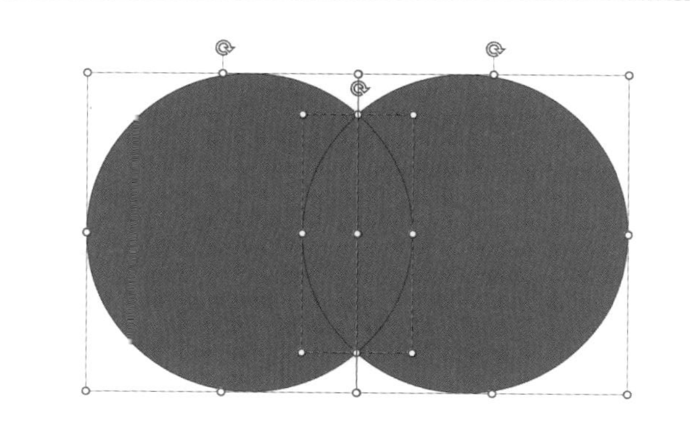

4 切り分けたオブジェクトに色をつける

真ん中の共通部分のオブジェクトを選択して右クリックから［図形の書式設定］を開き、作業ウィンドウから［塗りつぶし（単色）］にチェックを入れ、「色」を［●薄い青（標準の色）］、「線」を［線なし］に設定します。次に両側のオブジェクトを選択して［塗りつぶし（単色）］にチェックを入れ、「色」を［●青、アクセント5、白＋基本色80%］、「線」を［線なし］に設定します。

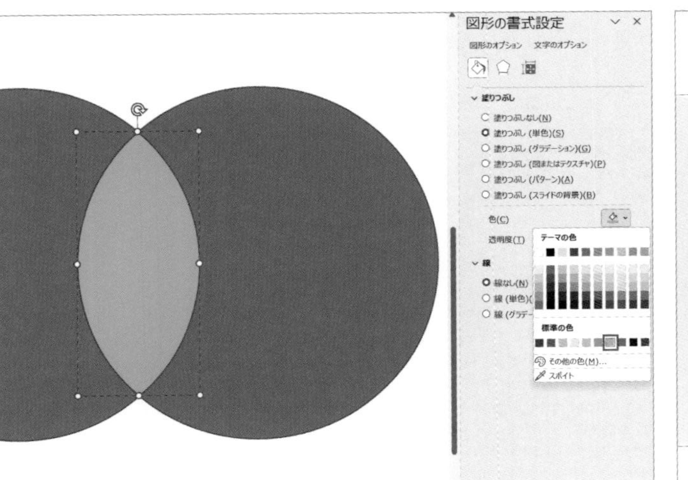

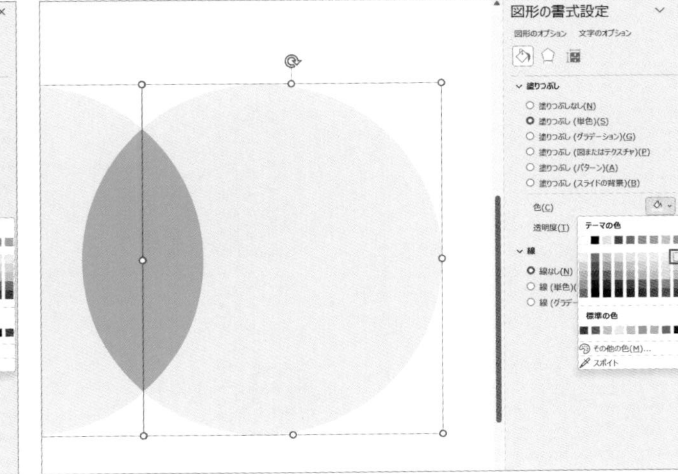

5 テキストを配置する

スライド編集画面の右脇に用意されたテキストをすべて選択して、右クリックから［最前面へ移動］します。Afterスライドを参考に、整列機能を使いながら各テキストを配置して完成です。

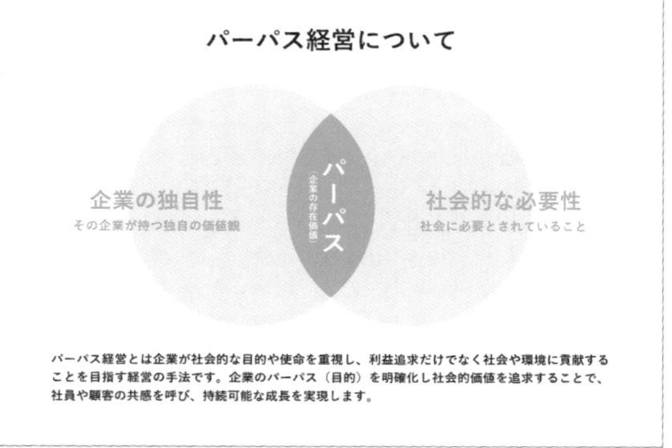

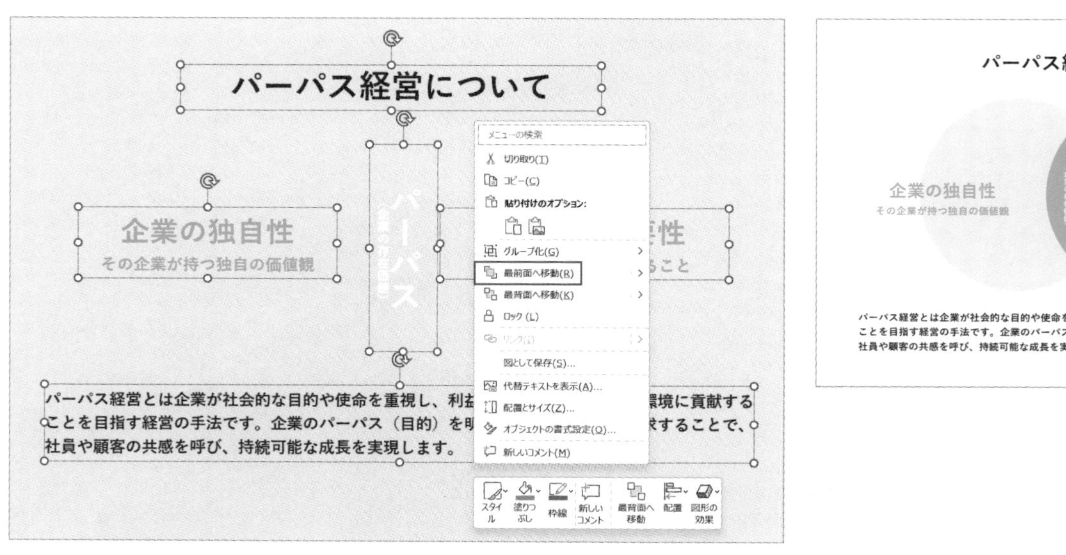

★★★ Drill 10

アニメーションを使ってオブジェクトを強調する

アニメーションを用いて訪日外国人数の増加を表現しましょう。

ドリル用ファイル 010-drill.pptx　完成ファイル 010-finish.pptx

Before

訪日外国人数の推移

観光目的の受入れ再開や水際措置の緩和により訪日外客数が回復

2021年：約24万人

2022年：約380万人

日本政府観光局（JNTO）：訪日外客数（2022 年 12 月および年間推計値）

After

訪日外国人数の推移

観光目的の受入れ再開や水際措置の緩和により訪日外客数が回復

日本政府観光局（JNTO）：訪日外客数（2022 年 12 月および年間推計値）

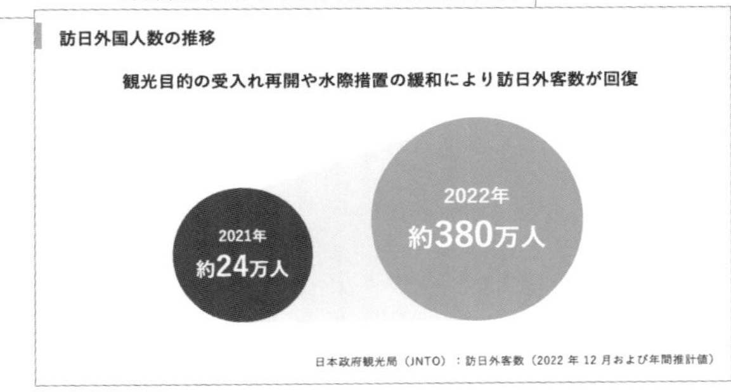

Try!

1 「変形」を使用して、2022年の訪日外国人数のオブジェクトを強調させる

2 「ワイプ」を使用して外国人数の増加の推移にアニメーションをつける

使用する色	●薄い青（標準の色） ●青、アクセント5、白＋基本色80%

Hint 1 前後のスライドをアニメーションでつなぐ「変形」

「変形」は画面の切り替えに滑らかなアニメーションを加えて、オブジェクトの移動と変形を演出することができます。「変形」を使用するには、共通するオブジェクトが入ったスライドを前後に並べる必要があります。前後に並んだスライドの後ろのスライドで［画面切り替え］タブの［変形］を選択すると、前のスライドから次のスライドへ移動するアニメーションを付けることができます。

共通するオブジェクトが入ったスライドを前後に並べて

後ろのスライドに「変形」を設定

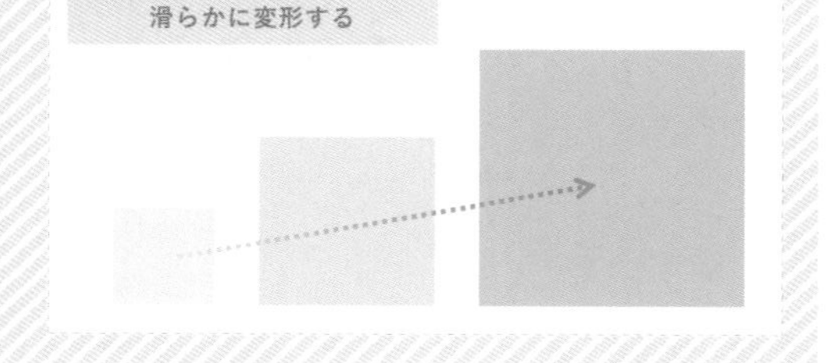

画面の切り替えに合わせて滑らかに変形する

Hint 2 「ワイプ」のアニメーションで流れを強調する

「ワイプ」はフェードに似た動きをするアニメーションで、テキストやオブジェクトを徐々に表示する際に使用します。また、ワイプ特有の指定した方向から表示されるエフェクトを利用して、左から右に向けて矢印を表示させ、フローや流れ（推移）を示すアニメーションとして活用できます。

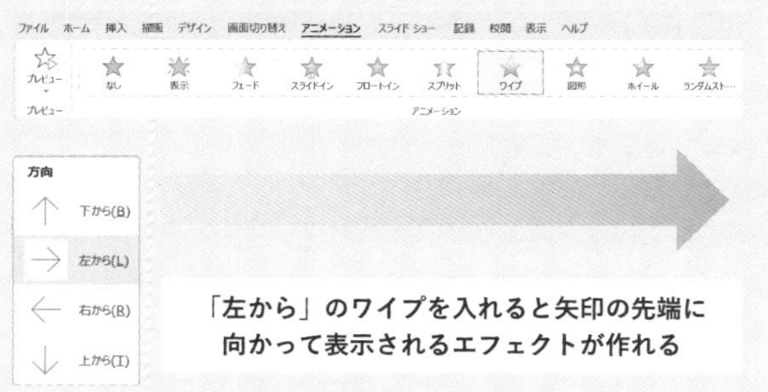

「左から」のワイプを入れると矢印の先端に向かって表示されるエフェクトが作れる

Answer 10

Drill

アニメーションを使ってオブジェクトを強調する

- □ 画面切り替えの「変形」を使用してアニメーションを加える
- □ 「ワイプ」を使用して、左から右に推移するエフェクトを表現する

1 スライドを複製・編集する

ドリル用ファイル［010-drill.pptx］を開き、サムネイルウィンドウにあるスライドを選択して ctrl + D で複製します。複製したスライドの正円（「2022年 約380万人」）を選択して、右上の頂点にカーソルを合わせて shift を押しながら右方向にドラッグしサイズを拡大します（Afterスライドでは「高さ」［10.3cm］、「幅」［10.3cm］）。次に ctrl + shift + > を2回押してフォントサイズを上げ、［図形の書式］タブの［図形の塗りつぶし］で［●薄い青（標準の色）］に設定します。

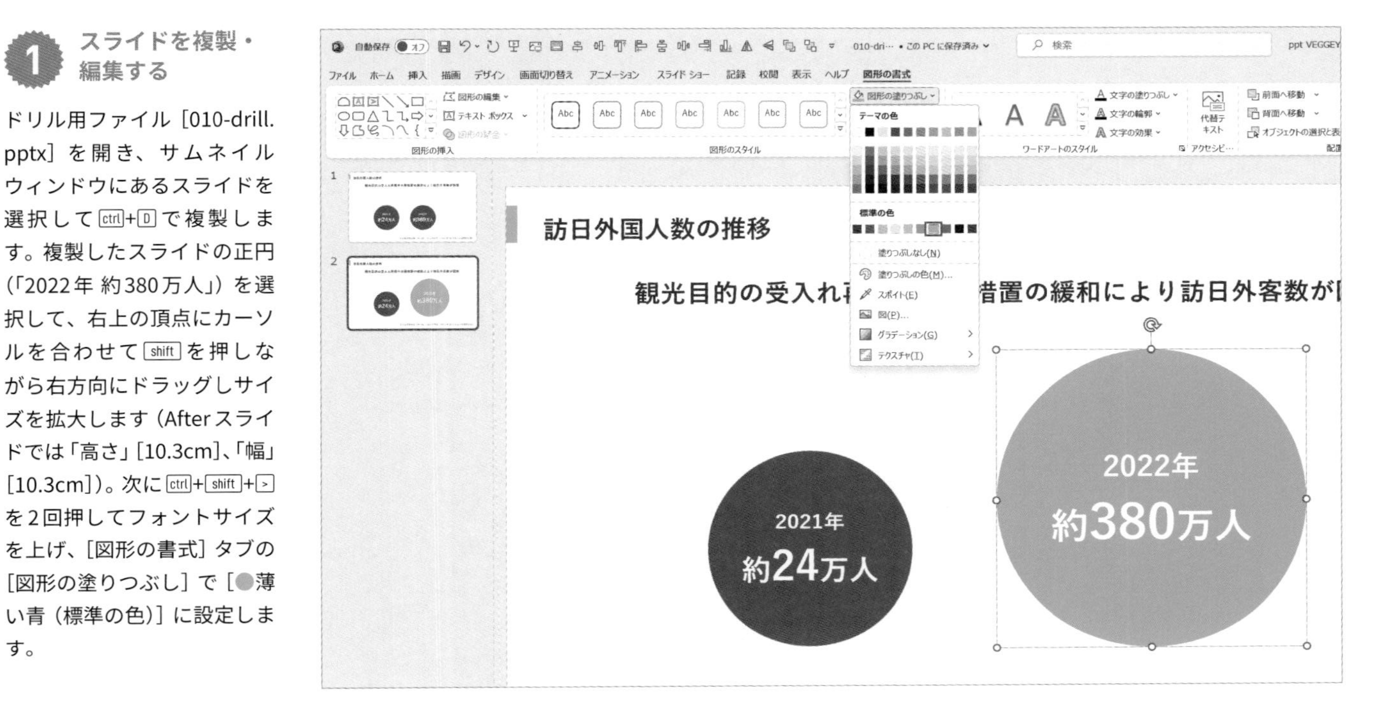

2 「変形」の画面切り替えを設定する

「変形」のアニメーションを設定します。サムネイルウィンドウで複製したスライドを選択して［画面切り替え］タブにある［変形］をクリックします。次に同じタブ内にある「期間」を［01.00］秒に設定して変形するまでの速度を速くします。

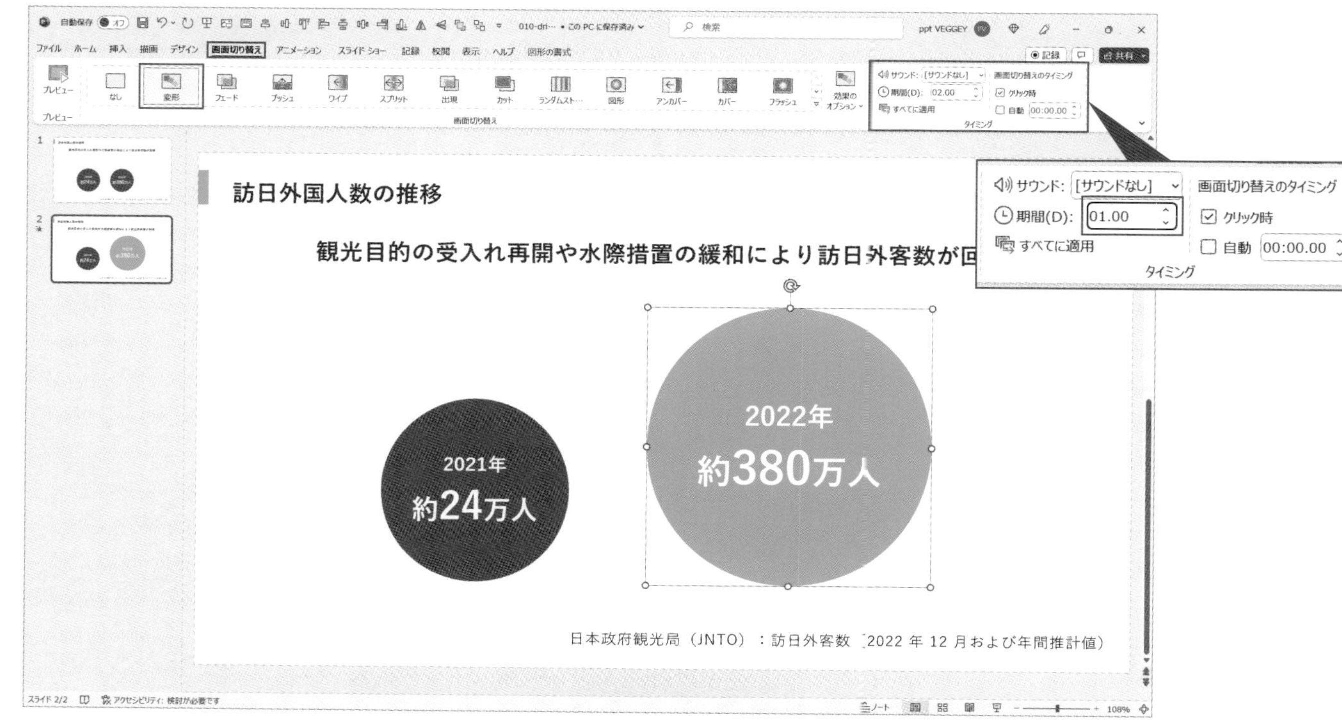

3 フリーフォームで図形を作成する

アニメーションに使う図形を作成します。[挿入] タブの [図形] で [フリーフォーム：図形] を選択します。図のように正円（2021年約24万人）の頂点を始点（A）として、(B)・(C)・(D) の順でマウスをクリックして作図をします。このとき shift を押しながら作図すると水平や垂直方向にまっすぐ線を引けます（始点まで戻るとパスが閉じて青く塗りつぶされ台形のような形になります）。作成した台形を右クリックして [図形の書式設定] を開き、作業ウィンドウから [塗りつぶし（単色）] にチェックを入れ、「色」を [●薄い青（標準の色）]、「透明度」を [90%] に設定します。また「線」は [線なし] に設定します。最後に、作成した台形を右クリックして「最背面へ移動」を選択し、正円の背面に配置します。

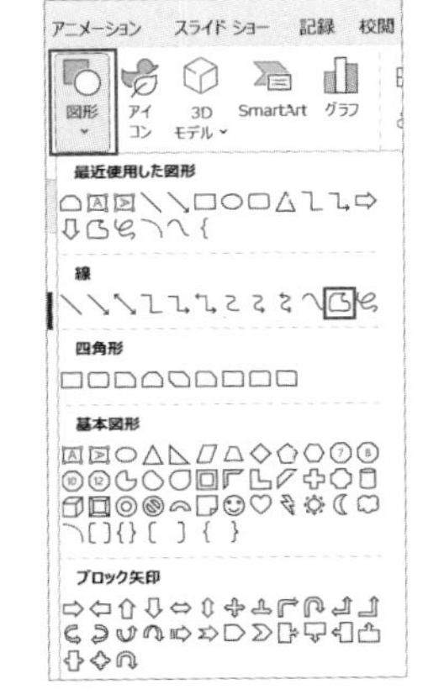

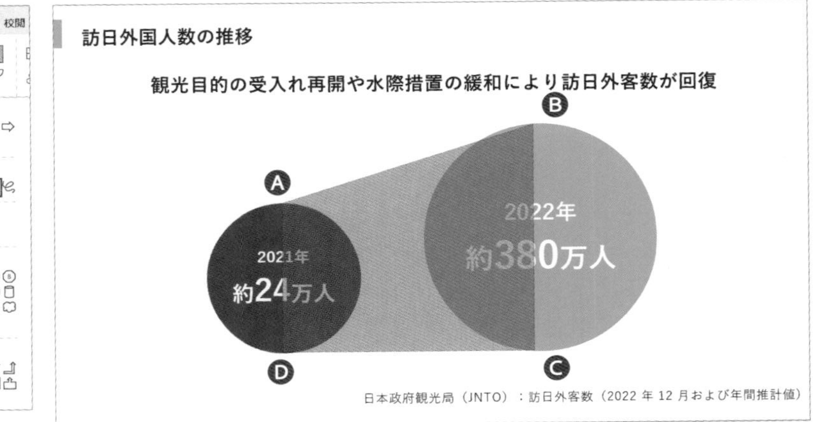

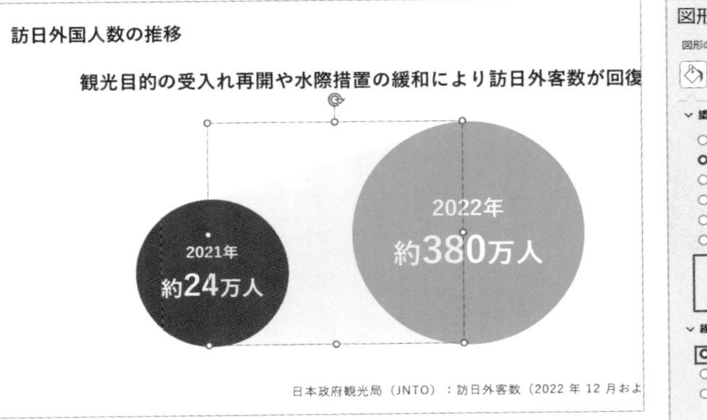

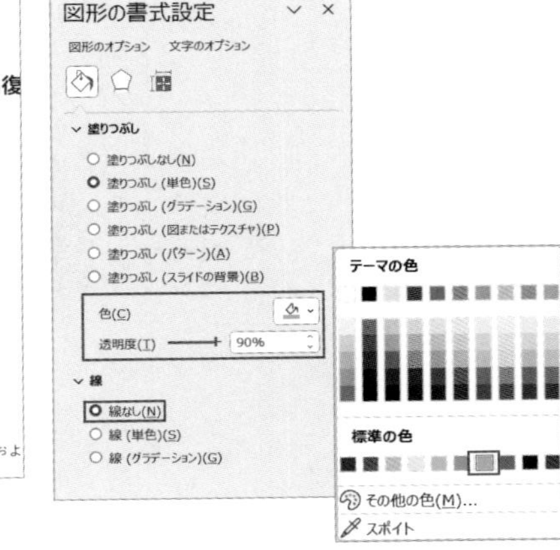

図形の書式設定
図形のオプション　文字のオプション
塗りつぶし
塗りつぶしなし(N)
塗りつぶし（単色）(S)
塗りつぶし（グラデーション）(G)
塗りつぶし（図またはテクスチャ）(P)
塗りつぶし（パターン）(A)
塗りつぶし（スライドの背景）(B)
色(C)
透明度(T)　90%
線
線なし(N)
線（単色）(S)
線（グラデーション）(G)
テーマの色
標準の色
その他の色(M)...
スポイト

④ 図形に「ワイプ」のアニメーションを設定する

❸で作成した台形にアニメーションを設定します。台形を選択して［アニメーション］タブにある［ワイプ］を選択します。次に［効果のオプション］で［左から］を選択して左から右に流れるエフェクトを作ります。最後に「開始」のタイミングを［直前の動作と同時］に設定します。

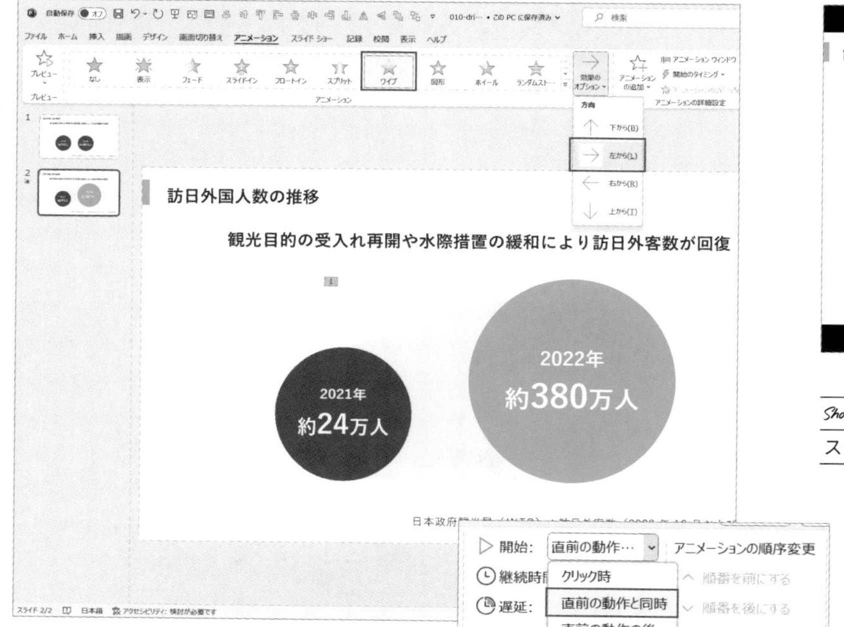

⑤ スライドショーで確認する

［スライドショー］タブの［最初から］をクリックしてスライドショー画面に切り替えます。スライドショーで変形のアニメーションとワイプのアニメーションが適用されていることを確認して完成です。

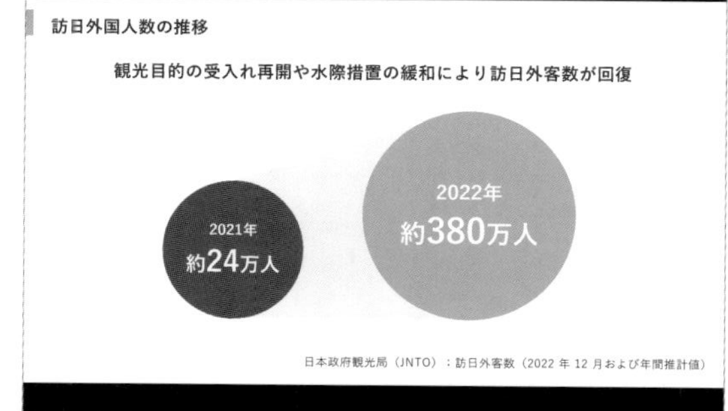

Shortcut Key

スライドショー開始：F5

★★★ Drill 11

サイクル図を作ってワンストップを表現する

サイクル図を作成して、ワンストップで支援をおこなっていることを表現しましょう。

ドリル用ファイル 011-drill.pptx　完成ファイル 011-finish.pptx

Before

サービス特徴

提案から保守までワンストップでご提供

トータル支援

お客様のさまざまな課題に対して、業務効率の向上や情報セキュリティ対策などのソリューションをワンストップで提供します。公共機関や民間企業向けにシステム設計やネットワーク構築および導入、運用サポート、保守メンテナンスまで一貫した支援体制でサポートします。

After

サービス特徴

提案から保守まで
ワンストップでご提供

お客様のさまざまな課題に対して、業務効率の向上や情報セキュリティ対策などのソリューションをワンストップで提供します。公共機関や民間企業向けにシステム設計やネットワーク構築および導入、運用サポート、保守メンテナンスまで一貫した支援体制でサポートします。

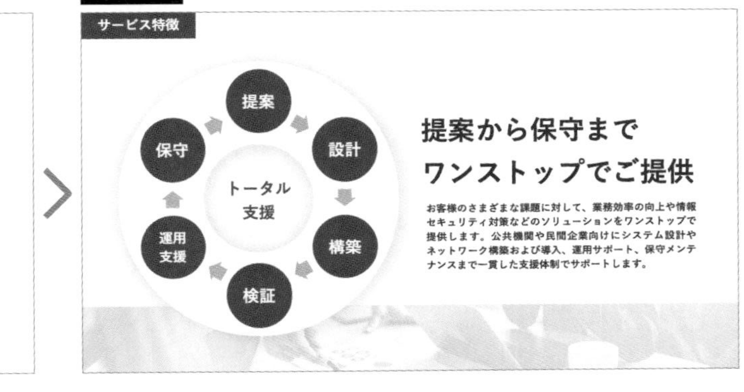

1 SmartArtを利用してサイクル図を作成する

2 ドーナツ図形に影の設定を入れて立体感を出す

使用フォント	游ゴシック
スタイル	太字
使用する色	●ブルーグレー、テキスト2 ●ブルーグレー、テキスト2、白＋基本色80% ●ブルーグレー、テキスト2、白＋基本色40%（影の色）
影の設定値	標準スタイル：オフセット：右下 ぼかし：35pt

Hint 1 SmartArt

SmartArtはさまざまな種類の図を自動で作成してくれる機能で、美しく整った図解を作るのに役立ちます。フローやサイクル図、体制図といった資料でよく使われる図が豊富に用意されています。SmartArtを利用して作図する際のポイントは、図の基本形が出来上がったら「図形に変換」することです。

SmartArtは自動で整った図解を作成できる一方、自動調整がかかるため編集しづらいというデメリットがあります。そのため、ある程度の形が決まったら「図形に変換」して通常のオブジェクトとして作図をするのが賢明です。

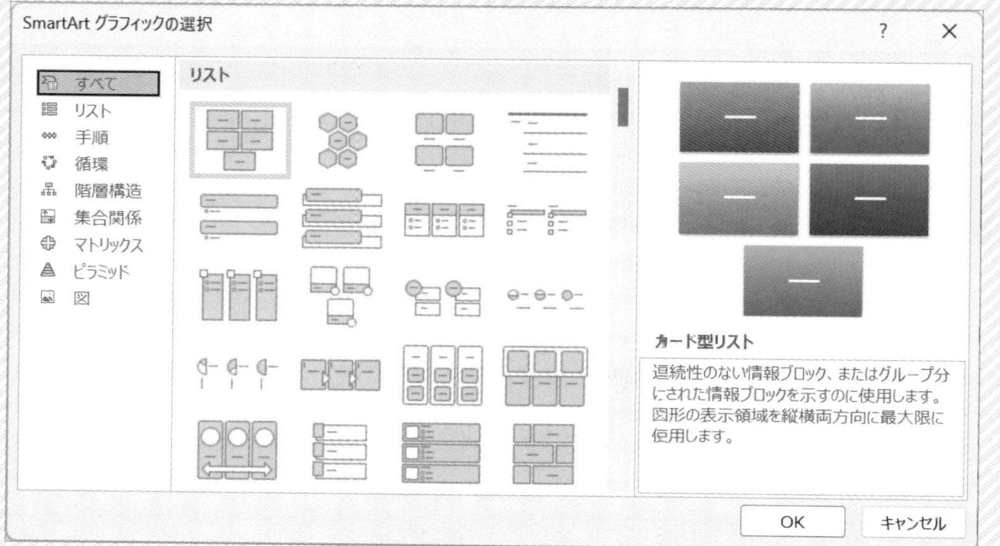

Answer 11

Drill

サイクル図を作ってワンストップを表現する

- [ ] SmartArtの「基本の循環」でサイクル図を作成する
- [ ] サイクル図をドーナツ図形の枠内に収まるように配置し、影を設定する

1 SmartArt「基本の循環」を挿入する

ドリル用ファイル [011-drill.pptx] を開きます。[挿入] タブにある [SmartArt] をクリックして「SmartArt グラフィックの選択」のダイアログボックスを開きます。左側メニューの [循環] から [基本の循環] を選択してスライドに挿入します。

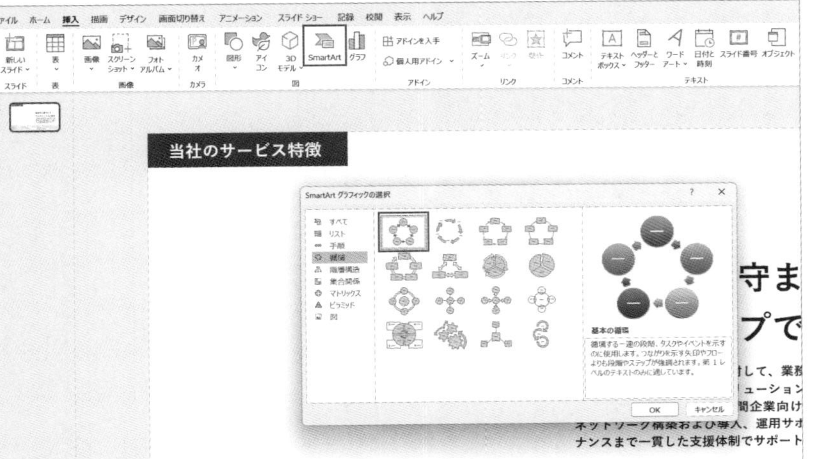

2 SmartArtを編集して図形に変換する

[SmartArtのデザイン] タブで [図形の追加] をクリックして図形をひとつ追加し、図のようにテキスト（「提案」・「設計」・「構築」・「検証」・「運用支援」・「保守」）を入力します。入力後、同じタブ内にある [変換] から [図形に変換] を選択してSmartArtを図形に変換します。次に縦横比が崩れないように図形のサイズを変更します。図形を選択した状態で [図形の書式] タブの「サイズ」の右下にある ◳ をクリックし、「図形の書式設定」の作業ウィンドウを開きます。[縦横比を固定する] にチェックを入れたあと、「高さ」を [13.6cm] に設定します。最後に、サイクル図をスライド左側のスペースに配置します。

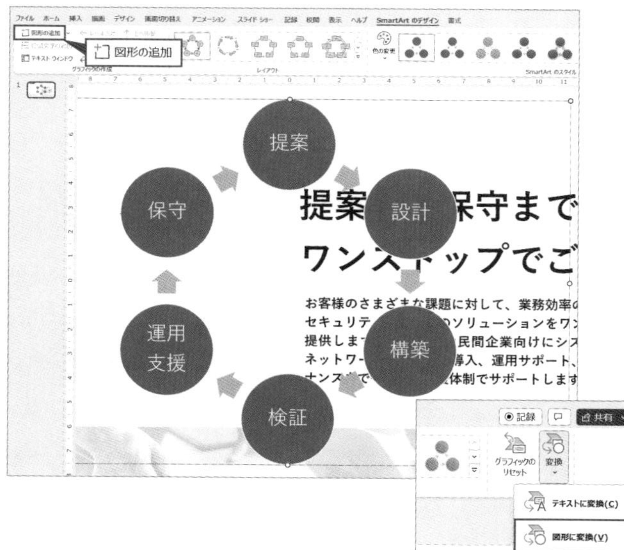

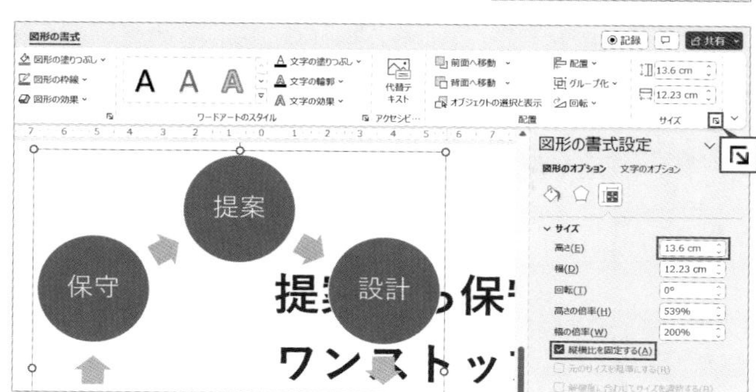

3 サイクル図の書式を変更する

サイクル図を選択して、[ホーム] タブの「段落」の右下にある⧅をクリックし「段落」のダイアログボックスを開いたら、「段落後」を [0pt]、「行間」を [倍数] [1.1] に設定します。続けて ctrl + B で太字にします。次にグループ内の円図形をすべて選択して、[図形の書式] タブの [図形の塗りつぶし] から [●ブルーグレー、テキスト2] に設定します。最後にグループ内の矢印をすべて選択して [図形の塗りつぶし] から [●ブルーグレー、テキスト2、白＋基本色80%] を設定します（もし、デフォルトのフォントが游ゴシックでなければ変更する）。

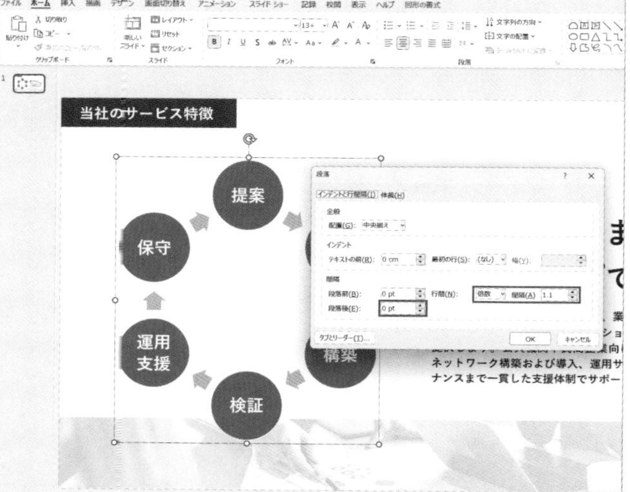

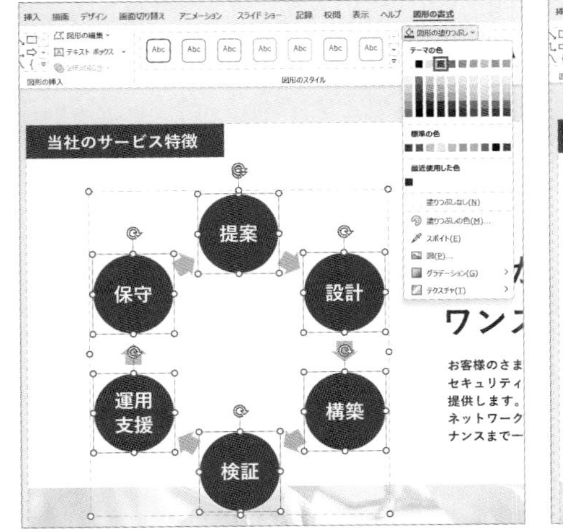

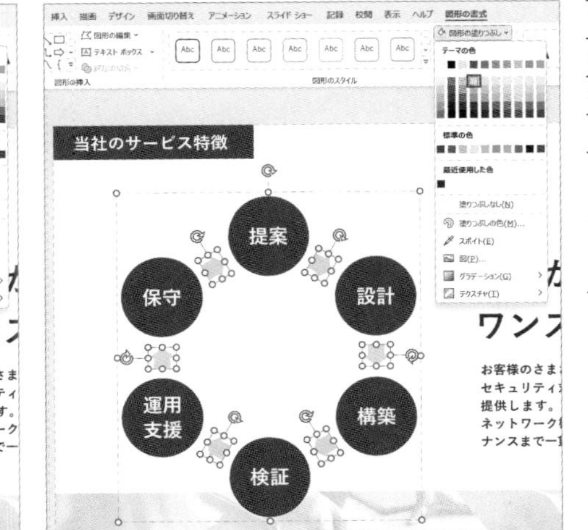

フォント	游ゴシック	
段落後	0pt	
行間	倍数1.1	
スタイル	太字	
背景色	円図形	：●ブルーグレー、テキスト2
	矢印	：●ブルーグレー、テキスト2、白＋基本色80%

Memo ドーナツ図形とサイクル図を中心で揃える場合は、両者を選択して「図の書式」タブの「配置」から「左右中央揃え」と「上下中央揃え」を使用します。

4 ドーナツ図形を作成して、サイクル図の背面に配置する

[挿入] タブの [図形] から [円：塗りつぶしなし] を選択して、スライド編集画面で shift を押しながらドラッグしてドーナツ型の正円を作成します。次に [図形の書式] タブで「高さ」を [14.5cm]、「幅」を [14.5cm] に変更し、サイクル図の中心と重ねて右クリックで [最背面へ移動] します。最後にドーナツ図形の黄色のつまみを右側に向かってドラッグし、サイクル図がドーナツ図形の枠内に収まるように調整します。

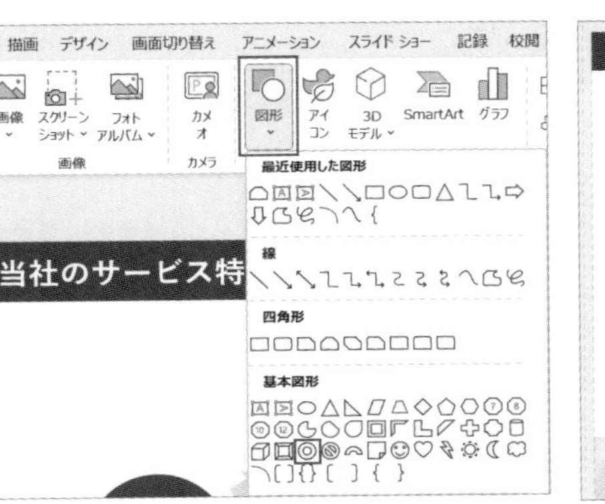

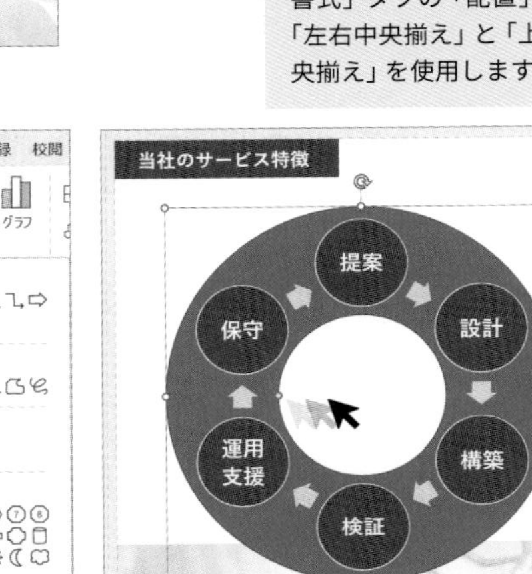

5 ドーナツ図形に影を設定して立体感を出す

ドーナツ図形を選択して、作業ウィンドウから［塗りつぶし（単色）］にチェックを入れ「色」を［○白、背景1］、「線」を［線なし］に設定します。次に作業ウィンドウで⬠をクリックして効果の設定画面に切り替えます。「影」の設定で「標準スタイル」を［オフセット：右下］、「色」を［●ブルーグレー、テキスト2、白＋基本色40%］、「ぼかし」を［35pt］に設定してドーナツ図形に立体感を出します。最後にスライド編集画面の右脇にあるテキスト（「トータル支援」）をドーナツ図形の中心に配置して完成です。

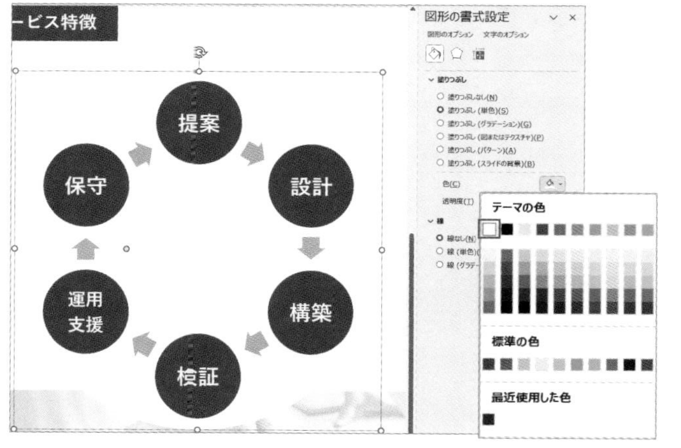

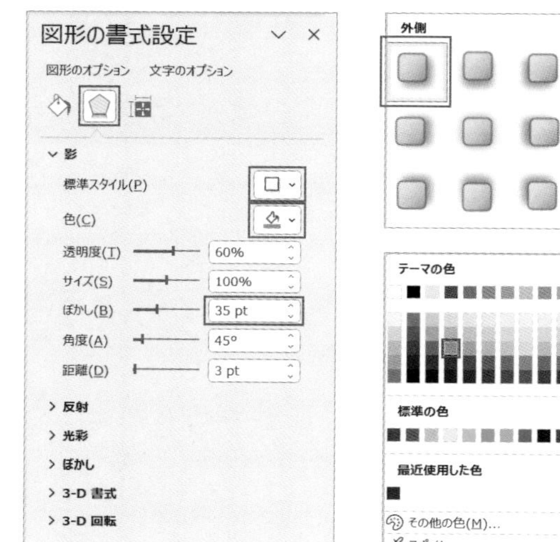

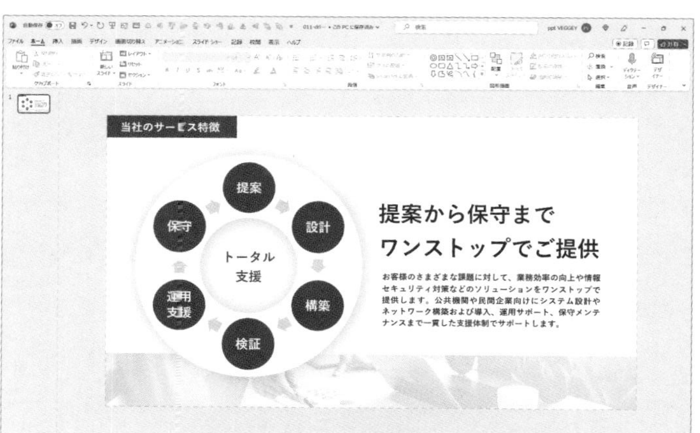

Column

パーツ集やデザインルールを作っておく

資料作成では事前によく使うパーツを準備しておくことで、作業の効率化が可能です。さらに、パーツ集と共にフォントやカラーなどのデザインルールを定義しておくことで、デザインの統一を図ることができます。実際、制作担当者が変わるだけでスライドの雰囲気が変わってしまうこともあるため、事前にデザインルールを整理しておくことが重要です。

パーツ集とデザインルールのテンプレートを手に入れる

資料でよく使うパーツを事前に準備するといっても、パーツ自体の作成に時間をかけるのは効率的ではありません。またパーツ自体を上手く作図できないという方もいるかもしれません。そうした方のためにパーツ集とデザインルールのテンプレートを用意しています。これを利用することで必要なパーツやデザインルールに従いつつ、まとまりのある資料を作成できます。テンプレートは必要に応じてフォント設定や企業カラーなどの配色に変更して活用してください。

※ダウンロードURLはp.002を参照してください。

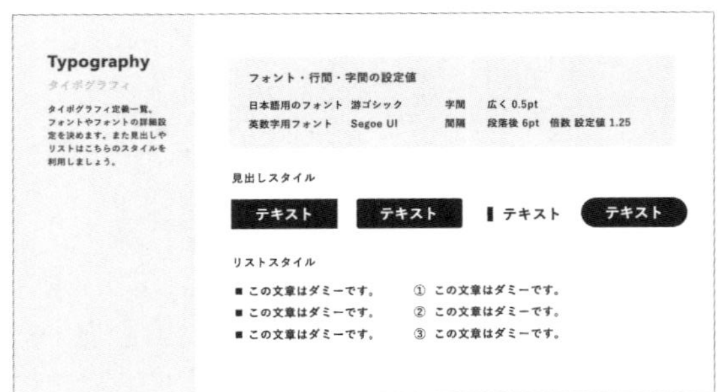

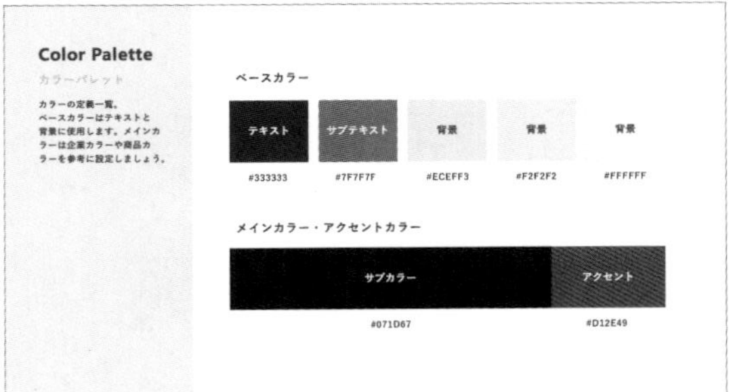

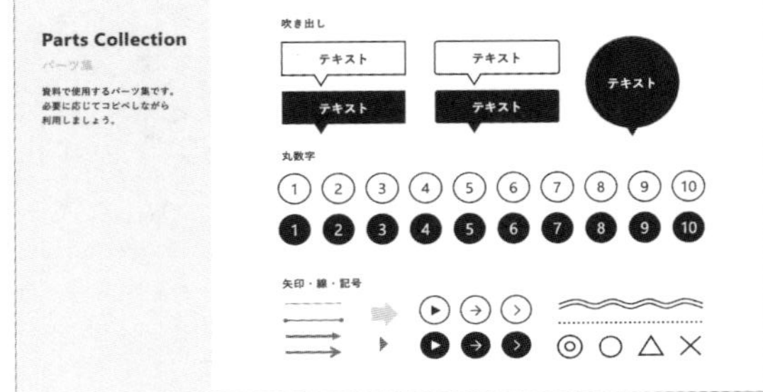

Chapter 3

配色

カラーコードを設定して色を変更する

Afterスライドを参考にしながらカラーコードを入力して色を変更しましょう。

ドリル用ファイル 012-drill.pptx　完成ファイル 012-finish.pptx

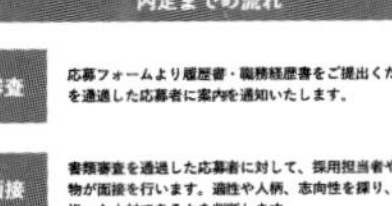

Before

エンジニアの採用募集

業務内容：ソフトウェアの設計・開発・テスト・保守・運用、クライアントの要求に応じてカスタマイズする仕事

募集するエンジニアの種類

アプリケーションエンジニア　インフラエンジニア
フロントエンジニア　セキュリティエンジニア
バックエンドエンジニア　データサイエンティスト

歓迎されるスキル・経験

- Webアプリケーション開発経験（JavaScript、CSS、HTML）
- スマートフォンアプリの開発経験（iOS、Android等）
- クラウドサービスの開発・運用経験
- プロジェクトマネジメントのスキル
- Git等のバージョン管理システムの使用経験

内定までの流れ

書類審査　応募フォームより履歴書・職務経歴書をご提出ください。書類選考を通過した応募者に案内を通知いたします。
▼
役員面接　書類審査を通過した応募者に対して、採用担当者や役員クラスの人物が面接を行います。適性や人柄、志向性を探り、会社の目的に沿った人材であるかを判断します。
▼
内定　役員面接で評価が高かった応募者に対して、正式な採用内定を出します。入社日や待遇、労働条件などが提示されます。
▼
入社/研修　入社のための手続きや社内研修を行います。会社のビジョンや組織文化、仕事の進め方などを学び、業務遂行に必要なスキルを身につけます。

After

エンジニアの採用募集

業務内容：ソフトウェアの設計・開発・テスト・保守・運用、クライアントの要求に応じてカスタマイズする仕事

募集するエンジニアの種類

アプリケーションエンジニア　インフラエンジニア
フロントエンジニア　セキュリティエンジニア
バックエンドエンジニア　データサイエンティスト

歓迎されるスキル・経験

- Webアプリケーション開発経験（JavaScript、CSS、HTML）
- スマートフォンアプリの開発経験（iOS、Android等）
- クラウドサービスの開発・運用経験
- プロジェクトマネジメントのスキル
- Git等のバージョン管理システムの使用経験

内定までの流れ

書類審査　応募フォームより履歴書・職務経歴書をご提出ください。書類選考を通過した応募者に案内を通知いたします。
▼
役員面接　書類審査を通過した応募者に対して、採用担当者や役員クラスの人物が面接を行います。適性や人柄、志向性を探り、会社の目的に沿った人材であるかを判断します。
▼
内定　役員面接で評価が高かった応募者に対して、正式な採用内定を出します。入社日や待遇、労働条件などが提示されます。
▼
入社/研修　入社のための手続きや社内研修を行います。会社のビジョンや組織文化、仕事の進め方などを学び、業務遂行に必要なスキルを身につけます。

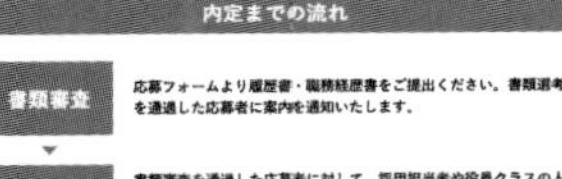

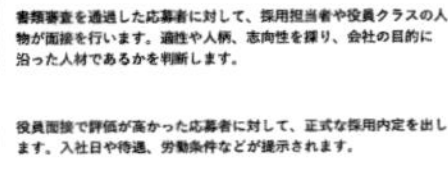

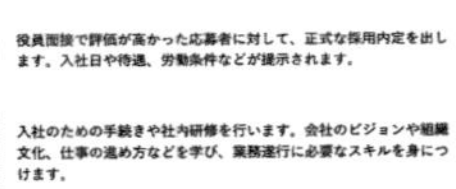

1 カラーコードを入力して指定された色に変更する

2 文字色を真っ黒から濃いグレーに変更する

3 新しく図形を追加せずに、楕円の図形（「内定」）を四角形に変更する

テキスト	文字色：●#333333
見出しの項目	文字色：○#FFFFFF 背景色：●#1D78FA
「内定」の項目 （楕円の図形）	文字色：●#FAAF1E 背景色：●#FEEFD2
上記以外の項目	文字色：●#333333 背景色：●白、背景1、黒＋基本色5%

Hint 1 カラーコードで色を設定

PowerPointでは、デフォルトで表示される「テーマの色」や「標準の色」から色を変更する以外に、RGB値やHex値などのカラーコードを入力して色を変更することができます。RGB値は赤・緑・青の数値で色を指定するのに対して、Hex値は6桁の16進数で色を指定できます。

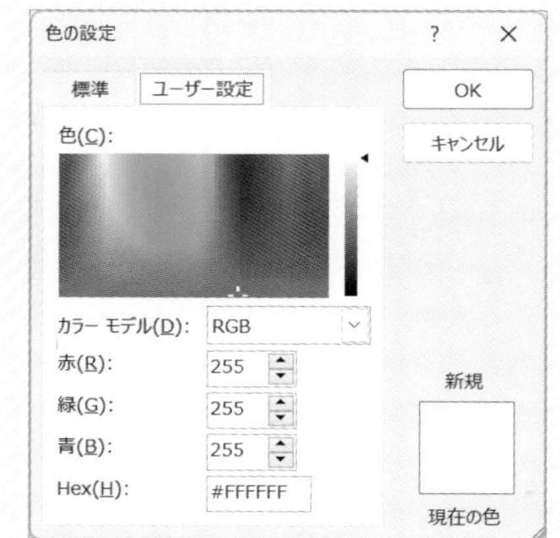

Hint 2 図形の変更

図形の変更は、すでに作成した図形の種類を簡単に変更できる機能です。図形を変更する際には、「図形の書式」タブから「図形の編集」に進み、「図形の変更」から変更したい図形の種類を選択します。これにより、図形をゼロから作り直す手間が省けます。

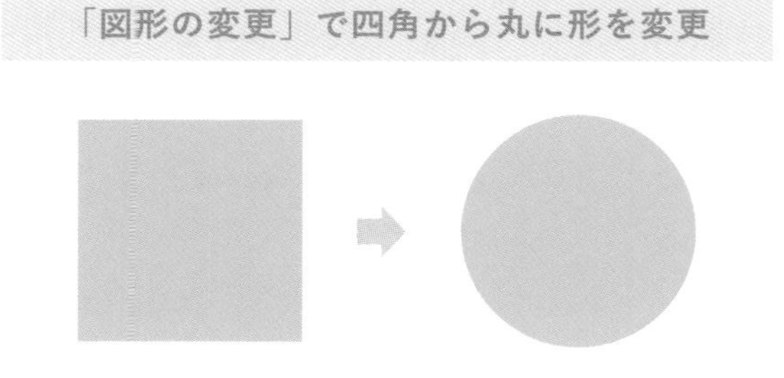

「図形の変更」で四角から丸に形を変更

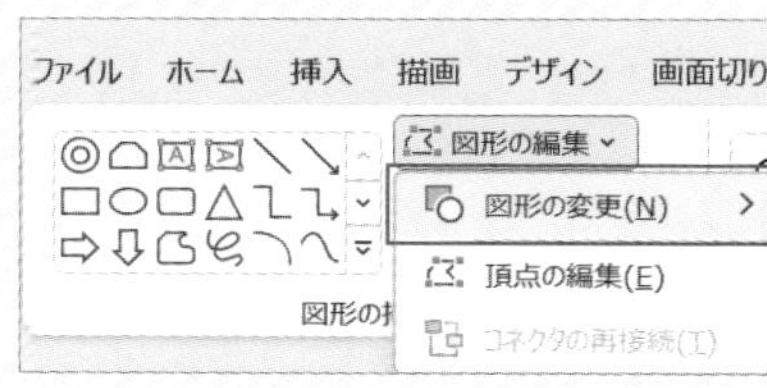

Answer 12

Drill カラーコードを設定して色を変更する

- [ ] Hexの項目にカラーコードを入力し色を変更する
- [ ] 「図形の変更」で楕円を四角形に変更する

1 文字色を真っ黒から濃いグレーに変更する

背景色が白で文字色が真っ黒の場合、コントラストが強くなり文字が読みづらくなります。そのため、文字色を濃いグレーに変更してコントラストを和らげていきます。まず、ドリル用ファイル［012-drill.pptx］を開きます。右図のようにテキストボックスを7つ選択して［ホーム］タブにある A から［その他の色］をクリックし、「色の設定」のダイアログボックスを開きます。ダイアログボックスで［ユーザー設定］をクリックして画面を切り替え、「Hex」に［● #333333］を入力して文字色を変更します。

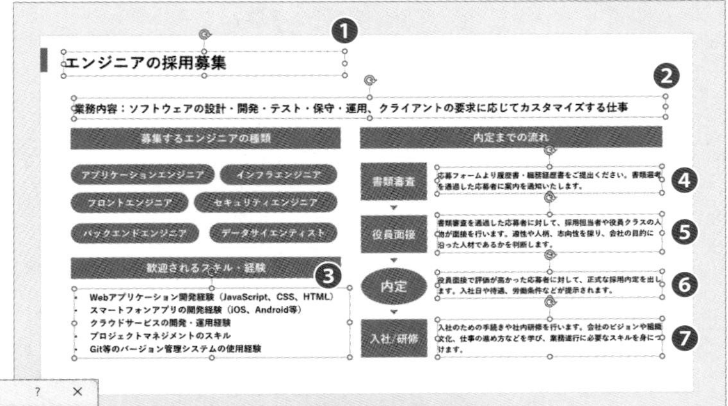

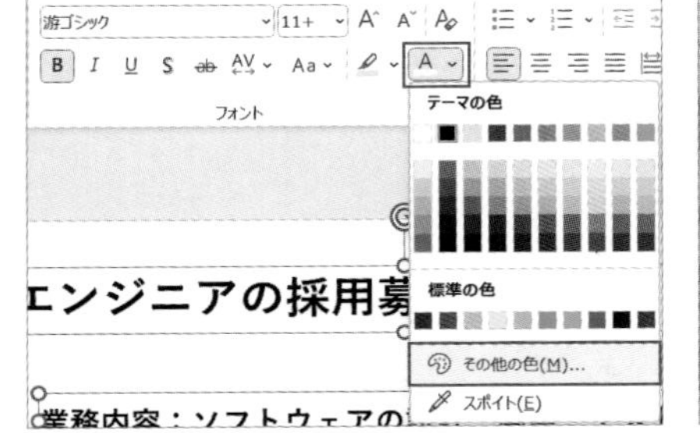

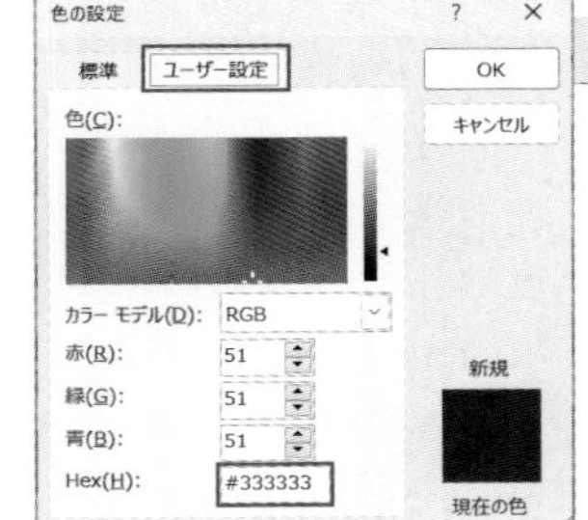

Memo 文字色はデフォルトで#000000（ピュアブラック）が設定されていますが、白背景で資料を作成する場合は、読みやすさを考慮して「#333333」や「#262626」など濃いグレーを使用するのがおすすめです。

2 見出しの項目の背景色をカラーコードで設定する

見出しの項目（「募集するエンジニアの種類」・「歓迎されるスキル・経験」・「内定までの流れ」）を選択して、[図形の書式] タブにある [図形の塗りつぶし] から [塗りつぶしの色] をクリックし「色の設定」のダイアログボックスを開きます。[ユーザー設定] に画面を切り替えて「Hex」に [●#1D78FA] を入力し、見出しの背景色を変更します。

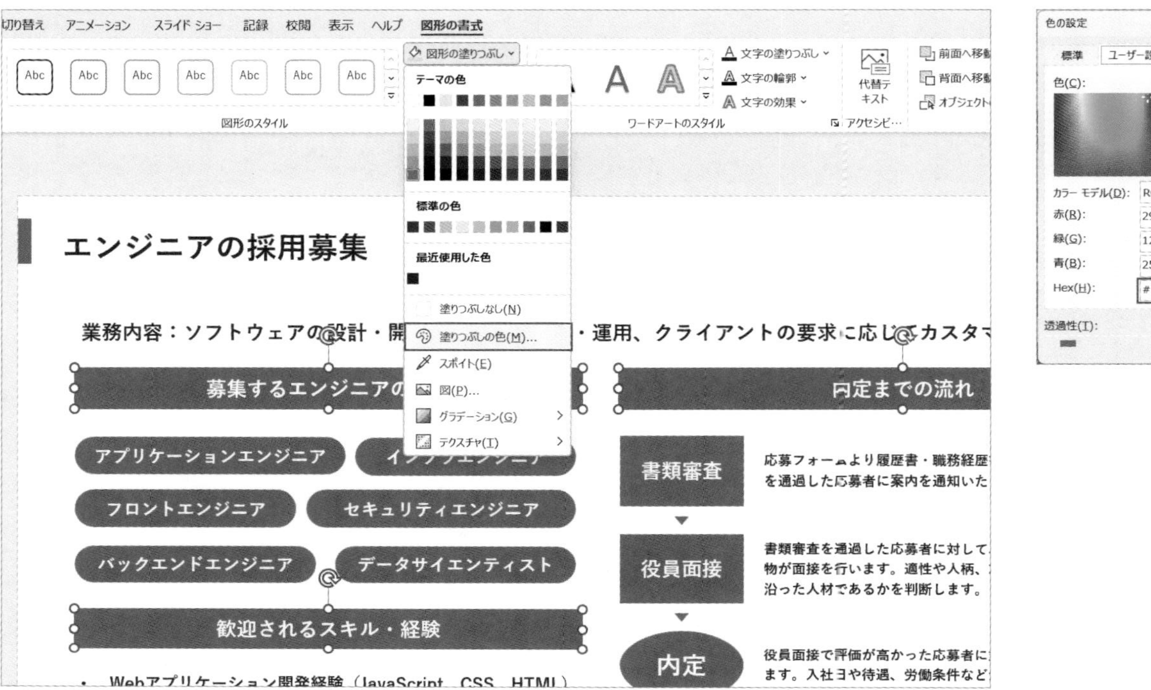

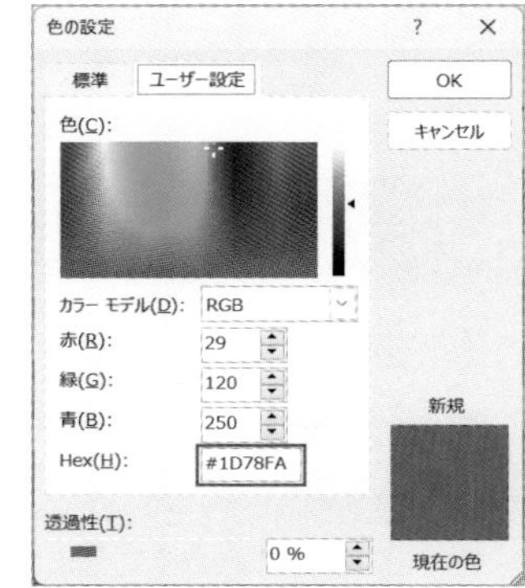

❸ 楕円の図形（「内定」）を四角形に変更する

楕円の図形（「内定」）を選択して、[図形の書式] タブにある [図形の編集] で [図形の変更] を選びます。表示された図形のメニューから [正方形/長方形] をクリックし楕円を四角形に変更します。

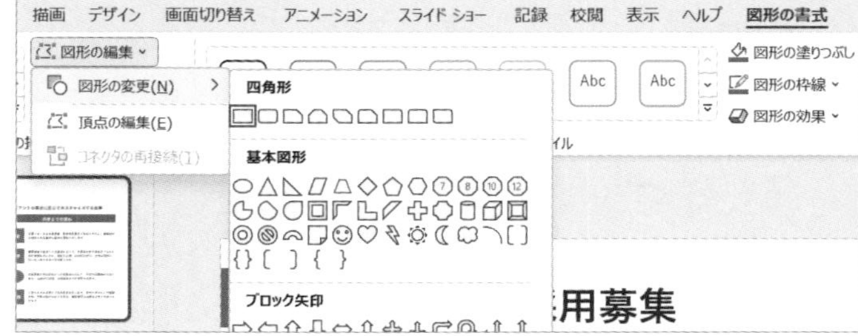

❹ 「内定」の項目の背景色と文字色をカラーコードで設定する

❸で変更した図形（「内定」）を選択して [図形の書式] タブにある [図形の塗りつぶし] から [塗りつぶしの色] をクリックし「色の設定」のダイアログボックスを開きます。「Hex」に [#FEEFD2] を入力して背景色を変更します。次に [ホーム] タブにある A から [その他の色] をクリックして、「色の設定」のダイアログボックスを開きます。[ユーザー設定] の画面に切り替え、「Hex」に [#FAAF1E] を入力して文字色を変更します。

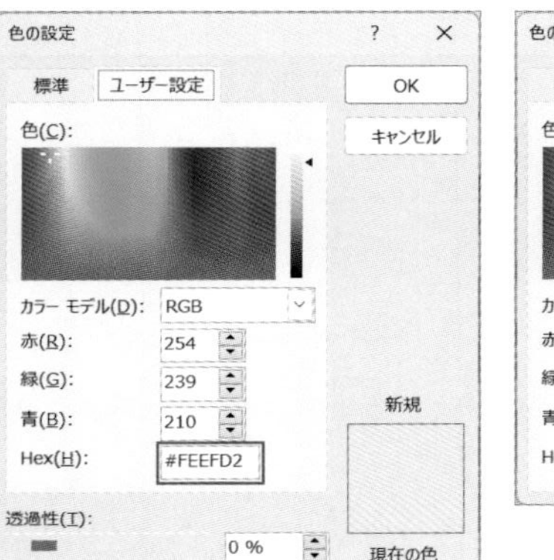

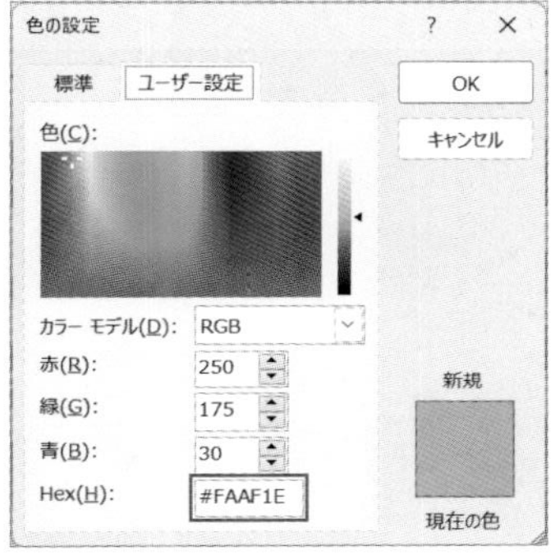

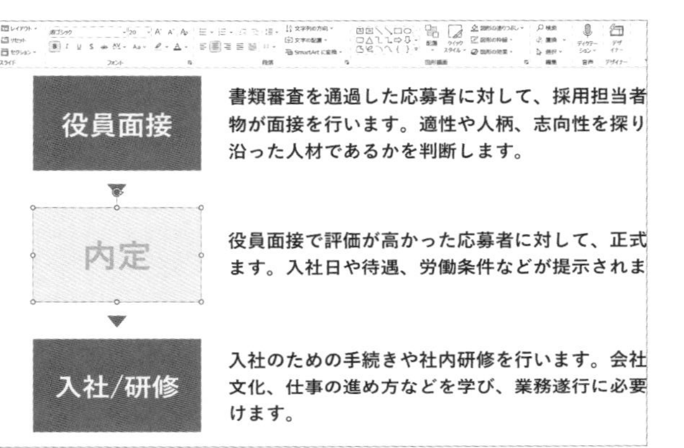

5 見出しと「内定」以外の項目の背景色と文字色を変更する

見出しと「内定」以外の項目をすべて選択して、［図形の書式］タブにある［図形の塗りつぶし］で背景色を［白、背景1、黒＋基本色5%］に設定します。最後に［ホーム］タブにあるA から［●濃い灰色（最近使用した色）］に設定して完成です。

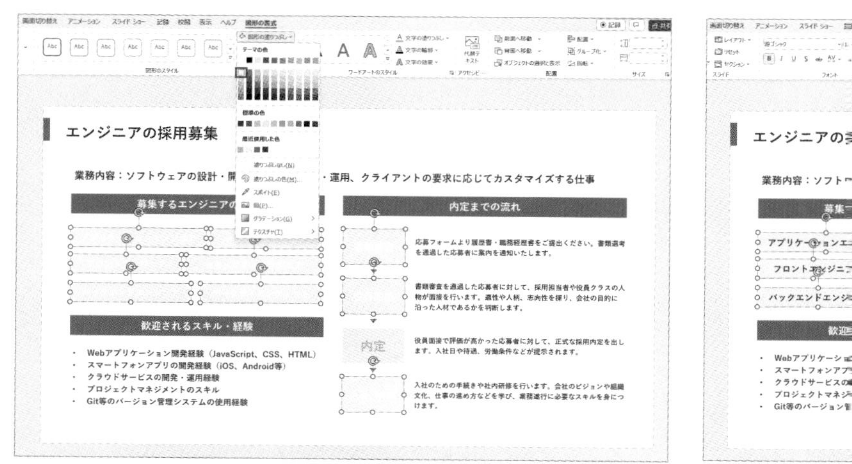

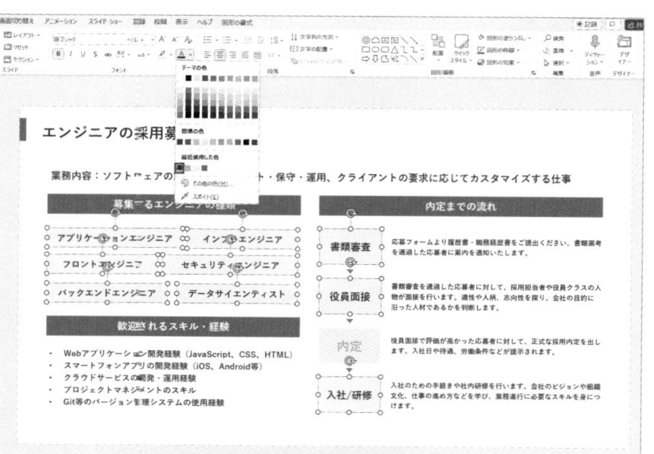

Memo カラーコードなどで設定した色は、「最近使用した色」としてカラーパレットに表示されます。

色のトーンを変えて手順の流れを明示する

SmartArtでプロセス図を作成し、ステップごとに色のトーンを変更しましょう。

ドリル用ファイル 013-drill.pptx　完成ファイル 013-finish.pptx

Before

ご利用開始までの流れ

経験豊富な担当者が個別に相談を乗りながら、安定運用まで二人三脚でサポートします

STEP 01 導入相談 導入目的や不安など ヒアリング

STEP 02 ご提案 機能説明や 活用法をご説明

STEP 03 お見積もり お客さまにあった プランを提案・契約

STEP 04 利用開始 運用が定着するまで サポート

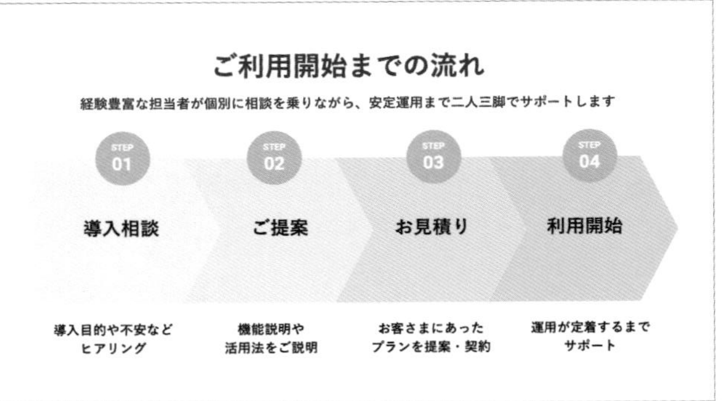

1 SmartArtでプロセス図を作成する

2 明度を変更してグラデーションを作る

使用フォント	游ゴシック
スタイル	太字
使用する色	#FFD869 ※この色を基準としてグラデーションを作る #333333

Hint 1 色のトーンは「HSL」で設定

色のトーンをグラデーションにすることで、手順やフローなどの流れを表現することができます。このトーン（「淡くする」「暗くする」など）の変更は、RGBで設定することが難しいため「HSL」でおこないます。HSLは色相・彩度・明度の3つの要素で色を表現しているため、色の調整がしやすい特徴があります。特に「彩度」や「明度」の調節が容易なので、グラデーションを簡単に作成できます。

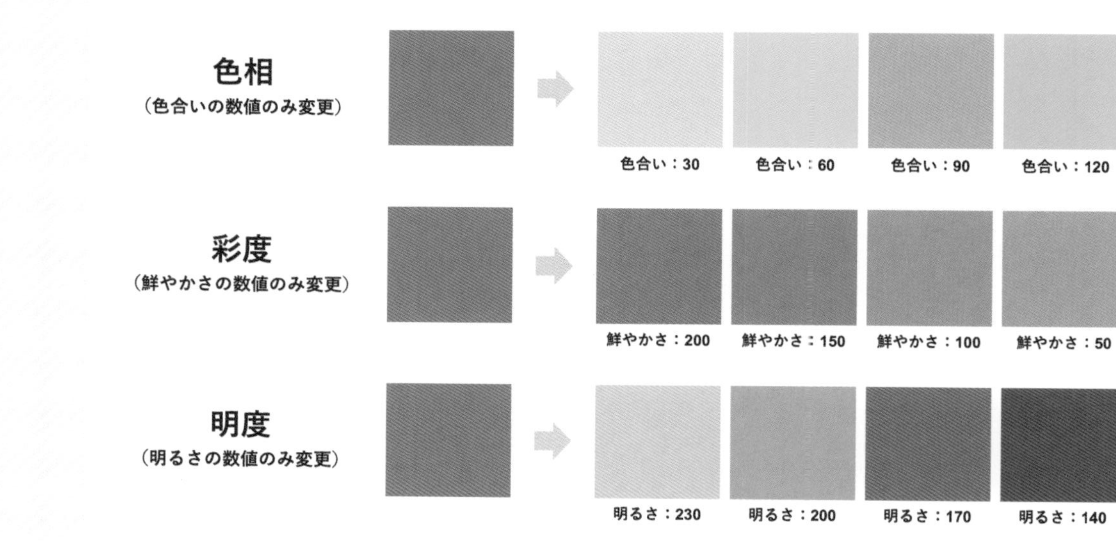

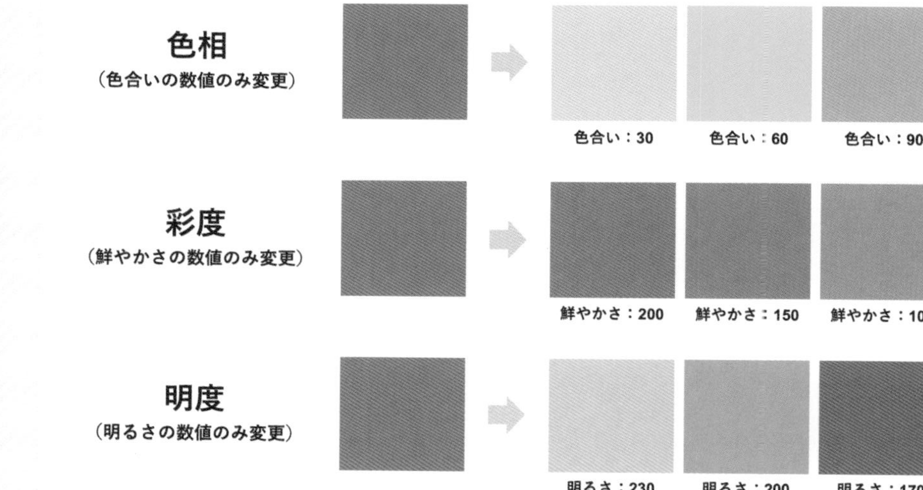

Answer 13

Drill 色のトーンを変えて手順の流れを明示する

- HSLで「明るさ」を変更して色のトーンを編集する
- SmartArtの「開始点強調型プロセス」を使ってプロセス図を作る

1 SmartArtのプロセス図を挿入する

ドリル用ファイル［013-drill.pptx］を開きます。［挿入］タブにある［SmartArt］をクリックし、「SmartArtグラフィックの選択」のダイアログボックスで［手順］から［開始点強調型プロセス］を選択してプロセス図をスライドに挿入します。

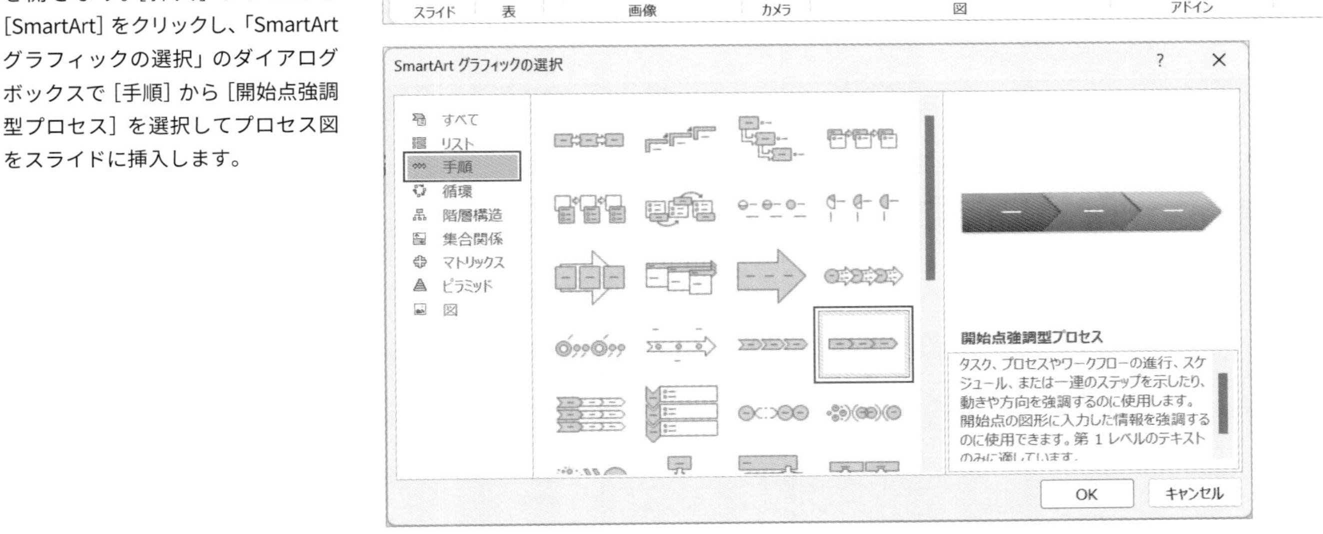

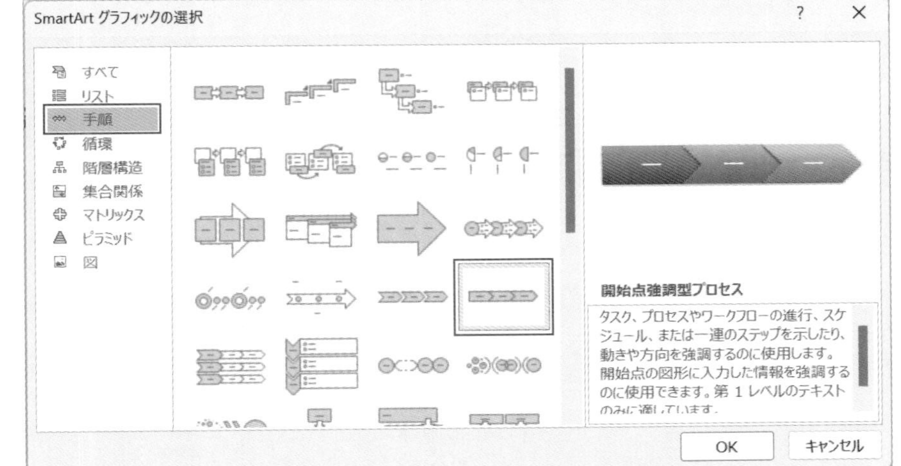

SmartArtを編集して図形に変換する

［SmartArtのデザイン］タブで［図形の追加］をクリックし、図形を4つにしてテキスト（「導入相談」・「ご提案」・「お見積り」・「利用開始」）を入力します。その後、同じタブ内の右側にある［変換］から［図形に変換］を選択します（変換した図形（プロセス図）はグループ化された状態になっています）。プロセス図を選択して、［図形の書式］タブからサイズを（Afterスライドのプロセス図は「高さ」［6.8cm］、「幅」［30cm］）変更し画面中央に配置します。

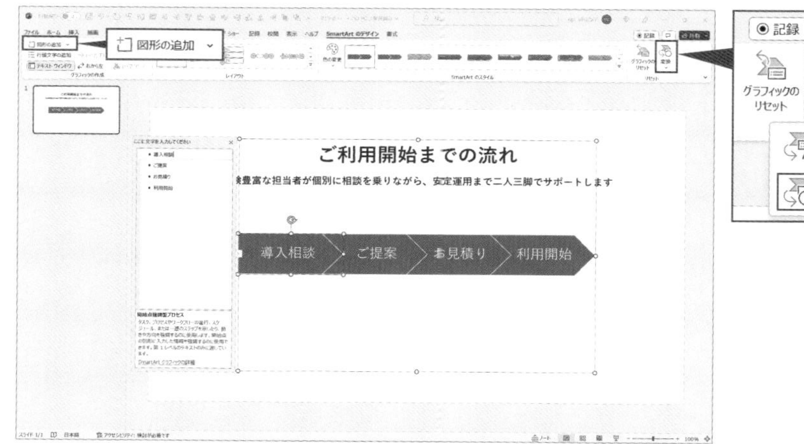

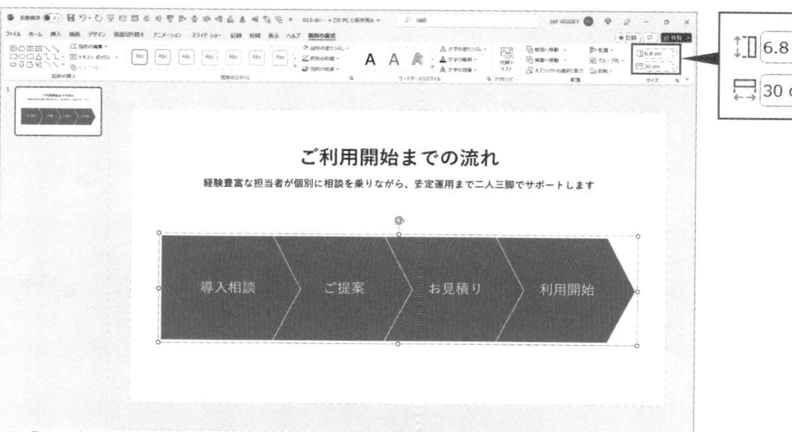

3 プロセス図の背景色と線を変更する

プロセス図を選択して［図形の書式］タブにある［図形の塗りつぶし］から［塗りつぶしの色］をクリックし、「色の設定」のダイアログボックスを開きます。［ユーザー設定］に画面を切り替えて「Hex」に［● #FFD869］を入力して背景色を変更します。続けて同じタブ内にある［図形の枠線］から［枠線なし］を選択して枠線をなくします。

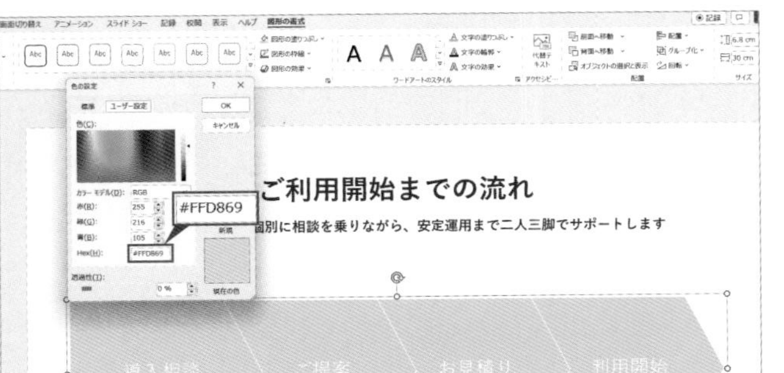

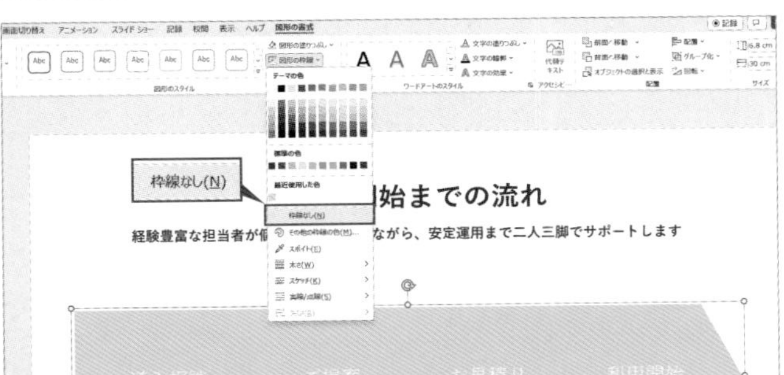

4 明度を変更してグラデーションを作る

まずプロセス図のグループ化を ctrl + shift + G で解除します。次にプロセス図の各図形（「導入相談」・「ご提案」・「お見積り」）の明度を調整してグラデーションを作ります。図形（「導入相談」）を選択して［図形の書式］タブにある［図形の塗りつぶし］から［塗りつぶしの色］をクリックして、「色の設定」のダイアログボックスを開きます。「カラーモデル」を［HSL］、「明るさ」を［240］に設定し、明度の数値で色を変更します。同じ手順で図形（「ご提案」）を「明るさ」［220］に、図形（「お見積り」）を「明るさ」［200］に設定し、明度の調節でグラデーションを作ります。

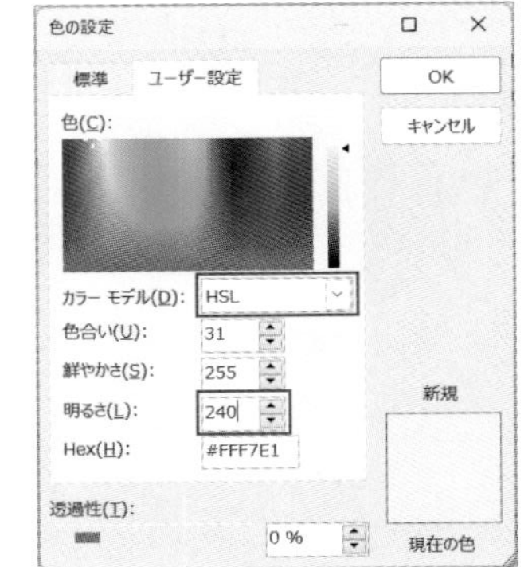

5 フォントの書式や文字色を変更し、図形やテキストを配置する

プロセス図の文字色を［●#333333］に変更し、ctrl+B で太字にします（もし、デフォルトのフォントが游ゴシックでなければ変更する）。次にスライド編集画面の右脇にあるテキストと図形をすべて選択して右クリックで［最前面へ移動］し、プロセス図の各項目に配置したら完成です。

フォント	游ゴシック
文字色	●#333333
スタイル	太字

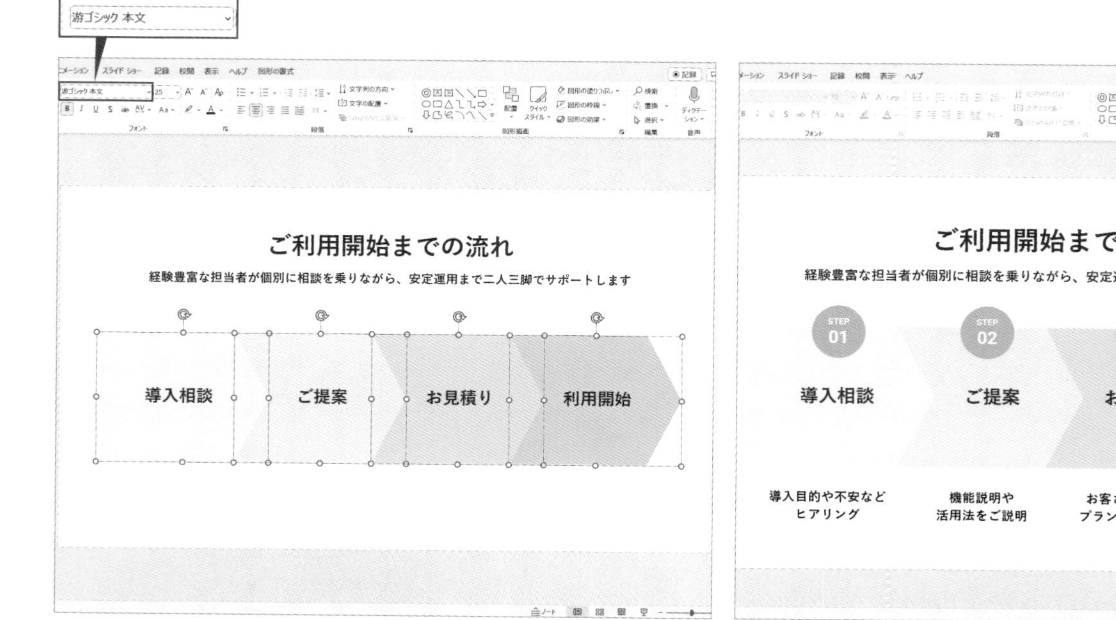

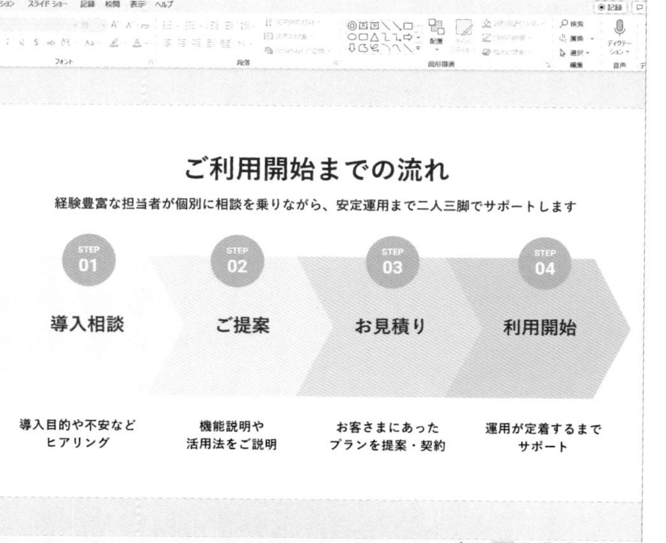

★★★ Drill 14

色の持つイメージを意識して配色する

色の持つイメージを意識しながら、背景色や枠線の色を変更して伝わるスライドを作成しましょう。

ドリル用ファイル 014-drill.pptx　完成ファイル 014-finish.pptx

Before

動画広告を活用したマーケティング施策

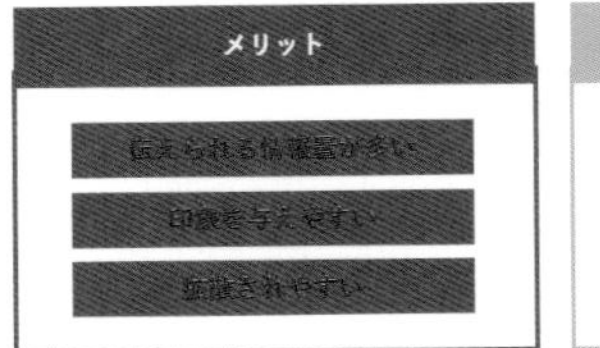

メリット	デメリット
伝えられる情報量が多い	制作にコストがかかる
印象を与えやすい	スキップされやすい
拡散されやすい	不快に感じる恐れがある

動画は視認性や認知力が高く、また膨大な情報を短時間で多く伝えることができます。また静止画よりも動画の方がシェアされやすく広く拡散されます。

制作コストやスキップされやすさ、そして視聴者に不快感を与える恐れがあることに注意しながら、効果的な動画広告戦略を展開する必要があります。

After

動画広告を活用したマーケティング施策

メリット	デメリット
伝えられる情報量が多い	制作にコストがかかる
印象を与えやすい	スキップされやすい
拡散されやすい	不快に感じる恐れがある

動画は視認性や認知力が高く、また膨大な情報を短時間で多く伝えることができます。また静止画よりも動画の方がシェアされやすく広く拡散されます。

制作コストやスキップされやすさ、そして視聴者に不快感を与える恐れがあることに注意しながら、効果的な動画広告戦略を展開する必要があります。

Try!

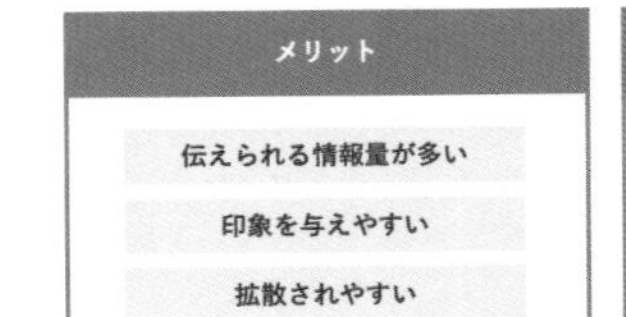

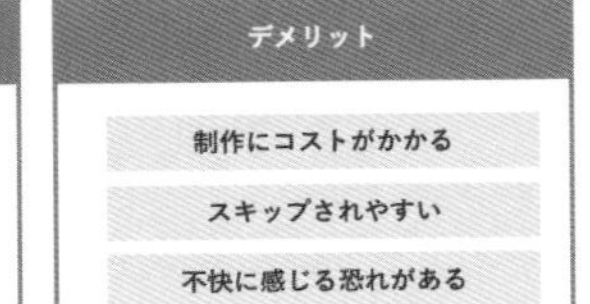

1. 色の持つイメージを意識して配色する
2. 明度を調整して、原色の赤色から見やすい赤色に変更する
3. 中項目と囲み枠の図形同士のずれをなくす

使用する色	●#1E90FF ●赤（標準の色） ※この色を基準に明度を変更します

Hint 1 色の持つイメージを理解する

資料作成において色のイメージを意識した配色は、読み手の直感的な理解を助けます。しかし、色のイメージと内容があまりにもかけ離れていると読み手を混乱させ、情報が適切に伝わらない可能性があります。特に資料で頻繁に使用される「青色」と「赤色」には注意が必要です。一般的に、青色は「順調・安全」といったポジティブなイメージを持つのに対して、赤色は「危険・注意」といったネガティブなイメージを持っています。そのため、スライドの中で青色と赤色を使用する場合は、色のイメージとその内容が合っているか確認して配色する必要があります。

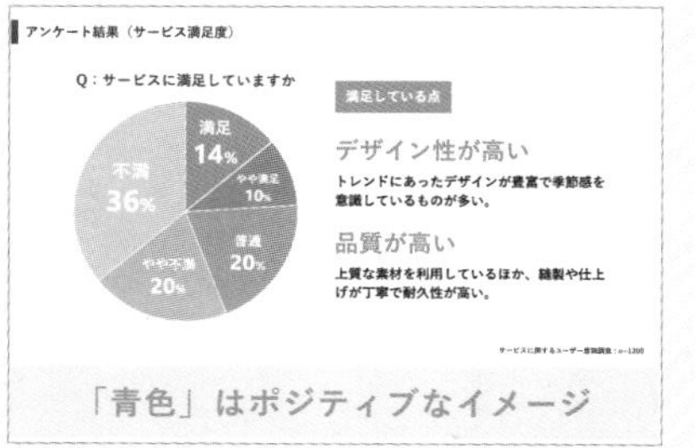

「青色」はポジティブなイメージ

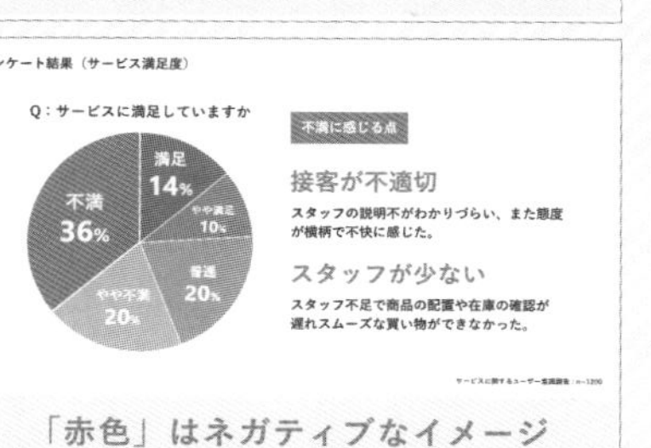

「赤色」はネガティブなイメージ

Hint 2 原色や蛍光色の使用を控える

原色や蛍光色は非常に目立つ色のため、落ち着いた印象を持つビジネス資料では控えるのが無難です。また原色や蛍光色が使用されている資料をパソコンの画面で見ると、目が疲れて読み手にとって負担になってしまいます。特にPowerPointのカラーパレットに標準で含まれている赤色（原色）は、頻繁に使用される傾向があります。赤色を使用する場合は、「色の設定」のダイアログボックスで明度のハンドルを調節して目にやさしい赤色に変更して使用しましょう。

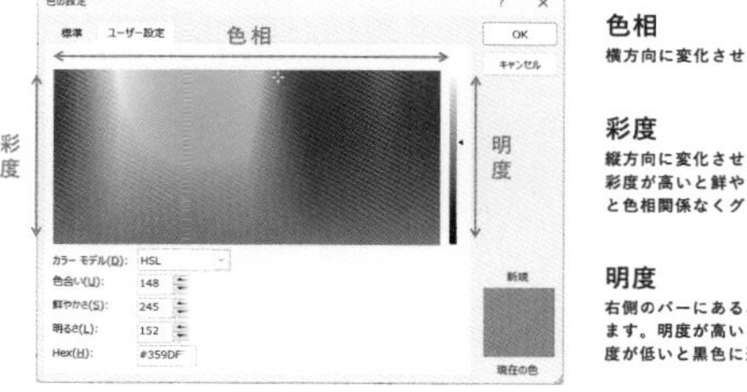

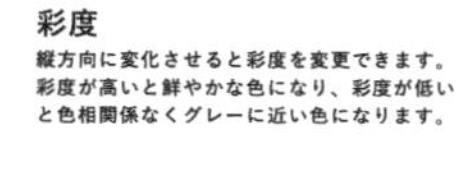

色相
横方向に変化させると色合いを変更できます。

彩度
縦方向に変化させると彩度を変更できます。彩度が高いと鮮やかな色になり、彩度が低いと色相関係なくグレーに近い色になります。

明度
右側のバーにあるハンドルで明度を変更できます。明度が高いと白色に近い色になり、明度が低いと黒色に近い色になります。

Answer 14

Drill

色の持つイメージを意識して配色する

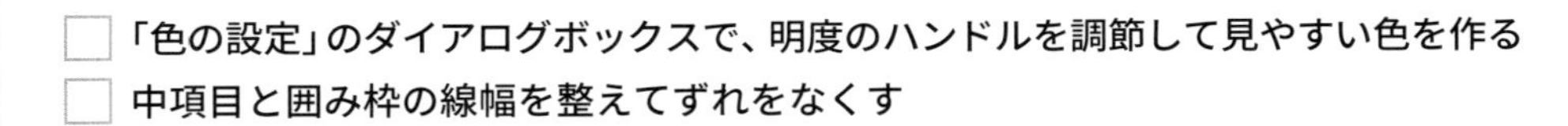

- □「色の設定」のダイアログボックスで、明度のハンドルを調節して見やすい色を作る
- □ 中項目と囲み枠の線幅を整えてずれをなくす

1 メリットを「青色」に変更する

ドリル用ファイル［014-drill.pptx］を開きます。ポジティブなイメージを抱かせるように、メリットの部分を赤色から青色に変更します。まず中項目（「メリット」）と小項目（「伝えられる情報量が多い」・「印象を与えやすい」・「拡散されやすい」）を選択して、右クリックから［オブジェクトの書式設定］を開きます。作業ウィンドウで［塗りつぶし（単色）］にチェックを入れ、「色」から［その他の色］をクリックして「色の設定」のダイアログボックスを開き［ユーザー設定］を選択します。「Hex」に［●#1E90FF］を入力して青色に変更します。メリットを囲う枠線も、作業ウィンドウから［線（単色）］にチェックを入れ、「色」を［●青（最近使用した色）］に設定します。

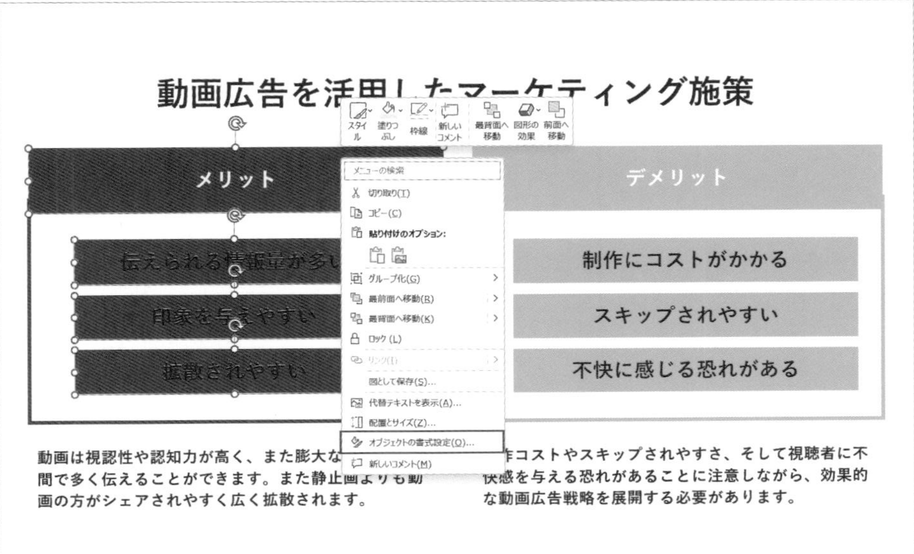

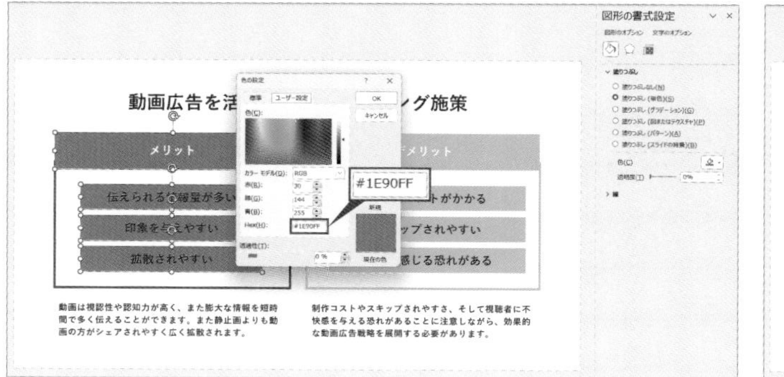

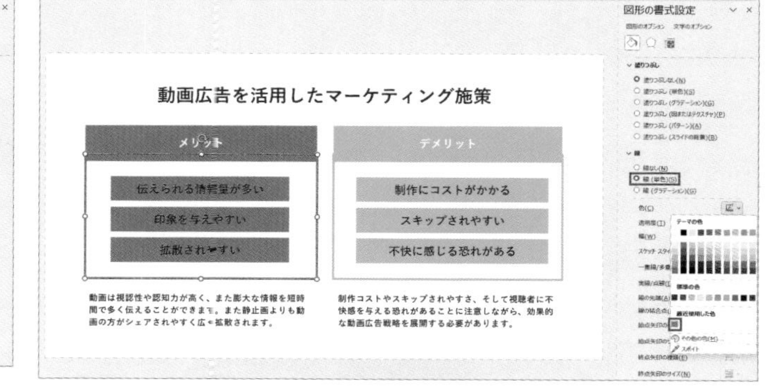

2 メリットの小項目の明度を調整する

メリットの小項目の背景色と文字色の組み合わせが読みづらいので、背景色の明度を変えて読みやすくします。小項目(「伝えられる情報量が多い」・「印象を与えやすい」・「拡散されやすい」)を選択して、作業ウィンドウの「色」から［その他の色］をクリックし「色の設定」のダイアログボックスを開きます。［ユーザー設定］をクリックして画面を切り替え、右側にある明度のハンドルを上方向にドラッグして明度の高い青色（白色に近い青）にします。

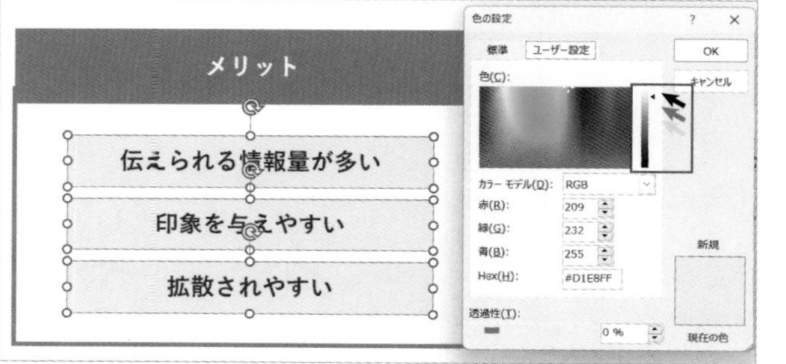

Memo 「色の設定」のダイアログボックスで、明度のハンドルを上下すると色相や彩度の値を変えることなく明度を調節できます。

3 デメリットを「朱色」に変更する

ネガティブなイメージを抱かせるように、デメリットの部分を朱色に変更します。まず、中項目（「デメリット」）と小項目（「制作にコストがかかる」・「スキップされやすい」・「不快に感じる恐れがある」）を選択して、作業ウィンドウから［塗りつぶし（単色）］で「色」を［●赤（標準の色）］に設定します。次に原色の赤色の明度を調整して見やすくしていきます。図のように項目を選択したまま、作業ウィンドウの「色」から［その他の色］を選択し「色の設定」のダイアログボックスを開きます。［ユーザー設定］に画面を切り替えて、画面右の明度のハンドルを上方向に少しドラッグして、赤色から朱色に変更します。デメリットを囲う枠線も、作業ウィンドウから［線（単色）］にチェックを入れ、「色」を［●朱色（最近使用した色）］に設定し、中項目と同じ色にします（実際の画面では「赤」と表示されていますが、便宜上、朱色としています）。

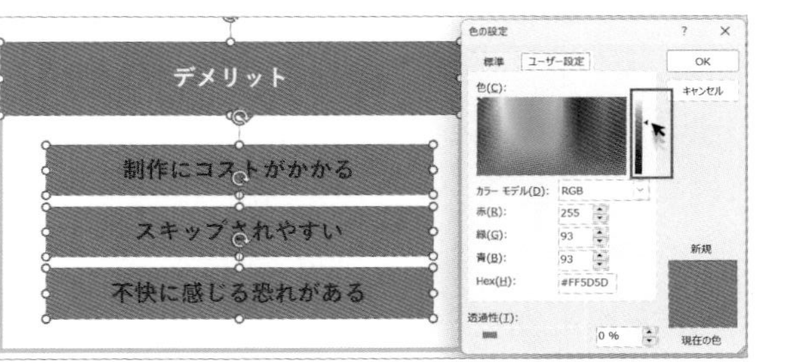

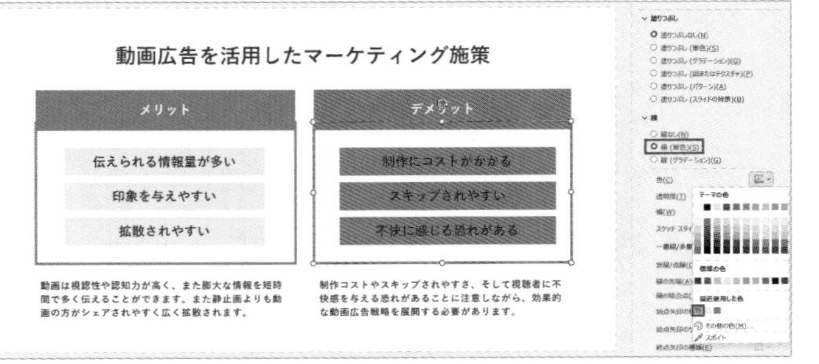

4 デメリットの小項目の明度を調整する

デメリットの小項目を読みやすくするために背景色の明度を変更します。小項目（「制作にコストがかかる」・「スキップされやすい」・「不快に感じる恐れがある」）を選択して、作業ウィンドウの「色」から［その他の色］をクリックし「色の設定」のダイアログボックスを開きます。画面右の明度のハンドルを上方向にドラッグして明度の高い朱色（白色に近い朱色）にします。

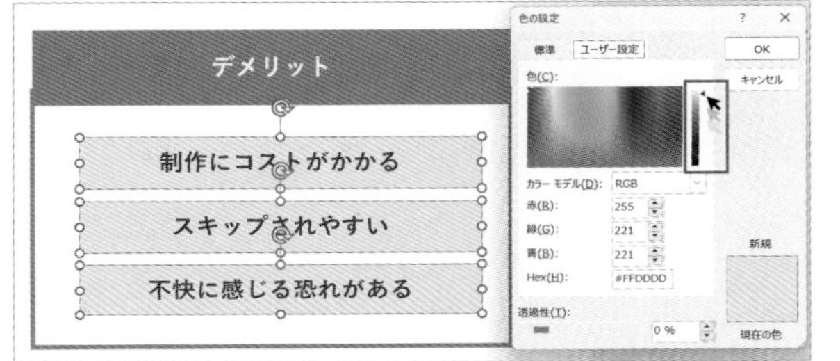

5 中項目と囲み枠の線幅を揃える

中項目と囲み枠を同じ線幅に設定して、図形のずれをなくします。まず中項目(「メリット」)を選択して、作業ウィンドウから[線(単色)]にチェックを入れ「色」を[●青(最近使用した色)]に設定します。線幅は囲み枠の線幅と同じ[4pt]に設定します。中項目(「デメリット」)も同じような手順で線の色を朱色に変更して、線幅を設定したら完成です。

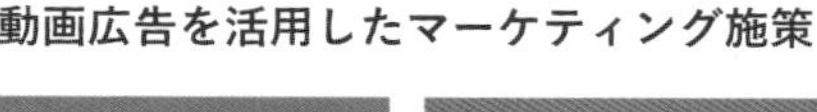

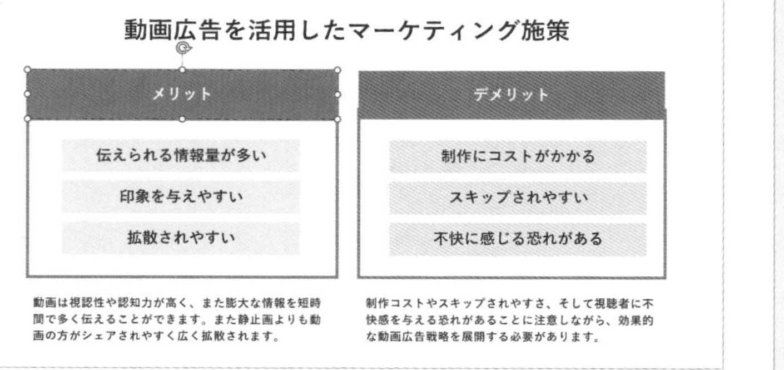

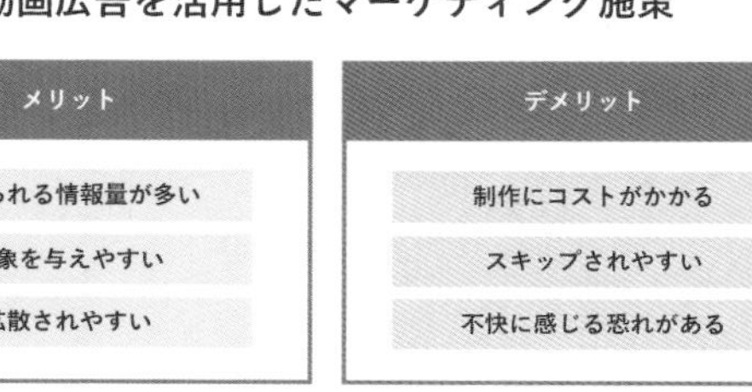

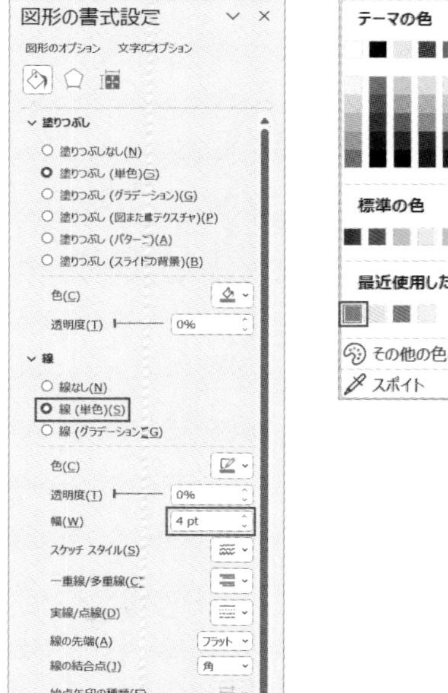

★★★

Drill 15

商品イメージから オリジナルのカラーパレットを作る

画像から色を抽出して図形や背景を変更し、オリジナルのカラーパレットを登録しましょう。

ドリル用ファイル 015-drill.pptx　完成ファイル 015-finish.pptx

Before

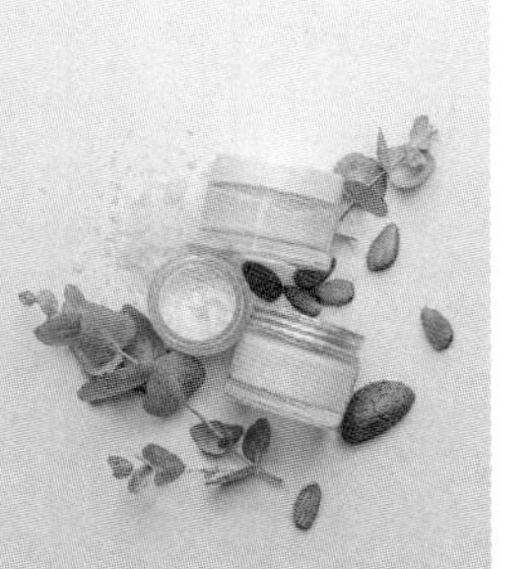

毎日使うからこそ、地球にやさしいものを。
新商品：アーモンド石鹸
アーモンド石鹸は保湿効果の高いヤシ油と洗浄効果のあるムクロジ果実のエキスを配合した、肌に優しい石鹸です。またコールドプロセス製法により、天然のグリセリンを含ませることができるため、やさしくしっとりとした洗い心地を実感することができます。

上質さにこだわった由緒ある製法
グリセリンやビタミンが豊富で美容効果が高い
100%無添加で敏感肌でも安心して使える

After

毎日使うからこそ、地球にやさしいものを。
新商品：アーモンド石鹸
アーモンド石鹸は保湿効果の高いヤシ油と洗浄効果のあるムクロジ果実のエキスを配合した、肌に優しい石鹸です。またコールドプロセス製法により、天然のグリセリンを含ませることができるため、やさしくしっとりとした洗い心地を実感することができます。

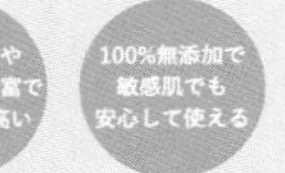

上質さにこだわった由緒ある製法

グリセリンやビタミンが豊富で美容効果が高い

100%無添加で敏感肌でも安心して使える

1. 商品説明のテキストの書式やレイアウトを整える
2. 商品のイメージカラー（クリーム色とアーモンド色）を背景と図形に適用する
3. 抽出した色をカラーパレットに登録する

使用フォント	游ゴシック
スタイル	太字
フォントサイズ	テキスト「新商品：アーモンド〜」：40pt
行間の設定値	テキスト「アーモンドの石鹸は〜」：倍数1.2

Hint 1 スポイト機能で色を抽出する

スポイト機能を使用することで図形や写真など、あらゆるものから色を抽出して使用することができます。色を変えたい図形を選択した状態で、カラーパレットにある「スポイト」を選択し、色を抽出したい部分をクリックするとその色に変更できます。企業のブランドカラーや商品カラーの色を抽出する場合に役立ちます。

スポイト機能で画像から色を抽出

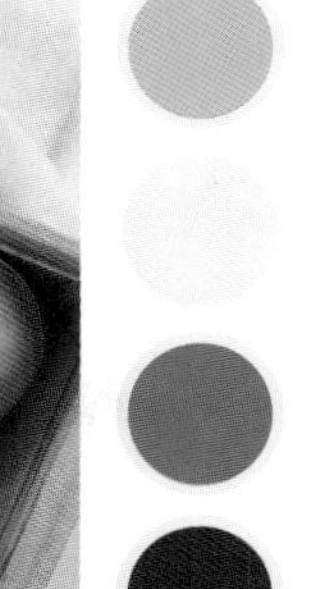

Hint 2 カラーパレットを自分用にカスタマイズ

PowerPointでは自分で作った配色をカラーパレットに登録・設定することができます。カラーパレットの登録はスライドマスターから設定する方法と、デザインタブから設定する方法の2通りあり、どちらも「色のカスタマイズ」から「テーマの新しい配色パターンを作成」のダイアログボックスで設定します。一度登録したカラーパレットは、同じPC内であれば他のファイルでも利用できます。

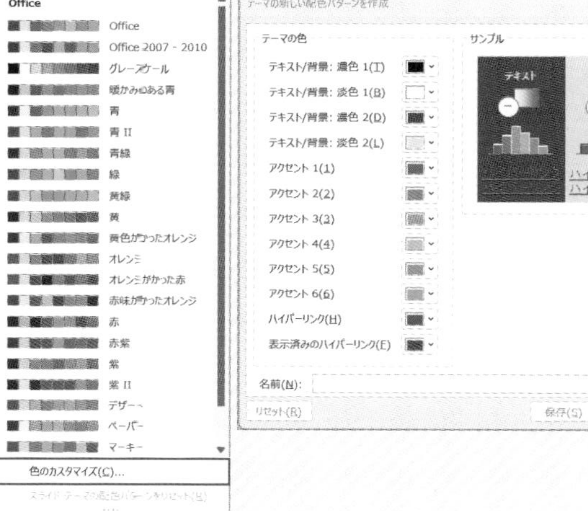

Answer 15

Drill **商品イメージからオリジナルのカラーパレットを作る**

- □ スポイト機能を使用して画像の色を抽出する
- □ 抽出したクリーム色とアーモンド色をカラーパレットに登録する

1 テキストの書式やレイアウトを整える

ドリル用ファイル［015-drill.pptx］を開きます。テキストボックス（❶❷❸）を選択してフォントを［游ゴシック］に変更し、ctrl+B で「太字」に設定します。またテキストボックス❷のフォントサイズを ctrl+shift+> で［40pt］に設定します。最後にテキストボックス❸を選択して［ホーム］タブの［段落］の右下にある ◲ をクリックし「段落」のダイアログボックスを開いて「行間」を［倍数］［1.2］に設定して読みやすくします。

❶ 毎日使うからこそ、地球にやさしいものを。
❷ 新商品：アーモンド石鹸
❸ アーモンド石鹸は保湿効果の高いヤシ油と洗浄効果のあるムクロジ果実のエキスを配合した、肌に優しい石鹸です。またコールドプロセス製法により、天然のグリセリンを含ませることができるため、やさしくしっとりとした洗い心地を実感することができます。
上質さにこだわった由緒ある製法
グリセリンやビタミンが豊富で美容効果が高い
100%無添加で敏感肌でも安心して使える

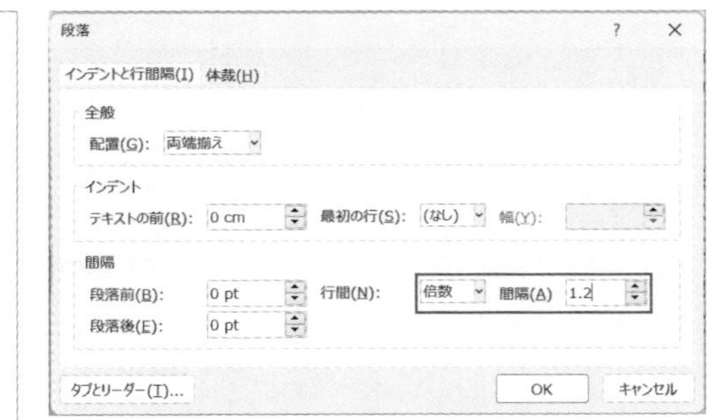
段落
インデントと行間隔(I)　体裁(H)
全般
配置(G):　両端揃え
インデント
テキストの前(R):　0 cm　最初の行(S):　(なし)　幅(Y):
間隔
段落前(B):　0 pt　行間(N):　倍数　間隔(A)　1.2
段落後(E):　0 pt
タブとリーダー(T)...　OK　キャンセル

2 クリーム色を抽出して背景色に設定する

スライド編集画面で右クリックして［背景の書式設定］を開きます。右側に表示された作業ウィンドウで［塗りつぶし（単色）］にチェックを入れ、［色］から［スポイト］をクリックします。マウスカーソルの形がスポイトに変わったことを確認して、画像の「クリーム」部分にスポイトを近づけてクリックし、背景色をクリーム色にします。このクリーム色のカラーコードは後でカラーパレットに登録するときに使用するので、どこかに控えておいてください。カラーコードは、「色の設定」のダイアログボックスの「Hex値」で確認できます。

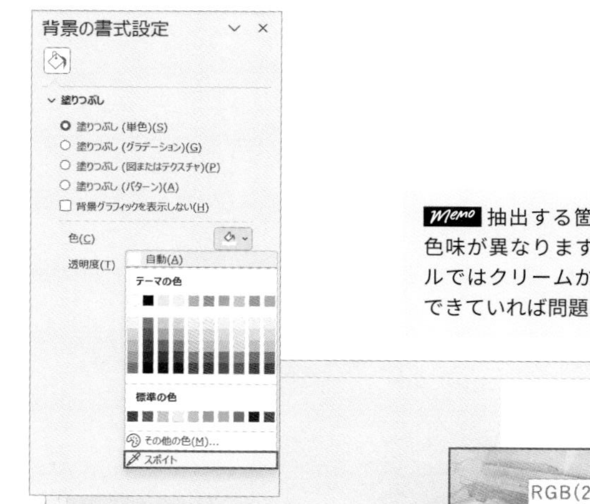

こだわった由
緒ある製法

Memo 抽出する箇所によって色味が異なりますが、当ドリルではクリームから色を抽出できていれば問題ありません。

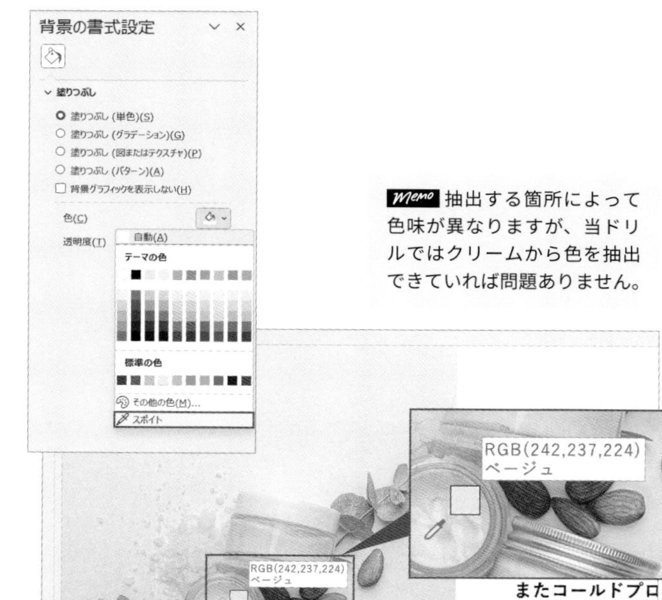

3 アーモンド色を抽出して円図形の背景色に設定する

円図形をすべて選択して、作業ウィンドウの［塗りつぶし（単色）］にチェックを入れ、［色］から［スポイト］をクリックします。画像の「アーモンド」部分にスポイトのカーソルを合わせてクリックし、円図形の色をアーモンド色にします。アーモンド色のカラーコードも後で使用するので、どこかに控えておいてください。

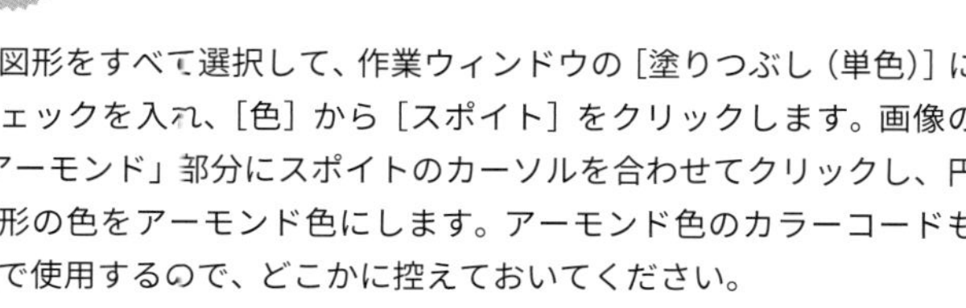

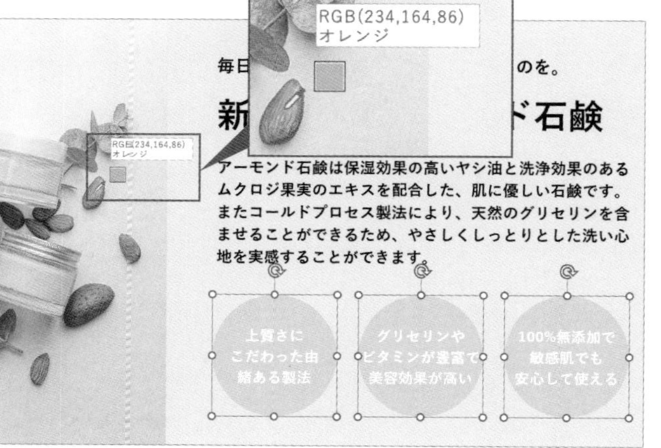

こだわった由
緒ある製法
グリセリンや
ビタミンが豊富で
美容効果が高い
100%無添加で
敏感肌でも
安心して使える

4 色のカスタマイズ画面を開く

[表示] タブの [スライドマスター] をクリックします。スライドマスターの画面で [配色] をクリックして、表示されるメニューの一番下にある[色のカスタマイズ]を選択し「テーマの新しい配色パターンを作成」のダイアログボックスを開きます。

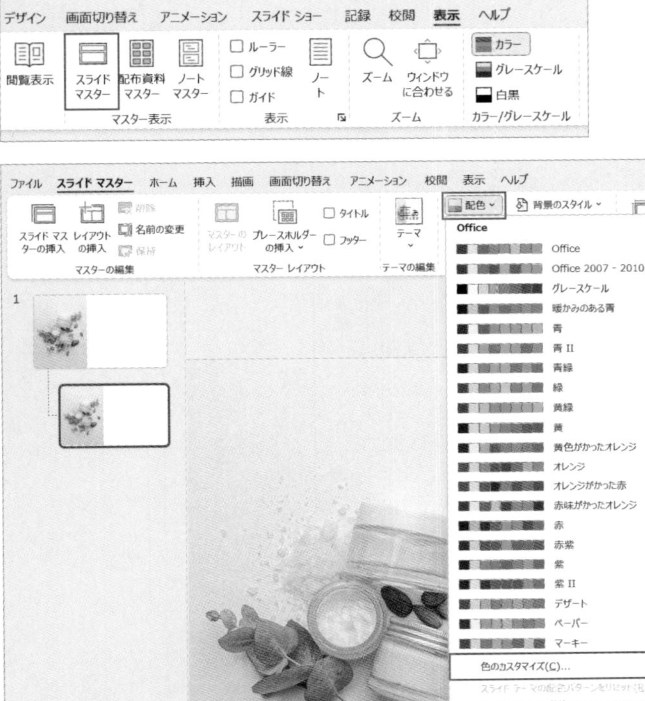

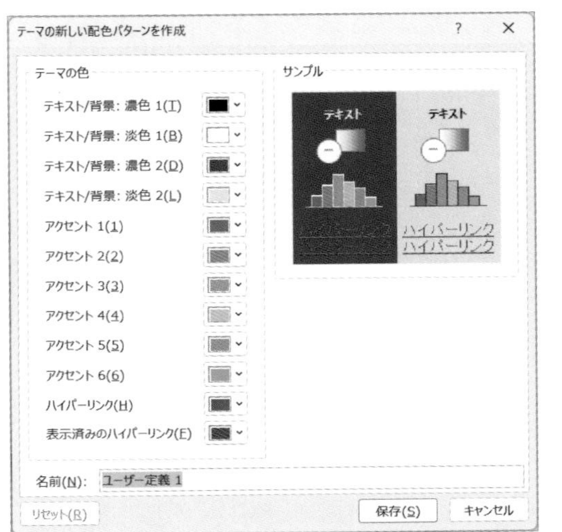

Memo 「デザイン」タブの「バリエーション」のボタンから「配色」を選択しても「色のカスタマイズ」を開くことができます。

5 クリーム色とアーモンド色をカラーパレットに登録する

「テーマの新しい配色パターンを作成」のダイアログボックスで、[テキスト/背景：濃色2] をクリックして、[その他の色] から「色の設定」のダイアログボックスを開きます。[ユーザー設定] をクリックし、「Hex」に先ほど控えておいたクリーム色のカラーコードを入力して [OK] をクリックします。同様の手順で [アクセント1] に控えておいたアーモンド色のカラーコードを入力します。最後に登録したカラーパレットの [名前] をつけて保存したら完成です。

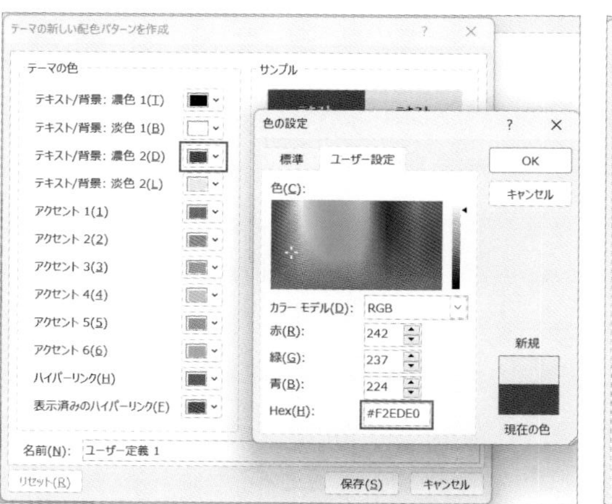

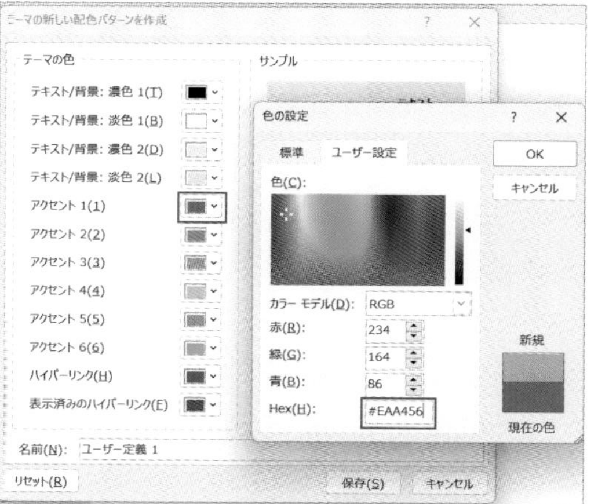

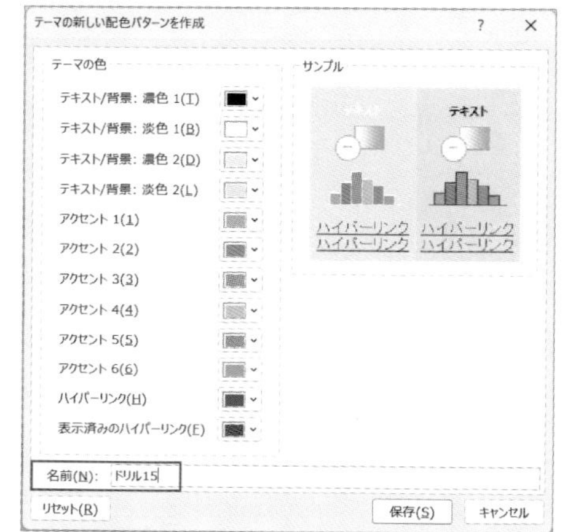

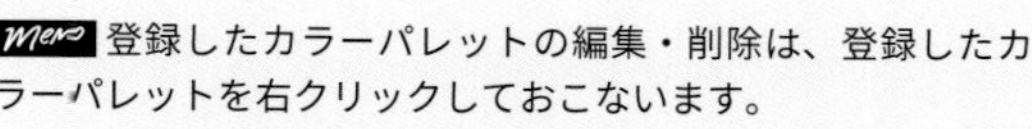

Memo 登録したカラーパレットの編集・削除は、登録したカラーパレットを右クリックしておこないます。

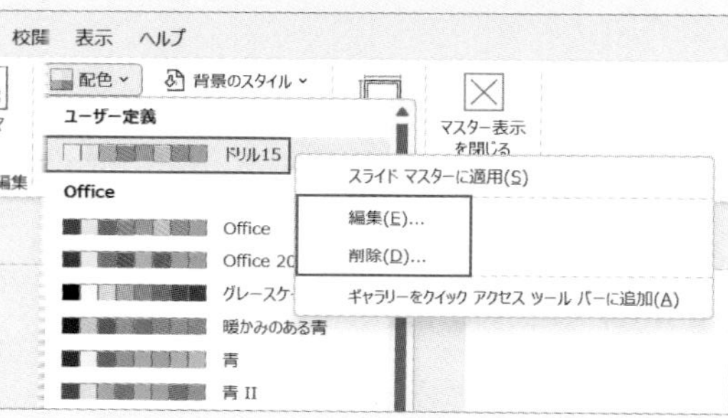

★★★ Drill 16

グラデーションカラーで表紙を作る

グラデーションを用いて表紙を作成しましょう。

ドリル用ファイル 016-drill.pptx 完成ファイル 016-finish.pptx

Before

After

1 図形（レイヤー）に放射グラデーションを設定する

2 あしらいの図形に線形グラデーションを設定する

使用する色	●薄い緑（標準の色） ●薄い青（標準の色） ○白、背景1

Hint 1 グラデーションの設定

PowerPointでは、文字や図形にグラデーションを設定することができます。グラデーションの設定は「図形の書式設定」からおこない、グラデーションの種類（線形・放射・四角・パス）や方向、角度を指定することができます。さらに、ブレンドする色の数を増やしたり、スライダーバーを使用して位置を調整することで、自分の好みに合ったグラデーションの風合いを作り出すことができます。

グラデーションの種類 | PowerPointで作れるグラデーション

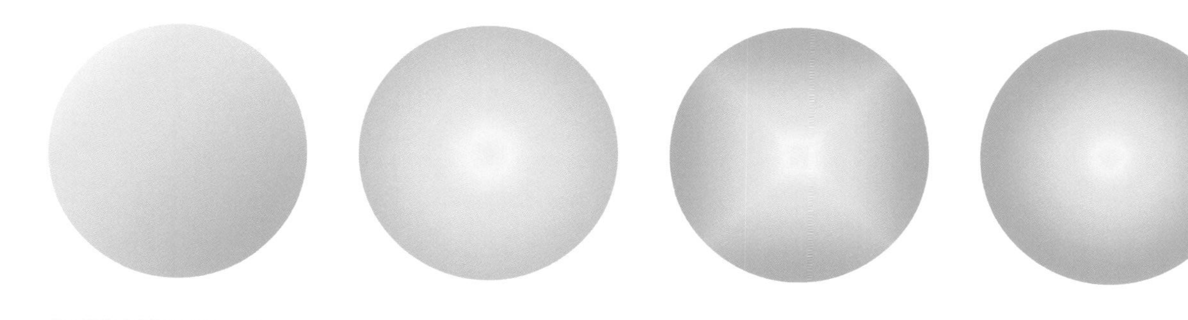

Answer 16

Drill

グラデーションカラーで表紙を作る

- □ 表紙に重ねる図形に「放射グラデーション」を設定して透明度を上げる
- □ あしらいの図形に「線形グラデーション」を設定する

1 図形を追加してレイヤーを作成する

ドリル用ファイル[016-drill.pptx]を開きます。[挿入]タブの[図形]から[正方形/長方形]を選択して、スライドを覆う大きさの図形(レイヤー)を作成します。作成した図形の頂点を動かしながらスライドとピッタリの大きさになるように調整します。

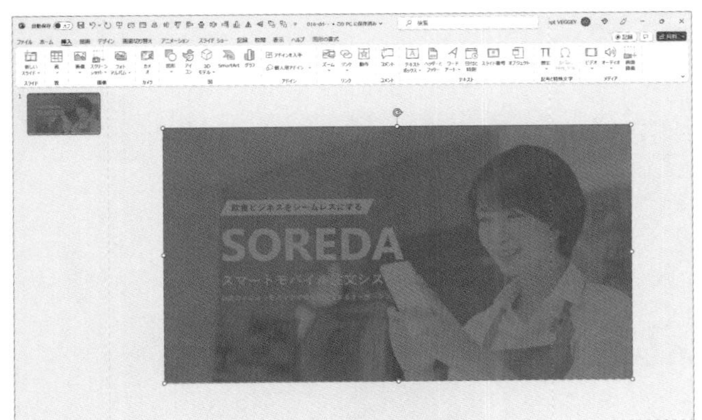

2 「放射グラデーション」を設定する

図形(レイヤー)を選択して、右クリックで[図形の書式設定]を開き[塗りつぶし(グラデーション)]にチェックを入れます。「種類」を[放射]、「方向」を[中央から]に設定します。次に「グラデーションの分岐点」でスライダーの分岐点を2つにして、左側の分岐点を[色:●薄い緑(標準の色)/位置:0%]、右側の分岐点を[色:●薄い青(標準の色)/位置:100%]に設定し2色をブレンドします。

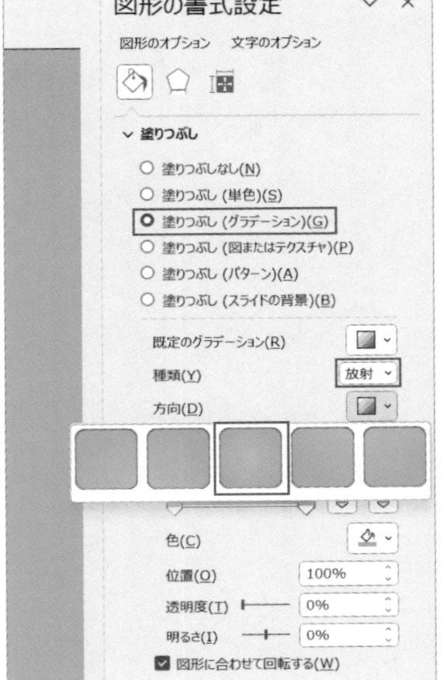

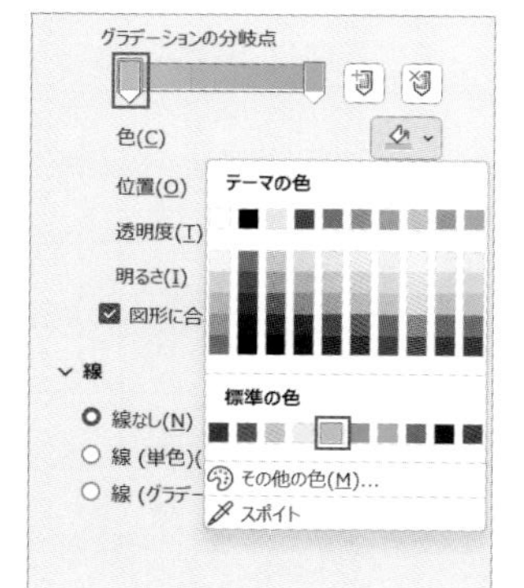

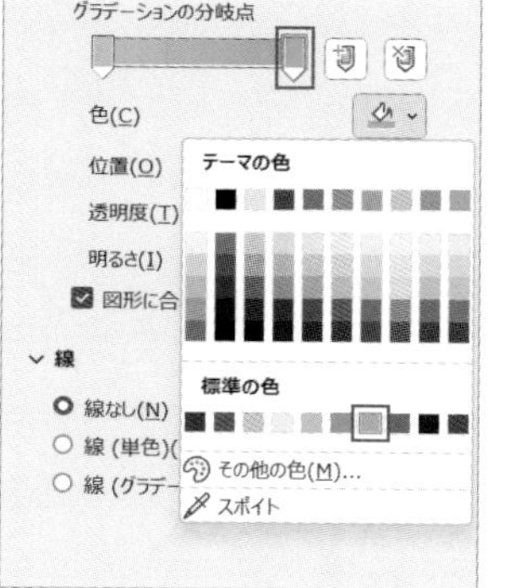

Memo スライダーバーの追加や削除は、スライダー右側のボタンからおこなえます。

3 透明度を調整して背景画像を見えるようにする

「グラデーションの分岐点」で左側の分岐点（●薄い緑（標準の色））を選択し「透明度」を［50%］に設定します。同様の手順で右側の分岐点（●薄い青（標準の色））の「透明度」を［30%］に設定して、背景にある画像が見えるようにグラデーションを透過します。最後に作業ウィンドウから「線」を［線なし］に設定し、図形（レイヤー）を右クリックから［最背面へ移動］させます。

4 あしらいの図形に「線形グラデーション」を設定する

あしらいの図形（「飲食ビジネスをシームレスにする」）を選択して、作業ウィンドウから［塗りつぶし（グラデーション）］にチェックを入れます。すると、❸で設定したグラデーションが反映されますが、これを変更します。「種類」を［線形］、「方向」を［斜め方向 – 左上から右下］に設定します。次に「グラデーションの分岐点」でスライダーの左端と右端の分岐点それぞれの透明度を［0%］に設定します。最後にあしらいの図形の文字色を［〇白、背景1］に設定します。

Memo ［塗りつぶし（グラデーション）］にチェックを入れた際に、グラデーションが自動で反映される場合がありますが、これは直前に設定したグラデーションの内容が反映されているためです。

5 フレームを作成する

[挿入] タブの [図形] から [フレーム] を選択して、スライドを覆う大きさのフレーム図形を作成します。作成したフレーム図形をマウス操作で動かしスライドとピッタリの大きさになるよう調整し配置します。フレーム図形の左上にある黄色のしぼりを左方向にドラッグしてフレームの太さを変更します。ちょうどよいサイズに変更したら、作業ウィンドウの [塗りつぶし (単色)] で [○白、背景1] に設定して、「線」を [線なし] にしたら完成です。

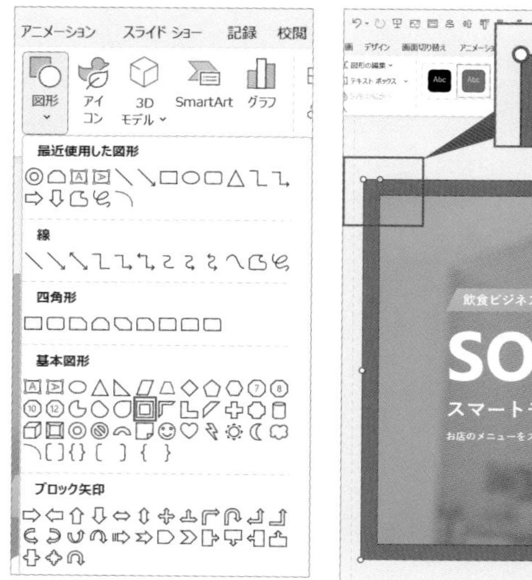

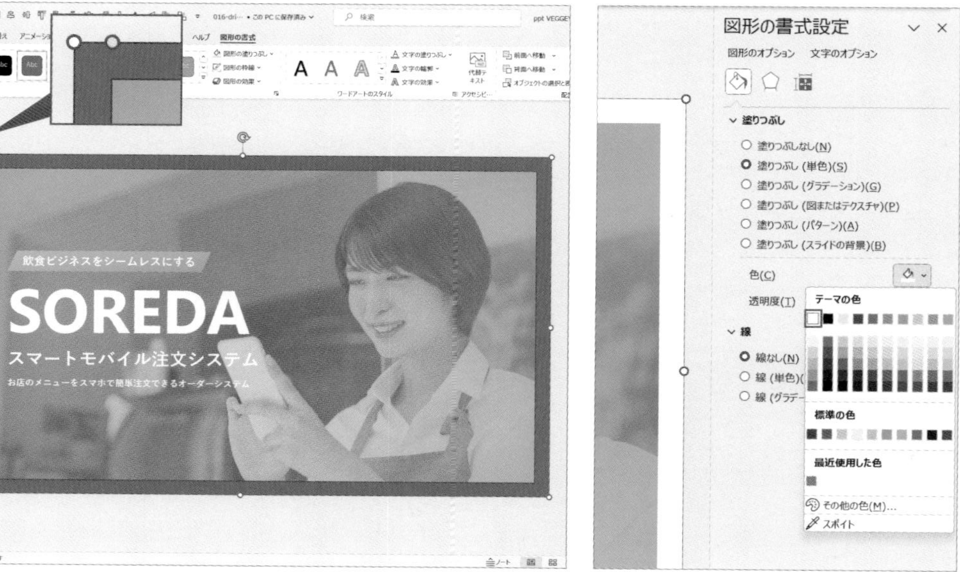

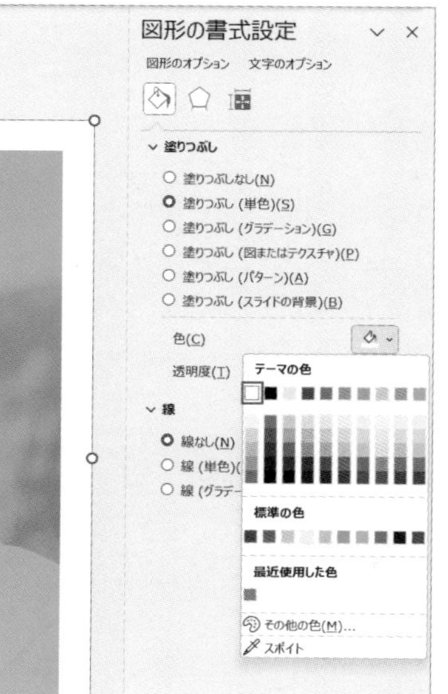

Column

配色の参考になるサイト

資料作成において、メインカラーやアクセントカラーなど配色を決めることはとても難しい作業です。また配色には多くのルールが存在し、いい加減に決めると逆に見づらい配色になることもあります。ここでは適切な配色を選ぶことができるwebサイトを紹介します。

AIによる自動配色生成ツール「Colormind」

会社のロゴカラーやサービスのメインカラーが決まっていても、それ以外の配色で迷った経験はありませんか。そんな方におすすめしているのが、「Colormind」という自動配色生成ツールです。このツールはロゴや商品・サービスのカラーまたは画像を設定すれば、AIが自動で相性の良い色を生成してくれます。会員登録も不要で無料で利用できます。

「Colormind」：http://colormind.io/

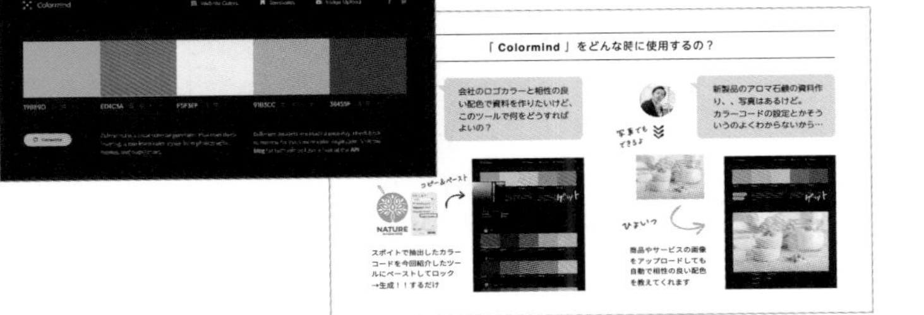

Webデザインのギャラリーサイトから配色をまねる

Webデザインのサイト集である「SANKOU!」から気になるサイトを見つけて配色を取り入れるのも方法のひとつです。このサイト集では、カテゴリ検索でテイストや色などで絞ることができるため、資料の印象に合わせて参考サイトを選ぶことができます。サイトの配色をPowerPointに取り入れる場合は、スポイト機能を活用します。

「SANKOU!」：https://sankoudesign.com/

4

Chapter 4

画像・イラスト

★★★ Drill 17

アイコンを使用したスライドを作る

アイコンを使って内容を視覚的に示したスライドを作成しましょう。

ドリル用ファイル 017-drill.pptx　完成ファイル 017-finish.pptx

サービスの特徴

オンライン英会話レッスンの特徴

スキマ時間で
手軽に学習できる

通勤時間や待ち時間などスキマ時間を活用してレッスンを受講できるため無理なく続けられる

講師陣による
マンツーマン指導

専属の講師が一人ずつ生徒を見るため個人の学習ニーズに合わせた効果的な学習支援が可能

24時間365日
メッセージ対応

24時間365日のメッセージ対応で英語学習の質問や課題についていつでも直接相談できる

After

サービスの特徴

オンライン英会話レッスンの特徴

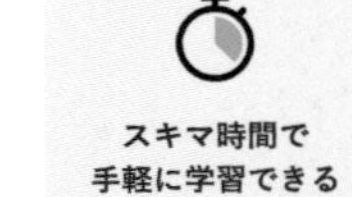

スキマ時間で
手軽に学習できる

通勤時間や待ち時間などスキマ時間を活用してレッスンを受講できるため無理なく続けられる

講師陣による
マンツーマン指導

専属の講師が一人ずつ生徒を見るため個人の学習ニーズに合わせた効果的な学習支援が可能

24時間365日
メッセージ対応

24時間365日のメッセージ対応で英語学習の質問や課題についていつでも直接相談できる

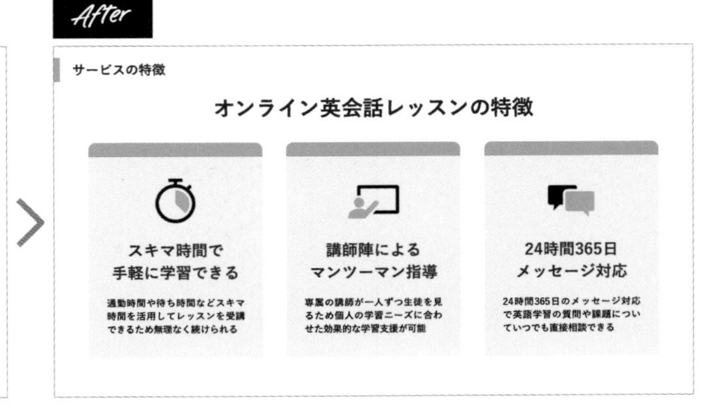

1. 一部を角丸にしたボックスを作る
2. ストック画像のアイコンをスライドに挿入して部分的に色をつける

使用する色	●緑、アクセント6

Hint 1 ストック画像

PowerPointでは「ストック画像」と呼ばれる無料で利用できるロイヤリティーフリーの素材が提供されています。ストック画像には、さまざまな素材（画像・アイコン・人物の切り絵・イラストなど）が用意され、PowerPointの画面の中で直接挿入することができます。これらの素材を利用する場合は、検索窓にキーワードを入力して目的の素材を探します。一般的に広く知られている言葉（例：アナリティクス×→分析○）で検索すると、より簡単に目的の素材を見つけることができます。※PowerPointのバージョンが古い場合、ストック画像を使用できないケースがあります。

Hint 2 ベクタ形式（SVG）を編集する

ベクタ形式（SVG）は複数の点とそれを結ぶ線で構成されているため、色や線の太さを容易に編集することができます。PowerPointのストック画像にあるアイコンやイラストはベクタ形式（SVG）で提供されており編集が可能です。アイコンやイラストを部分的に編集する場合は、グラフィックス形式から図形に変換するか、グループ化を解除してパーツごとに分解します。これにより各パーツの色や線の太さを個別に編集することができます。

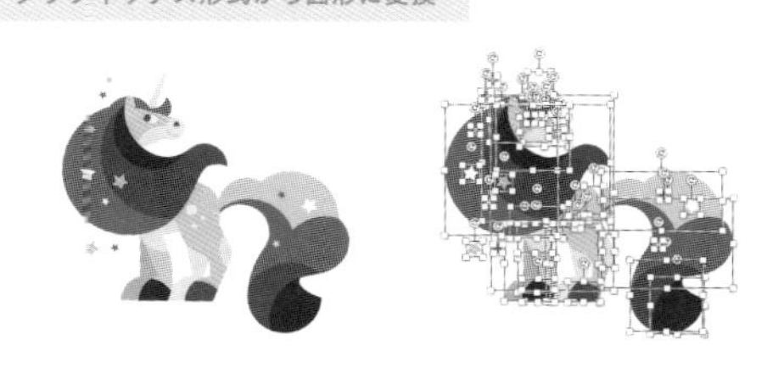

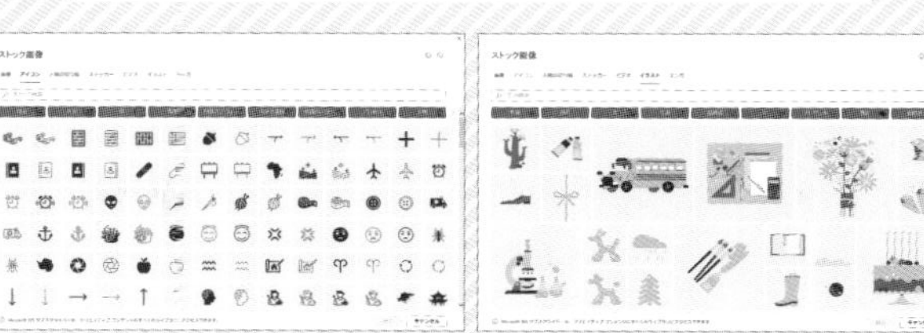

Answer 17

Drill アイコンを使用したスライドを作る

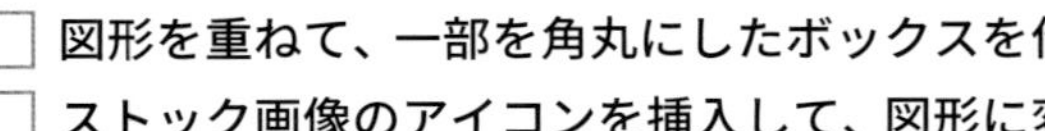

- □ 図形を重ねて、一部を角丸にしたボックスを作る
- □ ストック画像のアイコンを挿入して、図形に変換して編集する

1 一部を角丸にしたボックスを作成する

ドリル用ファイル［017-drill.pptx］を開き、3つ並んだ下地の図形を選択して ctrl + shift を押しながら、上に向かって垂直にドラッグして複製を作ります。複製した画像を［図形の書式］タブの［図形の編集］で［図形の変更］を選び［四角形：上の2つの角を丸める］をクリックして、図形を変更します。また［図形の書式］タブで「高さ」を［0.8cm］にして、下地の図形の上辺に重なるように配置します。配置した後、各図形の右上に表示される黄色のつまみを左にドラッグして、角丸の丸みを最大にします。

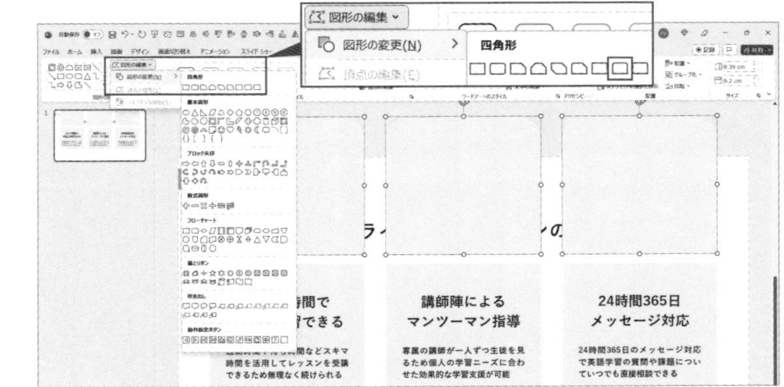

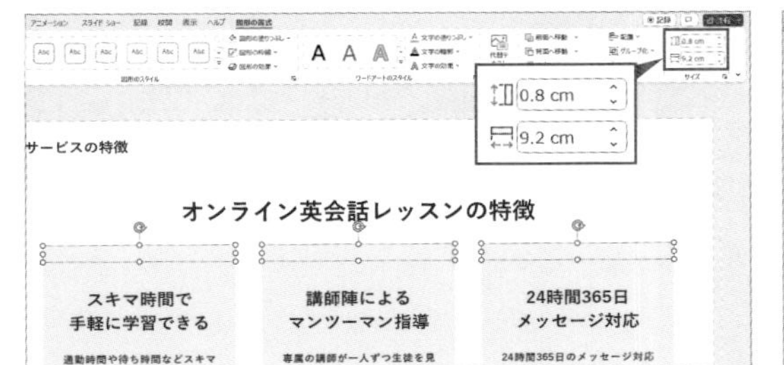

Memo 左下の黄色のつまみを動かすと図形下側の頂点に丸みをつけることができます。

❷ 一部角丸図形の背景色を編集する

❶で作成した一部角丸の図形をすべて選択して、[図形の書式] タブの [図形の塗りつぶし] から [●緑、アクセント6] に設定し、図形の背景色を変更します。

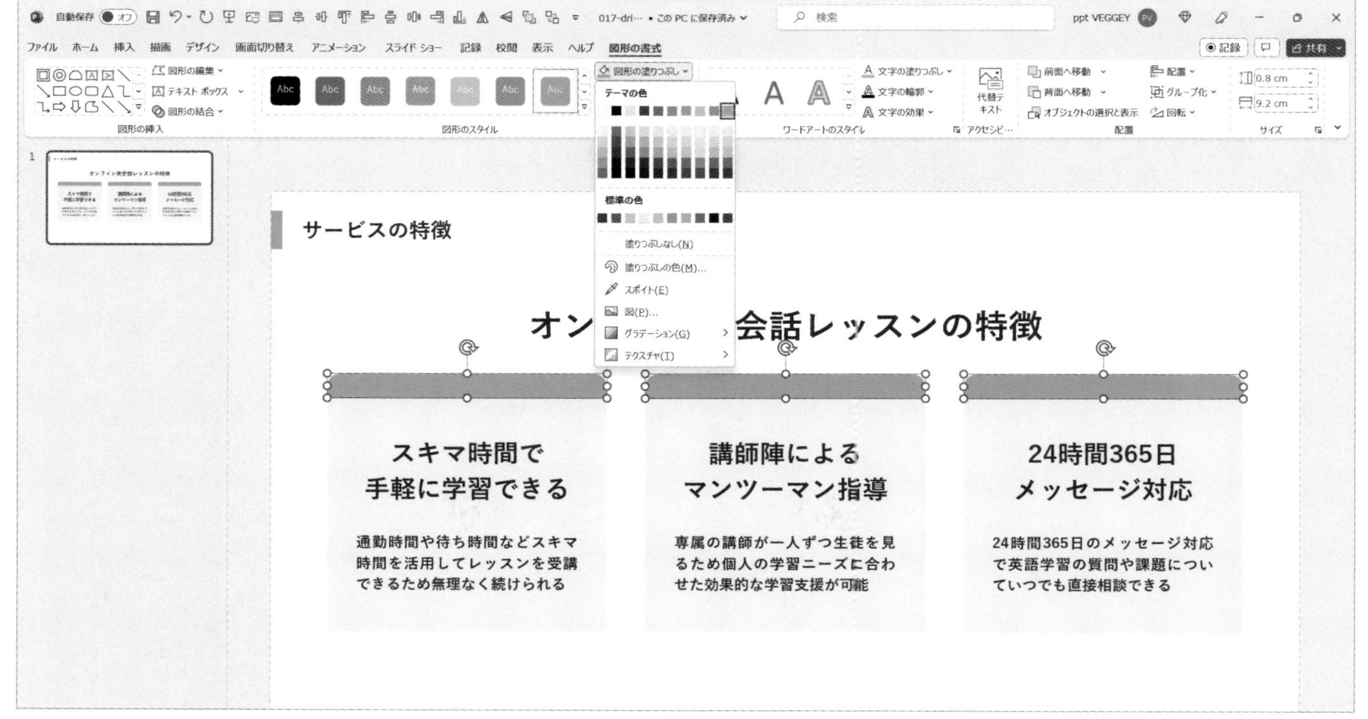

③ レイアウトを調整してアイコンを挿入する

下地の図形の高さを大きくして(Afterスライドでは「高さ」[11.3cm])、テキストの位置を調整し、アイコンを配置できるスペースを作ります。次に［挿入］タブの［アイコン］をクリックして「ストック画像」を開きます。検索窓に「時間」と入力して、タイマーのアイコンを選択しスライドに挿入します。同じような手順で、検索窓に「指導」・「会話」と検索して該当するアイコンをスライドに挿入します。最後に、Afterスライドを参考に挿入したアイコンを配置し、全体のレイアウトを調整します。

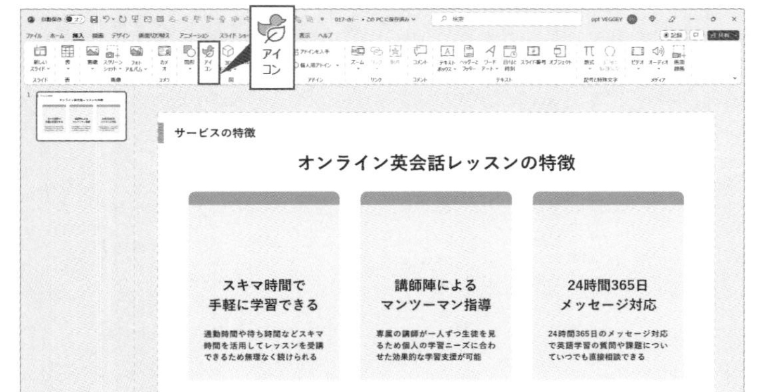

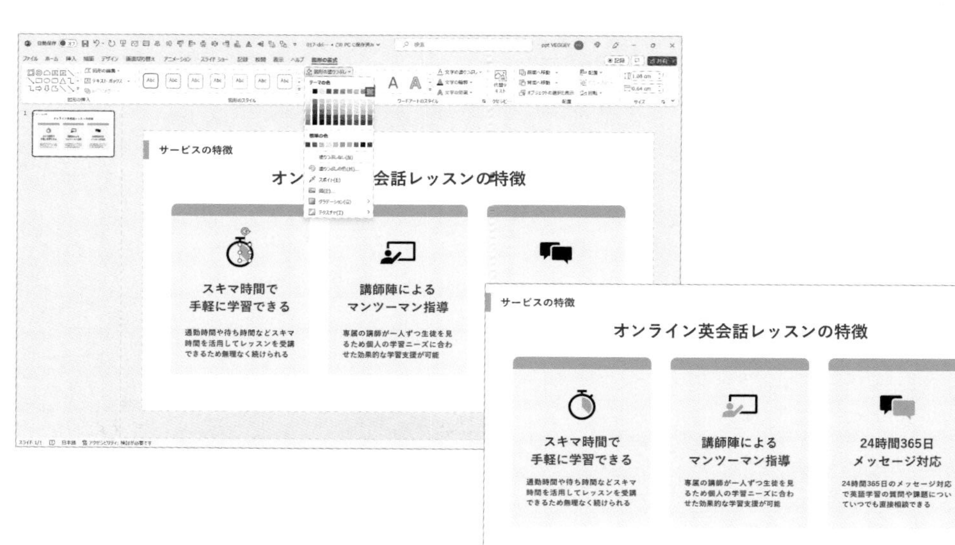

アイコンを図形に変換する

挿入したアイコンをすべて選択して、[グラフィックス形式] タブにある [図形に変換] をクリックして、図形（描画オブジェクト）に変換します。これによりアイコンがパーツごとに分かれるため部分的に色をつけることが可能になります。

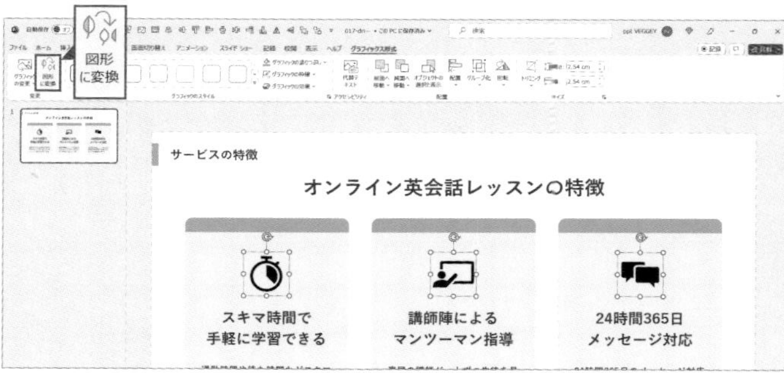

Memo 図形（描画オブジェクト）の変換は、ctrl+shift+G でグループ化を解除することでも変換できます。グループ化を解除する場合は、描画オブジェクトに変換するかの確認画面が表示されるので「はい」をクリックします。

5 アイコンに色をつける

タイマーのアイコンにある「扇の図形」を選択して [図形の書式] タブにある [図形の塗りつぶし] をクリックし [●緑、アクセント6] を選択します。同じように他のアイコンもAfterスライドを参考にしながら、部分的に色を入れていきます。最後にマウスの誤操作でアイコンのパーツのずれが生じないように、それぞれアイコンのパーツを選択して ctrl+G でグループ化したら完成です。

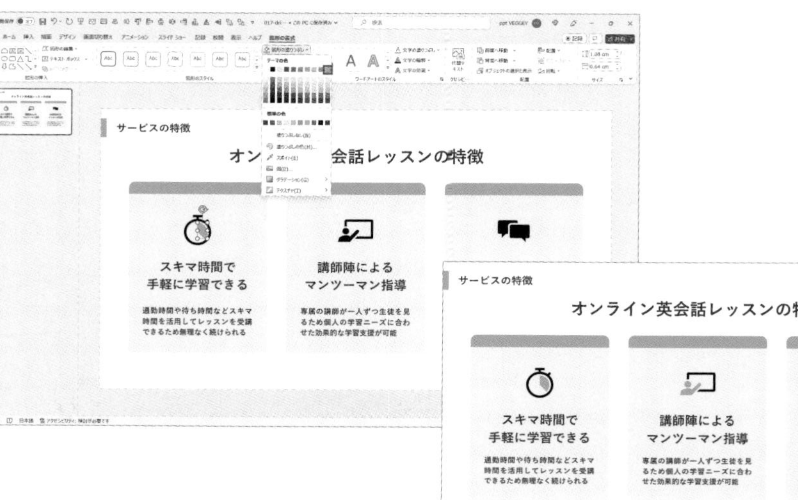

★★★ Drill 18

作成したスライドを画像としてエクスポートする

画像を背景と馴染ませ、PNG形式でスライドをエクスポートしましょう。

ドリル用ファイル 018-drill.pptx 素材ファイル 018-01.png 完成ファイル 018-finish.png

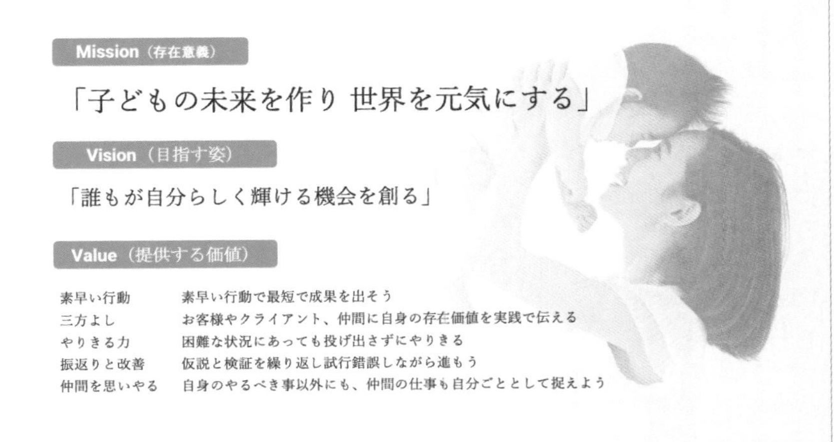

1 透過グラデーションを設定して画像を背景と馴染ませる

2 スライドをPNG形式でエクスポートする

使用する色	○白、背景1

Hint 1 透過グラデーション

透過グラデーションは、ある色から別の色に徐々に変化するグラデーションに透明度を加えたもので、画像に重ねることで視覚的な奥行きを演出することができます。画像と同じ大きさの白色の図形を画像の上に重ね、左から右へ徐々に透明になるようにグラデーションを設定して作ります。

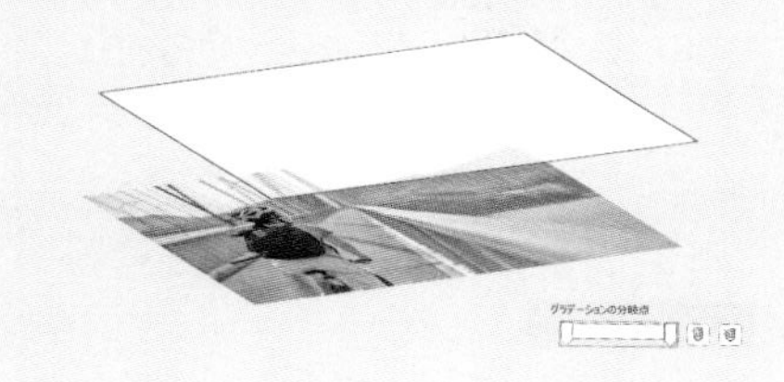

Hint 2 PowerPoint形式以外で保存する

PowerPointでは、作成した各スライドを画像やPDF、また動画形式として保存することができます。画像やPDFとして保存することで、ファイルが改ざんされるリスクを最小化したり、PowerPointのソフトが入っていないデバイスでも閲覧できるようになります。画像やPDFの保存は「ファイル」タブよりおこないます。

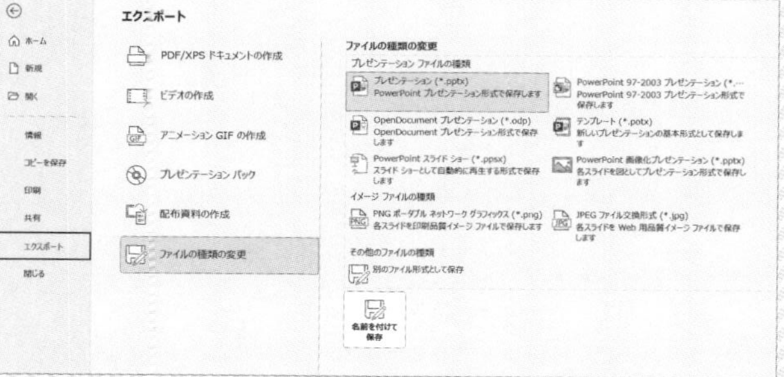

Answer 18

Drill

作成したスライドを画像としてエクスポートする

- [ ] 新しく作成した図形に透過グラデーションを設定し背景画像に重ねる
- [ ] 指定したスライドのみをPNG形式でエクスポートする

画像を挿入する

ドリル用ファイル［018-drill.pptx］を開き、［挿入］タブにある［画像］から［このデバイス］を選択し［018-01.png］をスライドに挿入します。画像を選択して［図の形式］タブにある［配置］で［右揃え］をクリックしてスライドの右側にピッタリと配置させます。続けて［回転］で［左右反転］を選択して画像の左右を反転させます。

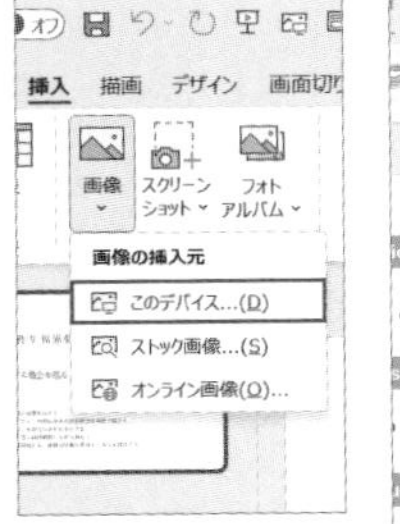

図形を作成して、画像に重ねる

［挿入］タブの［図形］から［正方形/長方形］を選択して、透過グラデーションを設定する図形を作成します。作成した図形を選択して［図形の書式］タブで「高さ」を［19.05cm］、「幅」を［18.5cm］に設定します。作成した図形を選択したまま、［図形の書式］タブにある［配置］で［上揃え］と［右揃え］をクリックし、画像とピッタリ重なるように配置します。

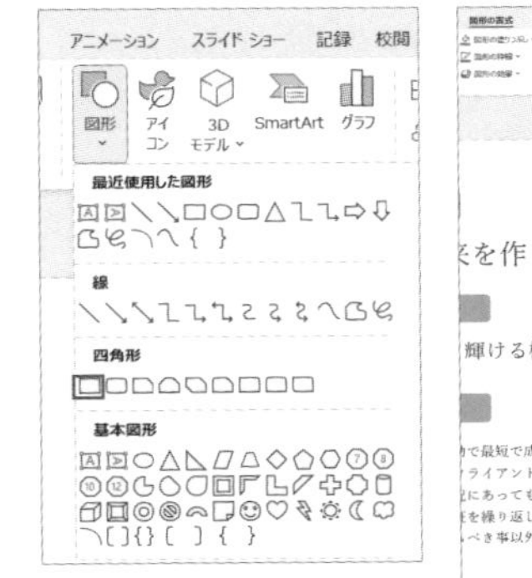

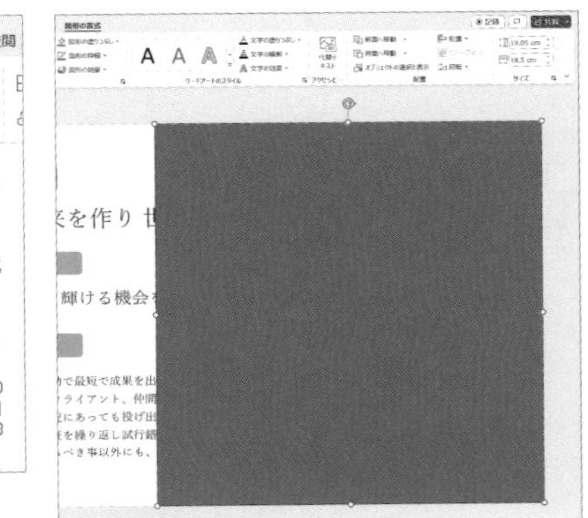

❸ 図形に透過グラデーションを設定する

❷で作成した図形を右クリックして［図形の書式設定］を開き、作業ウィンドウから［塗りつぶし（グラデーション）］にチェックを入れて「種類」を［線形］、「方向」を［右方向］に設定します。次に「グラデーションの分岐点」でスライダーの分岐点を2つにして、左側の分岐点を［色：○白、背景1／位置：0%／透明度0%］、右側の分岐点を［色：○白、背景1／位置：100%／透明度70%］に設定します。最後に「線」を［線なし］に設定します。

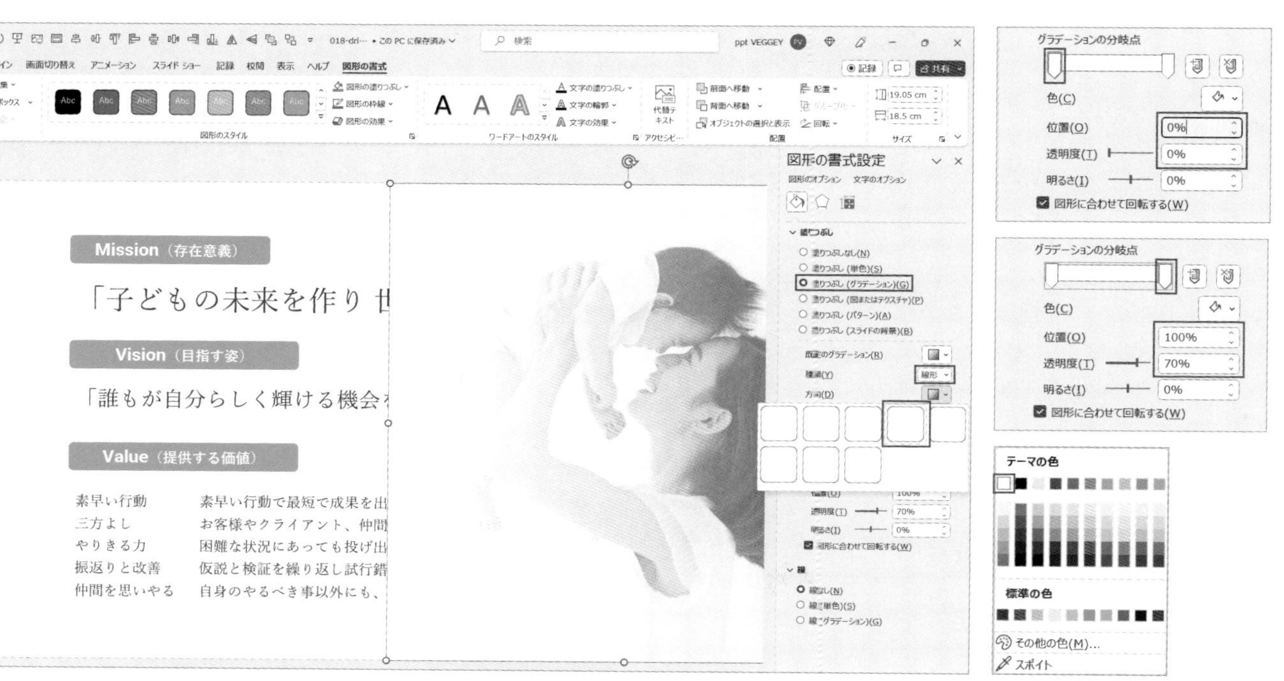

4 画像と透過グラデーションの図形を最背面に移動する

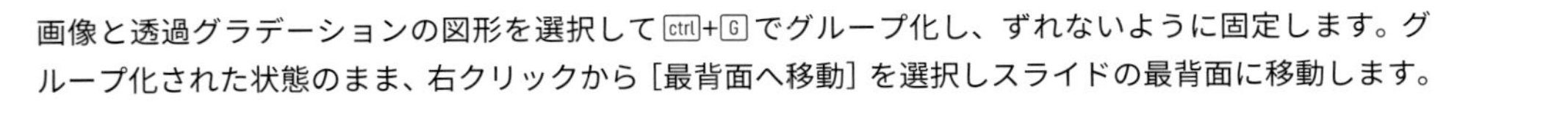

画像と透過グラデーションの図形を選択して ctrl + G でグループ化し、ずれないように固定します。グループ化された状態のまま、右クリックから［最背面へ移動］を選択しスライドの最背面に移動します。

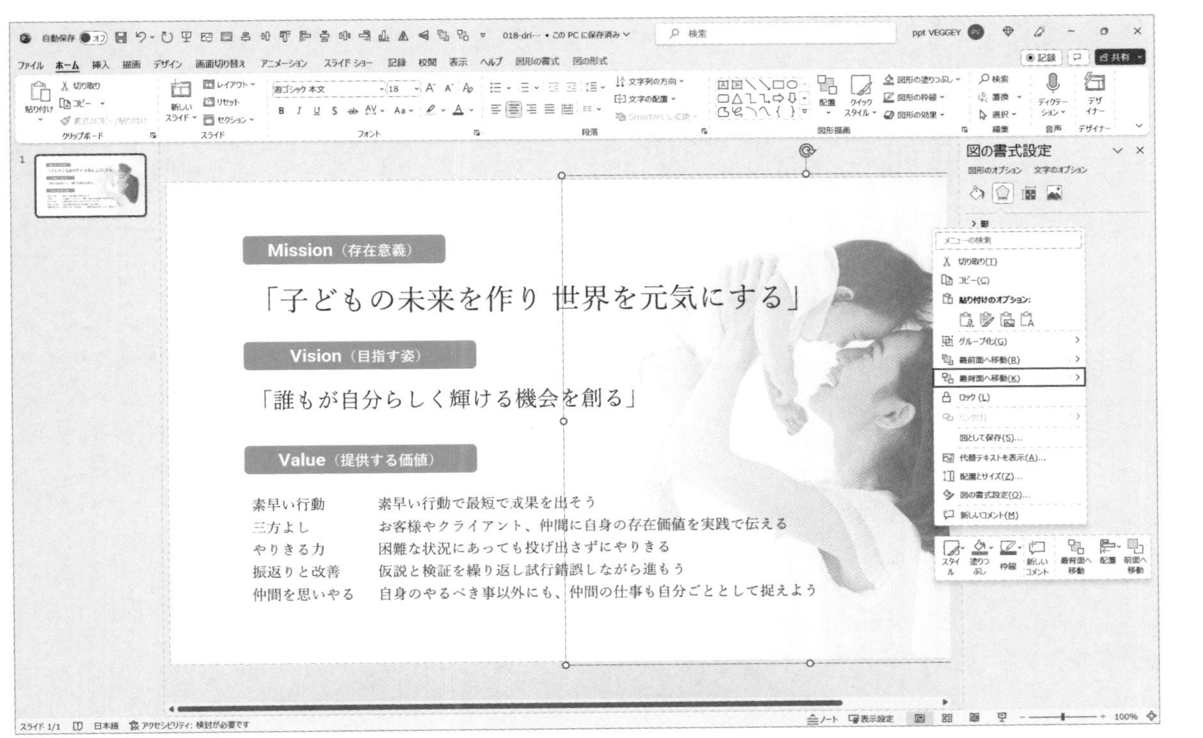

Mission（存在意義）

「子どもの未来を作り 世界を元気にする」

Vision（目指す姿）

「誰もが自分らしく輝ける機会を創る」

Value（提供する価値）

素早い行動　素早い行動で最短で成果を出そう
三方よし　お客様やクライアント、仲間に自身の存在価値を実践で伝える
やりきる力　困難な状況にあっても投げ出さずにやりきる
振返りと改善　仮説と検証を繰り返し試行錯誤しながら進もう
仲間を思いやる　自身のやるべき事以外にも、仲間の仕事も自分ごととして捉えよう

切り取り(T)
コピー(C)
貼り付けのオプション:
グループ化(G)
最前面へ移動(R)
最背面へ移動(K)
ロック(L)
図として保存(S)...
代替テキストを表示(A)...
配置とサイズ(Z)...
図の書式設定(O)...
新しいコメント(M)

5 現在のスライドをPNG形式で書き出す

[ファイル] タブから左側のメニューにある [エクスポート] を選択し [ファイルの種類の変更] をクリックします。「ファイルの種類の変更」のメニューから［PNGポータブル ネットワークグラフィックス］をダブルクリックして、保存先を指定しファイル名をつけます。[保存] をクリックすると「エクスポートするスライドを指定してください」の画面が表示されるので、[このスライドのみ］を選択します。保存先にPNG形式の画像があることを確認したら完成です。

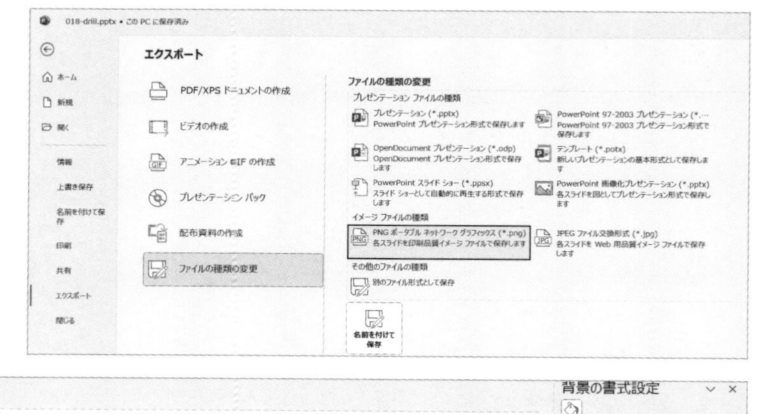

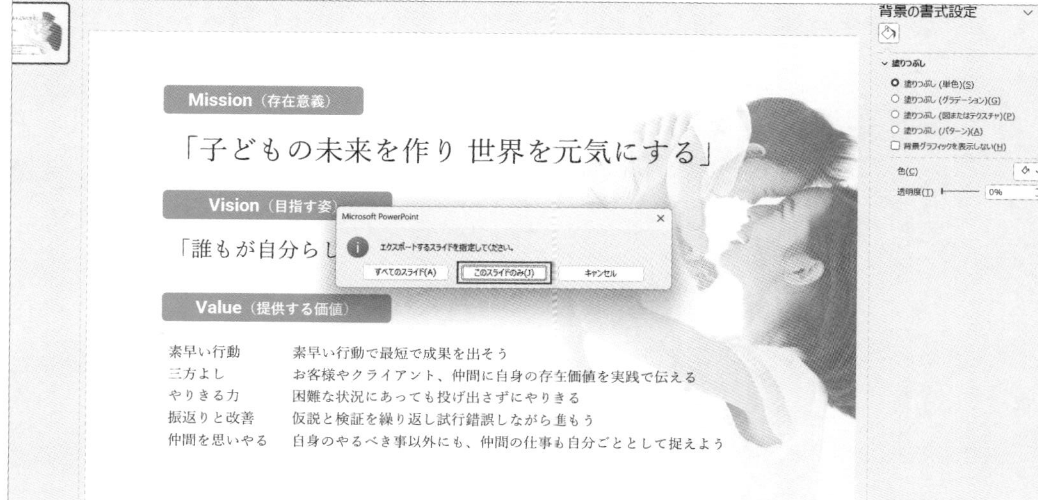

Memo 「すべてのスライド」を選択するとサムネイルウィンドウにあるスライドのすべてが画像として保存されます。

★★★

Drill 19 画像を編集してプロフィールスライドを作る

プロフィール画像を丸くトリミングしましょう。また、本の画像の背景を削除して本のみを抽出しましょう。

ドリル用ファイル 019-drill.pptx　完成ファイル 019-finish.pptx

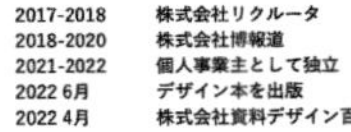

Before

DEZAPURE代表取締役
金子 里美 | Kaneko Satomi
慶應義塾大学出身。2005年に株式会社TOKYOREHACKのUXデザイナーとして従事。国内における先駆けとして活動を開始しプロダクトデザイン「1057」、社会開発、環境デザインまで活動の場を広げる。
2017-2018 株式会社リクルータ
2018-2020 株式会社博報道
2021-2022 個人事業主として独立
2022 6月 デザイン本を出版
2022 4月 株式会社資料デザイン百貨設立

After

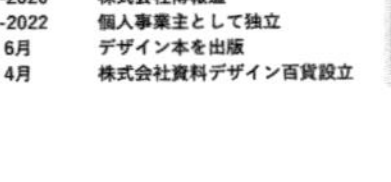

DEZAPURE代表取締役
金子 里美 | Kaneko Satomi
慶應義塾大学出身。2005年に株式会社TOKYOREHACKのUXデザイナーとして従事。国内における先駆けとして活動を開始しプロダクトデザイン「1057」、社会開発、環境デザインまで活動の場を広げる。
2017-2018 株式会社リクルータ
2018-2020 株式会社博報道
2021-2022 個人事業主として独立
2022 6月 デザイン本を出版
2022 4月 株式会社資料デザイン百貨設立

Try!

1. プロフィール画像を丸くトリミングする
2. 本の画像の背景を削除して、本を抽出する
3. 抽出した本に影をつける

影の設定値

標準スタイル	オフセット：右下
影の色	●ブルーグレー、テキスト2
透明度	70%
ぼかし	5pt

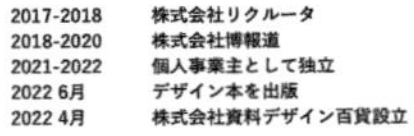

Hint 1 画像を任意の形でトリミングする

PowerPointでは四角形の形でトリミングする以外にも、さまざまな図形の形に合わせてトリミングすることができます。トリミングの際は「図の書式」タブから「トリミング」に進み「図形に合わせてトリミング」を選択してトリミングしたい形を選びます。

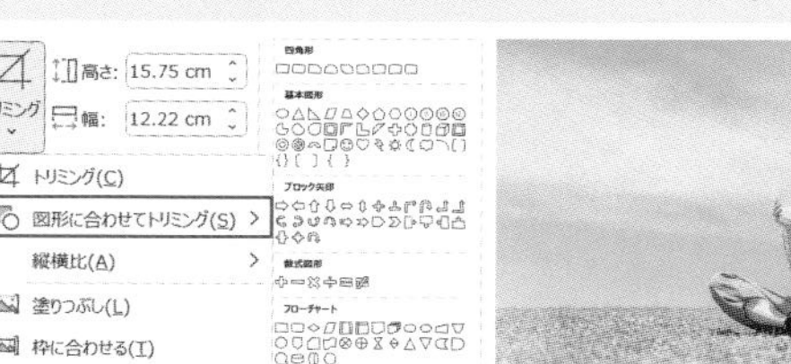

Hint 2 画像の余計な背景を透明にする

PowerPointには、画像の背景を透明にできる「背景の削除」があります。これにより画像内にいる人や物など特定の部分だけを抽出することができます。「背景の削除」は「図の形式」タブにある「背景の削除」からおこないます。

Answer 19

Drill

画像を編集してプロフィールスライドを作る

- □ プロフィール画像を楕円の形でトリミングし、縦横比を1：1にする
- □ 「背景の削除」で本以外の背景を透明にして、影を設定する

1 プロフィール画像を楕円の形にトリミングする

ドリル用ファイル［019-drill.pptx］を開きます。プロフィール画像を選択して［図の形式］タブにある［トリミング］で［図形に合わせてトリミング］を選択し、［楕円］をクリックして画像を楕円の形にトリミングします。

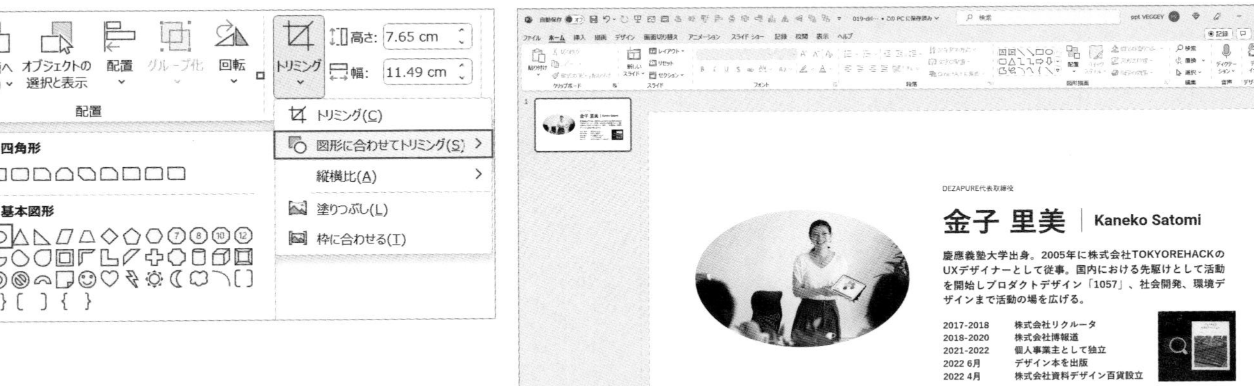
DEZAPURE代表取締役
金子 里美
Kaneko Satomi
慶應義塾大学出身。2005年に株式会社TOKYOREHACKのUXデザイナーとして従事。国内における先駆けとして活動を開始しプロダクトデザイン「1057」、社会開発、環境デザインまで活動の場を広げる。
2017-2018 株式会社リクルータ
2018-2020 株式会社博報道
2021-2022 個人事業主として独立
2022 6月 デザイン本を出版
2022 4月 株式会社資料デザイン百貨設立

2 縦横比を揃えて楕円の画像を正円にする

楕円の画像を正円にします。楕円のプロフィール画像を選択して［図の形式］タブにある［トリミング］をクリックし［縦横比］を［1：1］に設定します。設定すると画像のトリミング箇所を調整できるようになるので、女性の顔が円の中に大きく表示されるようにします。最後にトリミングした画像のサイズを拡大して、スライドの左中央に配置します（Afterスライドでは「高さ」［11.7cm］、「幅」［11.7cm］）。

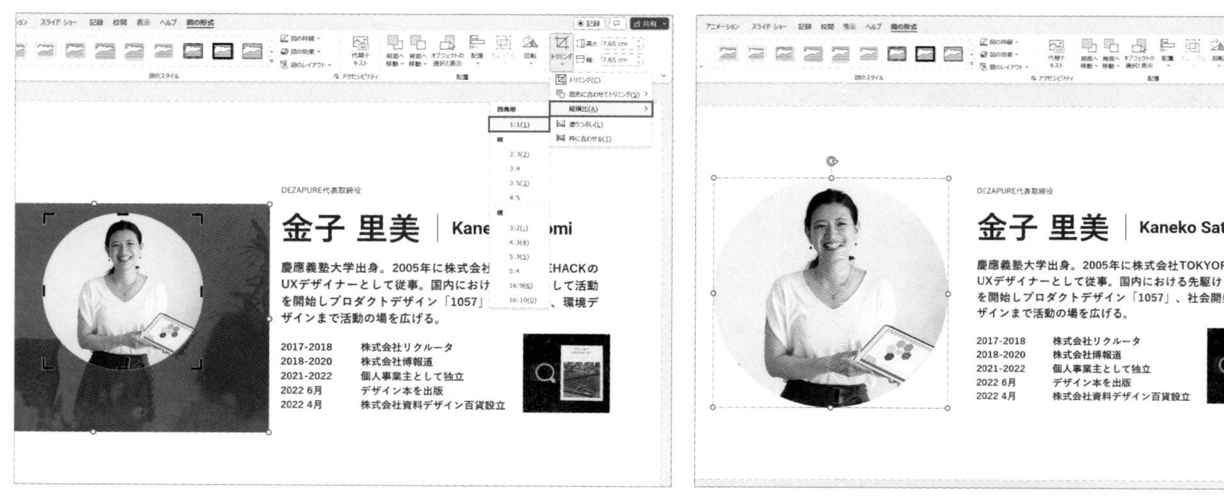
DEZAPURE代表取締役
金子 里美
Kaneko Satomi
慶應義塾大学出身。2005年に株式会社TOKYOREHACKのUXデザイナーとして従事。国内における先駆けとして活動を開始しプロダクトデザイン「1057」、社会開発、環境デザインまで活動の場を広げる。
2017-2018 株式会社リクルータ
2018-2020 株式会社博報道
2021-2022 個人事業主として独立
2022 6月 デザイン本を出版
2022 4月 株式会社資料デザイン百貨設立

 本とコーヒーの画像の「本」を抽出する

スライド右下にある画像（本とコーヒーの画像）をクリックして、[図の形式] タブにある [背景の削除] をクリックします。切り抜きの範囲（紫色の部分）が自動で認識されるので、本だけを綺麗に切り抜きます。[保持する領域としてマーク] をクリックして、カーソルがペンの形に変わったことを確認したら、切り抜く必要のない範囲をなぞります（必要に応じて「ctrl+マウスホイール」または、ステータスバーにあるズームスライダーでスライドの表示倍率を上げましょう）。本以外が紫色になった状態で [変更を保持] をクリックして背景を透明にします。

Memo [削除する領域としてマーク] は切り抜く範囲を広げる場合に使用します。

保持する領域としてマーク

 背景を透明にした画像の余白をトリミングする

画像の配置やサイズ調整などの編集がおこないやすいように画像の余白をトリミングします。本の画像を選択して [図の形式] タブにある [トリミング] をクリックし、透明になっている余計な部分をトリミングします。

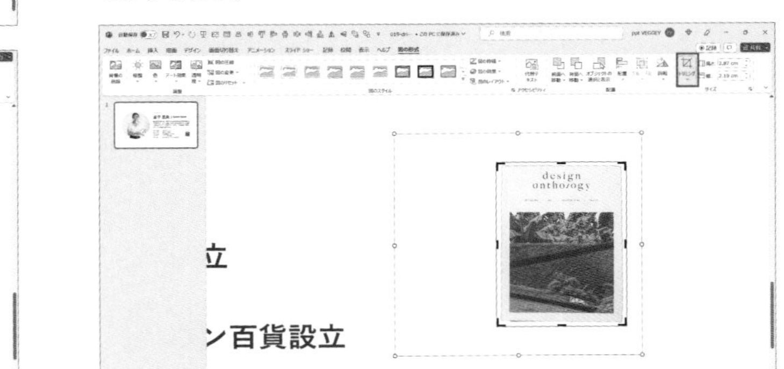

5 本の画像に影をつける

本の画像を右クリックして［図の書式設定］を開き、作業ウィンドウで影の設定をします。「影」の「標準スタイル」を［オフセット右下］にして、「色」を［●ブルーグレー、テキスト2］、「透明度」を［70%］、「ぼかし」を［5pt］に設定します。影を設定したのち、バランスを取りながら本の画像のサイズを拡大して配置します。

標準スタイル	オフセット：右下
影の色	●ブルーグレー、テキスト2
透明度	70%
ぼかし	5pt

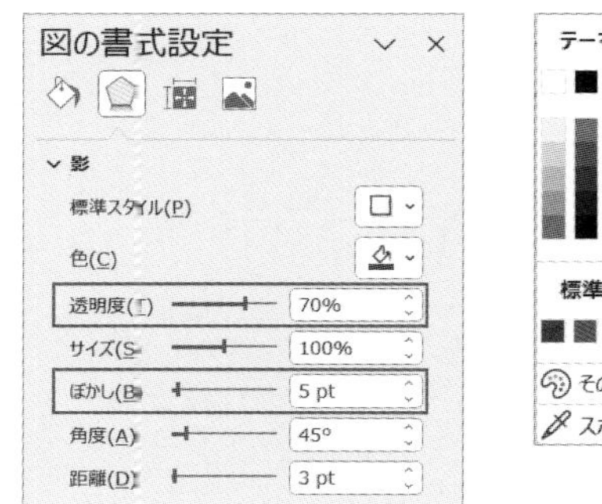

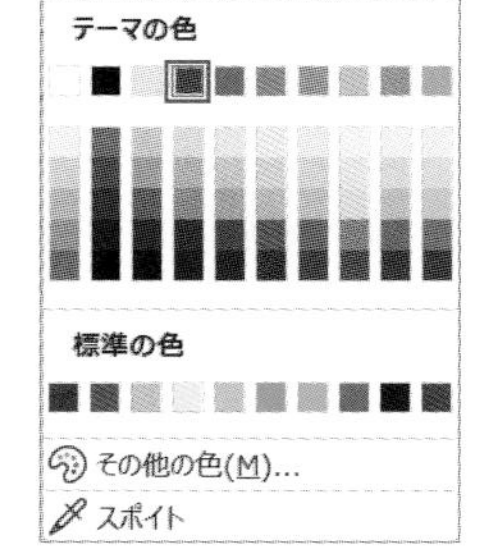

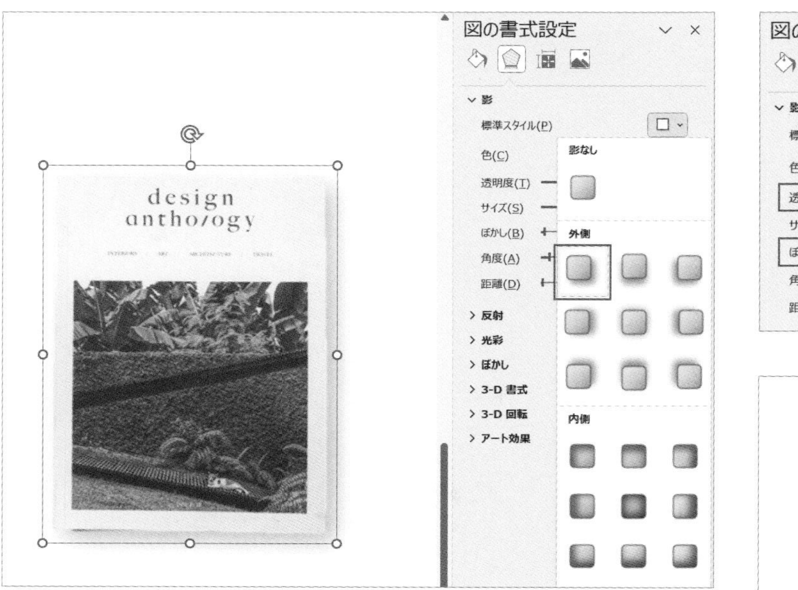

ロゴと飾り枠を編集して導入実績を示す

ロゴの背景を透明化して、飾り枠と数値でインパクトを与える導入実績スライドを作成しましょう。

ドリル用ファイル 020-drill.pptx　素材ファイル 020-01.txt　完成ファイル 020-finish.pptx

Before

個人事業主から中小・大手企業まで750社の豊富な導入実績

Next stage　MANILIX　アスラ製薬　SHOKEN
S PACE　ビズレント　DAIKO　SORE
ASSIST　杜蟹の都　美穂クリニック　株式会社テクノ

And more..

After

個人事業主から中小・大手企業まで
豊富な導入実績

成長企業さまに支持されています
750社突破

Next stage　MANILIX　アスラ製薬　SHOKEN
S PACE　ビズレント　DAIKO　SORE
ASSIST　杜蟹の都　美穂クリニック　株式会社テクノ

And more..

1 導入実績の文字組みを作る

2 ロゴの背景にある白い部分を透明化する

3 下記のURLより、飾り枠（月桂冠）をダウンロードして使用する
「フレームデザイン」https://frames-design.com/2015/01/01/f00811/
※見つからない場合は、検索窓で「アワード枠」と検索して［アワード枠2］の素材を選びます（なお予告なしにサイトが変更になる可能性があります）。

使用フォント	游ゴシック
スタイル	太字
フォントサイズ	「個人事業主から中小・大手企業まで」：18pt 「豊富な導入実績」：54pt 「成長企業さまに支持されています」：16pt 「750社突破」：44pt（数字部分は72pt）

Hint 1 画像の白い背景を透明にする

PowerPointには、JPEG画像でよく見られる白い背景を透明にする機能があります。背景を透明にすることで、画像を他の要素と組み合わせる際のノイズがなくなり、すっきり見せることができます。この透明色の設定は「図の書式」タブの「色」にある「透明色を指定」からおこなうことができます。ただし、この機能は背景が単色の場合のみ有効で、複数の色が入っている場合には透明にすることはできません。

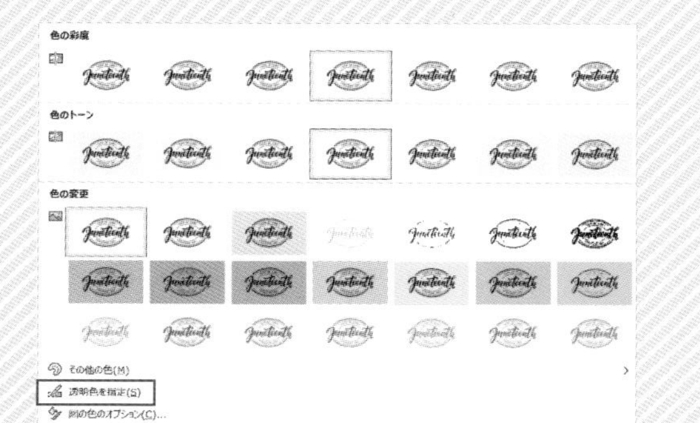

Hint 2 無料素材サイトでは SVG形式をダウンロードする

アイコンや飾り枠など外部の無料素材サイトを活用してスライドを作成する場合、素材のダウンロード形式はSVGがおすすめです。JPEGやPNGでは色や線の太さなど、編集を加えることができませんが、SVGであればPowerPoint内で編集が可能です。

SVG形式

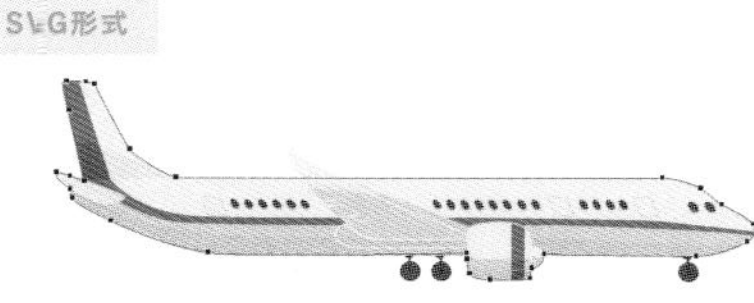

SVG形式であれば色や線の太さなど自由に編集できる

PNG形式

PNG・JPEG形式は色や線の太さなど編集できません

Answer 20

Drill

ロゴと飾り枠を編集して導入実績を示す

- [ ] 透明色の指定でロゴ画像の背景を透過させる
- [ ] 無料素材サイト「フレームデザイン」の素材をダウンロードして使用する

1 導入実績の文字組みを作る

ドリル用ファイル［020-drill.pptx］を開き、導入実績のテキストが強調されるように文字組みを作ります。すでにあるテキスト（「個人事業主から〜豊富な導入実績」）を複製して、フォントサイズや行頭の整列に気をつけながら文字組みを作成します。テキストは［020-01.txt］からコピーして利用し、文字組みの配置はAfterスライドを参考にしましょう。

フォントサイズ

「個人事業主から中小・大手企業まで」	18pt
「豊富な導入実績」	54pt
「成長企業さまに支持されています」	16pt
「750社突破」	44pt （数字部分は72pt）

2 レイアウトを整える

［表示］タブにある［ガイド］のチェックボックスにチェックを入れてガイド線を表示します。ガイド線の枠内に導入実績の文字組みやロゴが収まるように配置して、レイアウトを調整します。

Shortcut Key

ガイド線の表示・非表示：alt+F9

 ロゴの背景をなくす

「Next stage」のロゴ画像を選択した状態で、[図の形式] タブにある [色] をクリックして [透明色を指定] を選択します。カーソルに表示される矢印マークを透明にしたい箇所に合わせてクリックして透明にします。そのほかのロゴ画像についても同様に背景を透明色に設定します。

Memo 「透明色を指定」はあくまでも単色の背景を透明色にするものなので、グラデーションなど複雑な色の場合は透明色にすることができません。

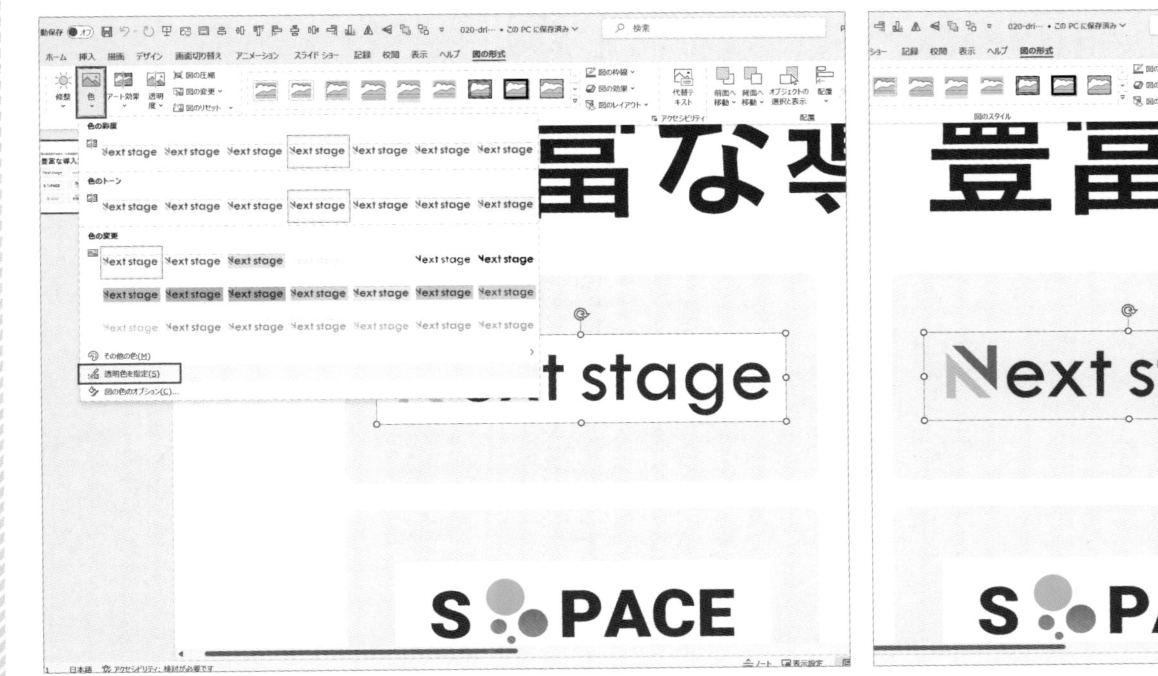

4 飾り枠（月桂冠）を SVG形式でダウンロードする

「フレームデザイン」（https://frames-design.com/2015/01/01/f00811/）にアクセスして、飾り枠（月桂冠）をダウンロードします。ファイル形式はSVG形式を選びます。

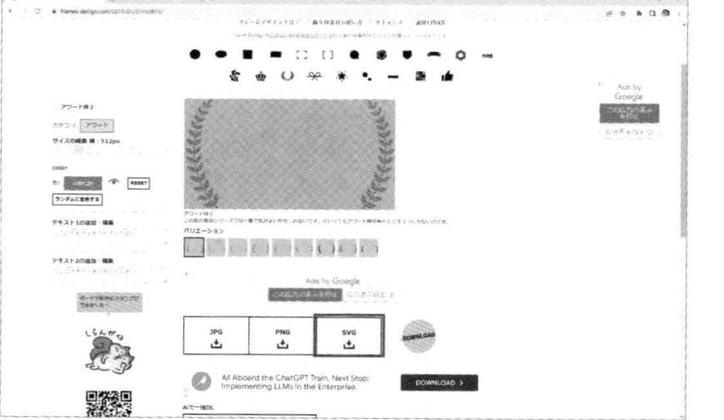

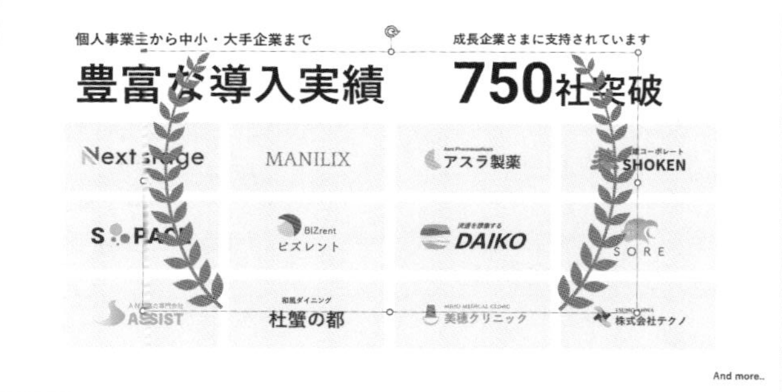

5 飾り枠を編集して配置し、導入実績にインパクトを示す

［挿入］タブにある［画像］から［このデバイス］を選択して、先ほどダウンロードした飾り枠をスライドに挿入します。飾り枠を選択して［グラフィックス形式］タブにある［図形に変換］をクリックし、ctrl+shift+G でグループ化を解除します。左側のパーツを導入実績のテキスト（「750社突破」）の左側に、右側のパーツをテキストの右側に配置して大きさを整えます。

アート効果を活用してアクセス情報を示す

アート効果を活用して画像を加工しましょう。

ドリル用ファイル 021-drill.pptx　完成ファイル 021-finish.pptx

Before

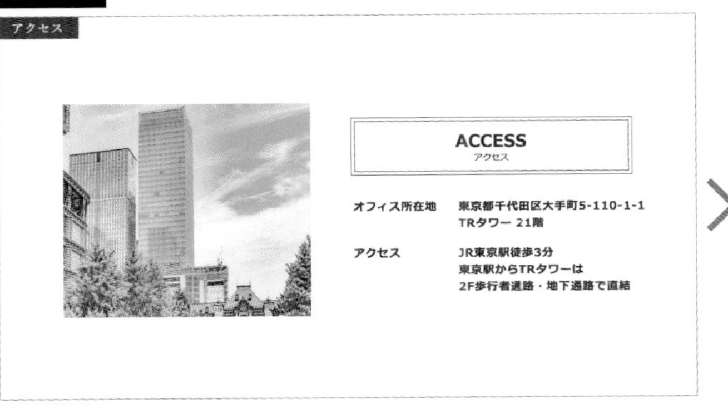

After

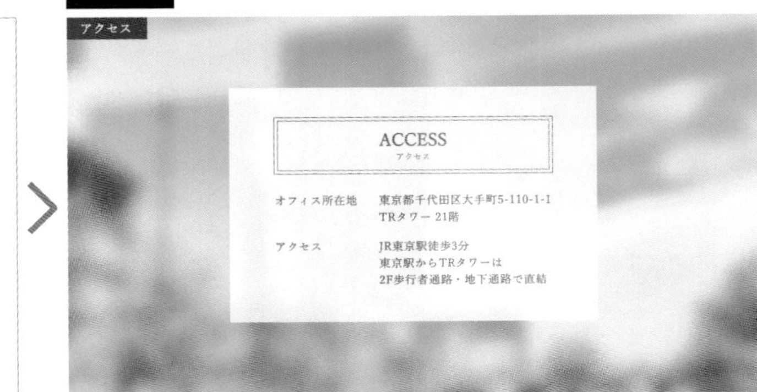

1. 画像の比率を元に戻して等倍サイズで拡大する
2. アート効果で加工を加えて、トーンとコントラストを編集する
3. 文字と囲み枠の線にグラデーションを設定する

使用フォント	游明朝
使用する色	○白、背景1　●#403F40　●#C07B46
アート効果「ぼかし」(設定値)	50
色のトーン	温度：8,800K
明るさ/コントラスト	明るさ：0%（標準）コントラスト：＋20%

Hint 1 画像は縦横比を変えずにサイズ変更する

縦横比を無視して引き伸ばした画像は歪みが生じるため、見栄えが悪くなるだけでなく、画像の品質を低下させる恐れがあります。そのため、画像を拡大・縮小して使用する場合は「Shift」を押しながら角をドラッグし、縦横比を保ったままサイズ変更します。また、すでに画像の縦横比がおかしい場合は、「図の形式」タブの「図とサイズのリセット」を使用すると縦横比を元に戻すことができます。

Hint 2 画像に加工を施す

PowerPointではフォトショップなどの画像編集ソフトを使用しなくても「アート効果」で簡易的な加工が施せます。アート効果は画像にさまざまな効果をかける機能で、23種類の効果が用意されています。その中で「ぼかし」はスライド作成でよく使われる効果のひとつで、対象物に意図的に強弱をつけたり、重ねた文字を読みやすくしたりできます。

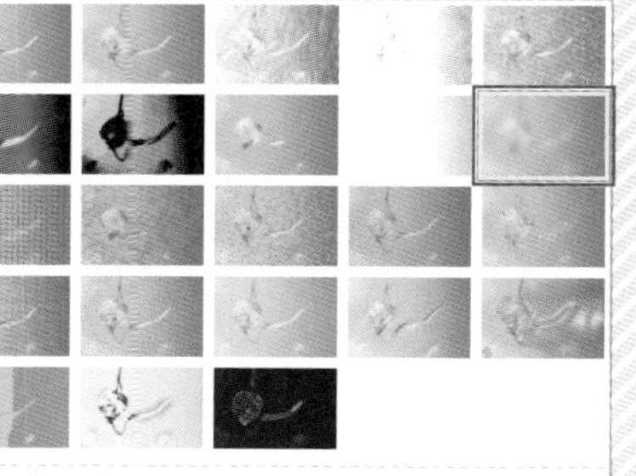

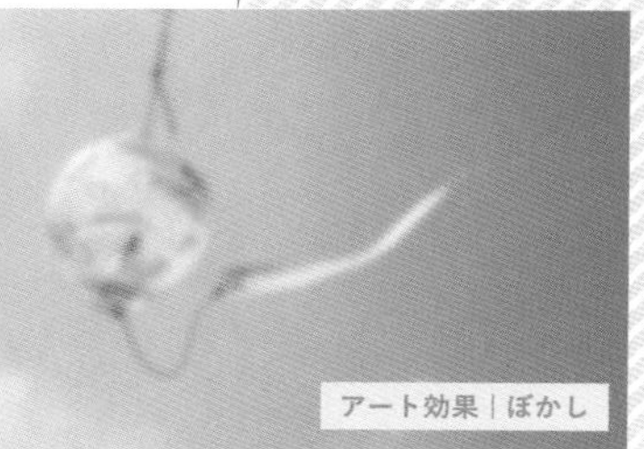

Answer 21

Drill

アート効果を活用してアクセス情報を示す

- [ ] 画像の比率を元に戻して、Shiftを押しながら等倍サイズで拡大する
- [ ] 画像にアート効果の「ぼかし」を加え、トーンとコントラストを編集する

1 画像の比率を元に戻して、等倍サイズで拡大する

ドリル用ファイル［021-drill.pptx］を開き、縦横比を無視して縮められた画像を元の比率に戻します。画像を選択して［図の形式］タブにある［図のリセット］の逆三角ボタンから［図とサイズのリセット］を選択します。次に、画像の角にカーソルを合わせて shift を押しながらドラッグし、等倍サイズを保ったまま画像を拡大してスライド画面に合わせます。最後に画像を右クリックして［最背面へ移動］します。

Memo 「図のリセット」は画像の彩度や明度といった画像に施した加工をリセットするものであって、サイズや比率はリセットされません。サイズや比率をリセットする場合は「図とサイズのリセット」を選びます。

2 アート効果でぼかしを入れる

画像を選択して［図の形式］タブにある［アート効果］で［ぼかし］を設定します。次に、画像を選択したまま右クリックで［図の書式設定］を開き、「アート効果」の半径を［50］に設定して、画像のぼかしを強くします。

 色のトーンとコントラストを編集する

画像を選択して［図の形式］タブにある［色］をクリックし「色のトーン」を［温度：8,800K］に設定します。次に、同じタブ内にある［修整］をクリックして「明るさ/コントラスト」を［明るさ：0%（標準）コントラスト：＋20%］に設定します。

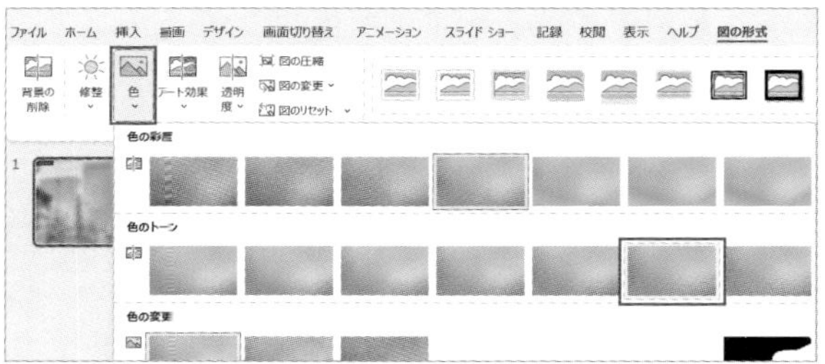

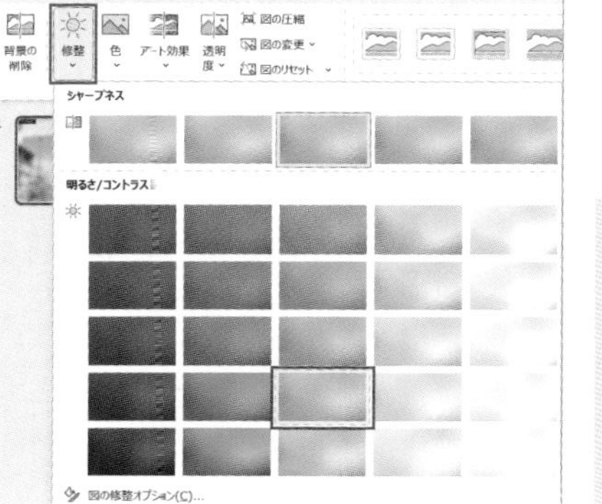

Memo 画像の加工を数値で細かく設定する際は、「図の書式設定」の「図」で明るさやコントラスト、温度などが設定できます。

4 白色レイヤーを作成する

［挿入］タブにある［図形］から［正方形/長方形］を選択して四角形を作成し、図形のサイズを高さ［11.8cm］、幅［18.0cm］に設定します。次に四角形を選択して、作業ウィンドウから［塗りつぶし(単色)］にチェックを入れ「色」を［○白、背景1］、「透明度」を［15%］、「線」を［線なし］にして白色レイヤーを作成します。作成したら、整列機能を用いてレイヤーをスライド中央に配置します。

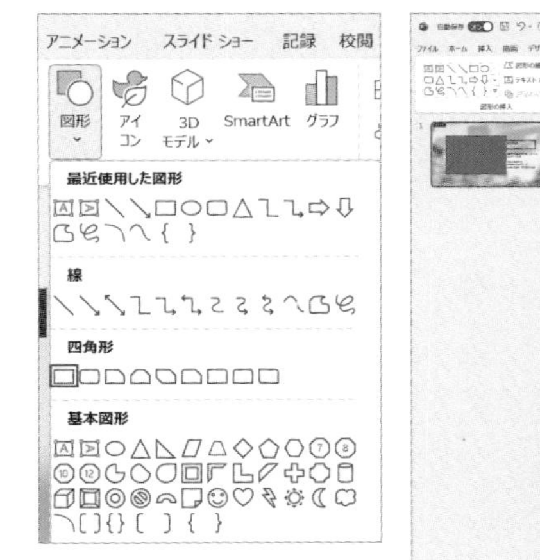

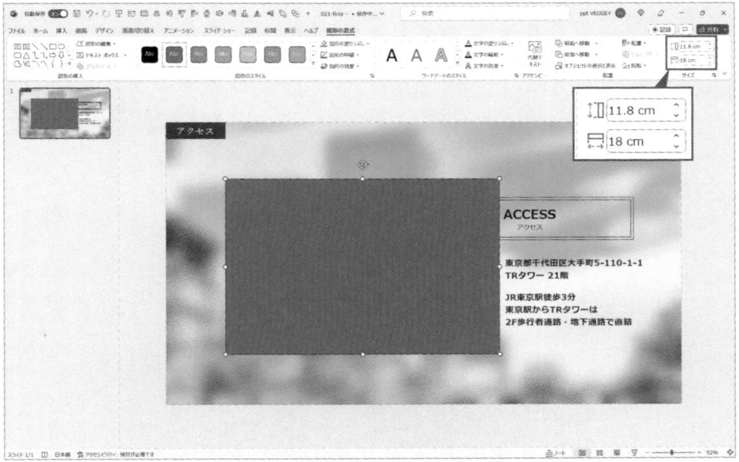

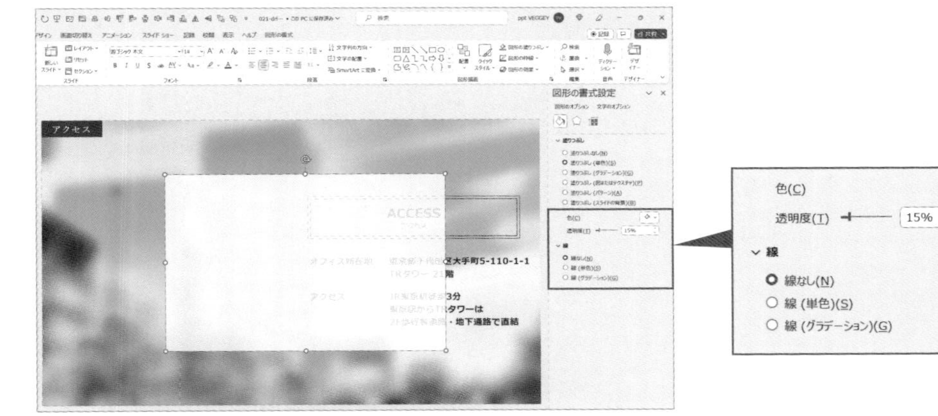

5 文字と囲み枠にグラデーションを入れる

文字と囲み枠をすべて選択して、右クリックで［最前面へ移動］し、白いレイヤーの中央に重ねるように配置します。次に囲み枠の線にグラデーションを入れます。囲み枠を選択して、作業ウィンドウで［線（グラデーション）］にチェックを入れ、「種類」を［線形］、「方向」を［斜め方向-左上から右下］に設定します。「グラデーションの分岐点」でスライダーの分岐点を2つにして、左側の分岐点を［色：●#403F40／位置：0%］に、右側の分岐点を［色：●#C07B46／位置：100%］に設定します。続けて、白いレイヤーに重ねた文字をすべて選択して、作業ウィンドウから［文字のオプション］をクリックします。［塗りつぶし（グラデーション）］にチェックを入れ、線で設定したグラデーション値を反映します。最後にフォントを［游明朝］にして完成です。

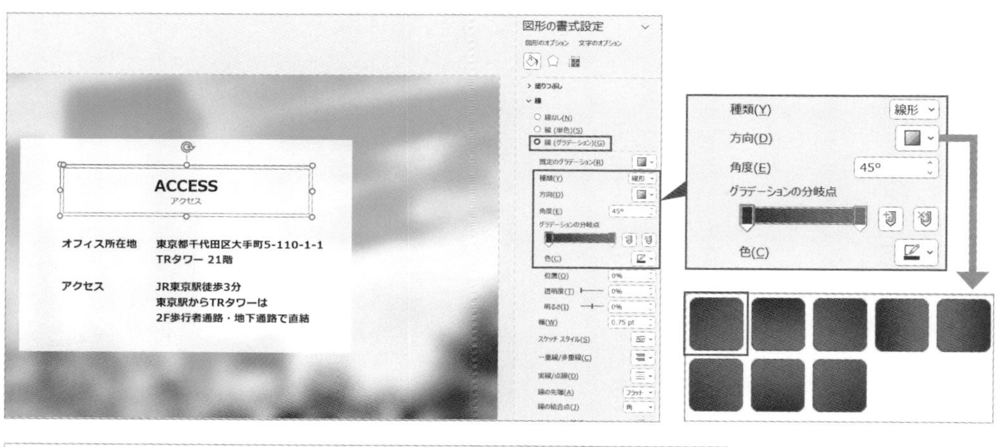

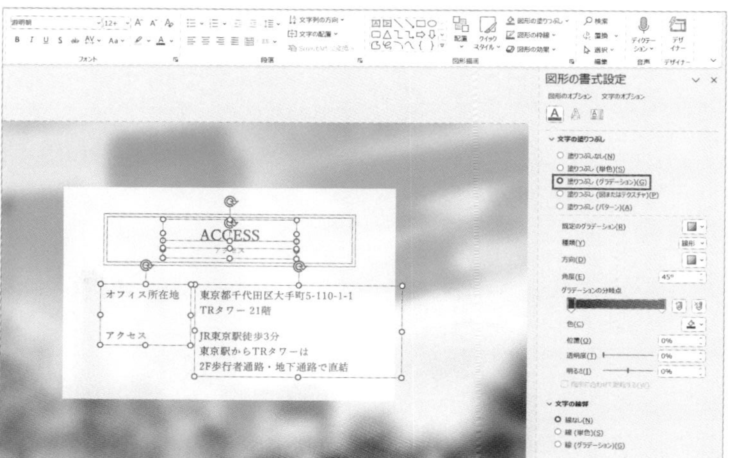

★★★ Drill 22

イラストを活用してFAQスライドを作る

イラスト画像を活用した会話形式のFAQスライドを作成しましょう。

ドリル用ファイル 022-drill.pptx　完成ファイル 022-finish.pptx

Before

FAQ
よくある
質問

会計アウトソーシングサービスを利用するメリットは何ですか？

会計アウトソーシングサービスを利用すると、企業は専門的な経理知識と経験を持つ外部の専門家のサポートを受けることができます。これにより、経理業務に関するリソースや時間を節約することができます。また、正確な経理処理とタイムリーな報告書の提供が保証されるため、財務データの信頼性と透明性が向上します。

会計アウトソーシングサービスの費用はどのようになりますか？

会計アウトソーシングサービスの費用は、企業の規模、業種、アウトソーシングする業務の範囲などによって異なります。通常、月額固定料金や取引量に基づく料金体系が採用されます。具体的な価格は、アウトソーシングサービスを提供する企業との契約に基づいて合意されます。

After

FAQ
よくある
質問

お客さま

会計アウトソーシングサービスを利用するメリットは何ですか？

会計アウトソーシングサービスを利用すると、企業は専門的な経理知識と経験を持つ外部の専門家のサポートを受けることができます。これにより、経理業務に関するリソースや時間を節約することができます。また、正確な経理処理とタイムリーな報告書の提供が保証されるため、財務データの信頼性と透明性が向上します。

当社

お客さま

会計アウトソーシングサービスの費用はどのようになりますか？

会計アウトソーシングサービスの費用は、企業の規模、業種、アウトソーシングする業務の範囲などによって異なります。通常、月額固定料金や取引量に基づく料金体系が採用されます。具体的な価格は、アウトソーシングサービスを提供する企業との契約に基づいて合意されます。

当社

1 テキストボックスの余白を調整して文字を読みやすくする

2 イラストをアイコン風にする

行間の設定値	倍数 1.25
字間の設定値	間隔：文字間隔を広げる　幅：0.5pt
テキスト内の余白	左余白（0.9cm）右余白（0.9cm） 上余白（0.6cm）下余白（0.6cm）
使用する色	白、背景1、黒＋基本色5% 緑、アクセント6、白＋基本色80% オレンジ、アクセント2、白＋基本色80%

Hint 1 イラストをアイコン風にする

イラストをアイコン風にする方法は2つあります。ひとつ目は、ドリル19で学んだ「楕円」にトリミングしてから縦横比を「1:1」に設定する方法です。2つ目は、図形の結合の「重なり抽出」をおこない、イラストを正円に切り抜く方法です。後者の方法は、アイコンの背景を用意する手間が増えるため今回のドリルでは紹介していませんが、この方法を応用するとイラストの中のワンポイント（例：初心者マーク）を抽出できるようになります。そのためテクニックとして覚えておくと便利です。

「重なり抽出」でイラストを正円に切り抜く

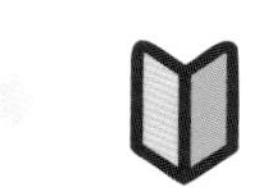

応用：イラストの一部を「重なり抽出」で切り抜く

Hint 2 テキストボックスの余白を調節する

枠線と文字が詰まって読みづらい場合は「テキストボックスの余白」を調節します。余白を設けることで枠線と文字の間にスペースが生まれ、文章が読みやすくなります。また、図形と文章を別々のオブジェクトとして作成し、重ねて表示しても余白を作ることができます。しかし、この方法だと修正をする際にレイアウトの調整が手間になる場合があるため、複雑な図形でない限りは図形と文章をひとつのオブジェクトとして作成し、余白を調整する方法がおすすめです。

テキスト ボックス
垂直方向の配置(V) 上下中央揃え
文字列の方向(X) 横書き
自動調整なし(D)
はみ出す場合だけ自動調整する(S)
テキストに合わせて図形のサイズを調整する(F)
左余白(L) 0.9 cm
右余白(R) 0.9 cm
上余白(T) 0.9 cm
下余白(B) 0.9 cm
図形内でテキストを折り返す(W)
段組み(C)...

0.9cm

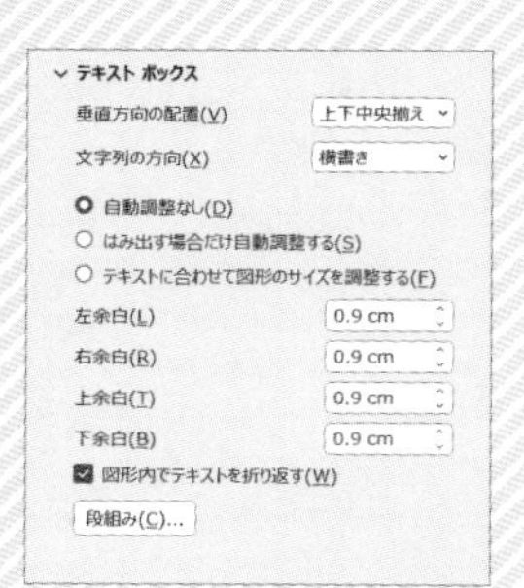

0.9cm バリアフリーは、社会全体の包括的なアクセシビリティを確保するために非常に重要な要素です。まず第一に、バリアフリーは身体的な障害を持つ人々にとって、自立した生活を送るための基本的な条件を提供します。身体障害者が施設や公共の場にアクセスできない場合、彼らは社会的な経済的な活動への参加を制約される可能性があります。 0.9cm

0.9cm

Answer 22

Drill イラストを活用してFAQスライドを作る

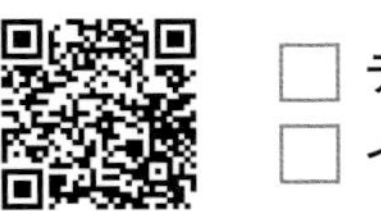

□ テキストボックスの余白を広げて文字位置を調整する
□ イラストを楕円にトリミングして、縦横比を1:1に設定する

1 テキストの背景色を変更する

ドリル用ファイル［022-drill.pptx］を開きます。質問文のテキストを選択して、［図形の書式］タブの［図形の塗りつぶし］で［白、背景1、黒＋基本色5%］に設定します。次に回答文のテキストを選択して［緑、アクセント6、白＋基本色80%］に設定し、背景色を変更します。

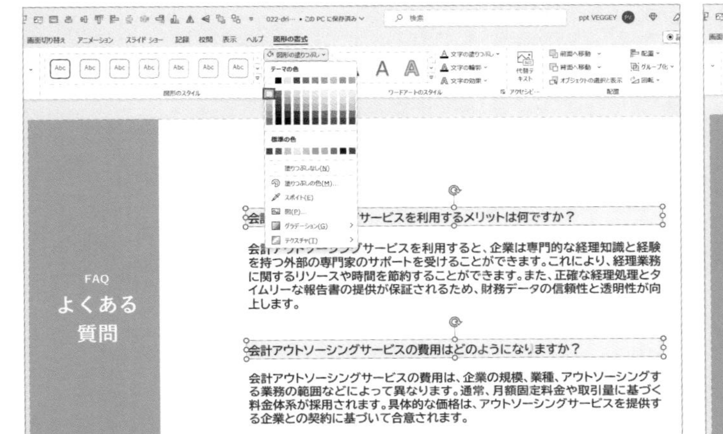

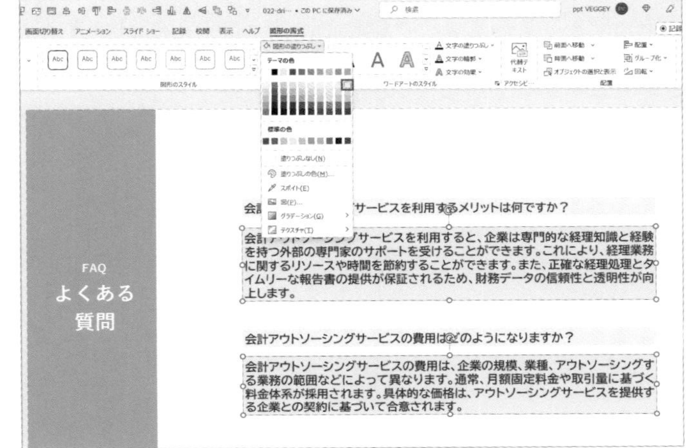

2 テキストの書式を変更する

テキストの行間と字間を設定します。質問文と回答文のテキストをすべて選択して、［ホーム］タブの［段落］の右下にある をクリックし「段落」のダイアログボックスを開き、行間を［倍数］［1.25］に設定します。続けて、同じタブ内にある から［その他の間隔］を選択して、「フォント」のダイアログボックスを開きます。「間隔」を［文字間隔を広げる］にして「幅」を［0.5pt］に設定します。

段落
インデントと行間隔(I)　体裁(H)
全般
配置(G):　両端揃え
インデント
テキストの前(R):　0 cm　最初の行(S):　(なし)　幅(Y):
間隔
段落前(B):　0 pt　行間(N):　倍数　間隔(A)　1.25
段落後(E):　0 pt
タブとリーダー(T)...　OK　キャンセル

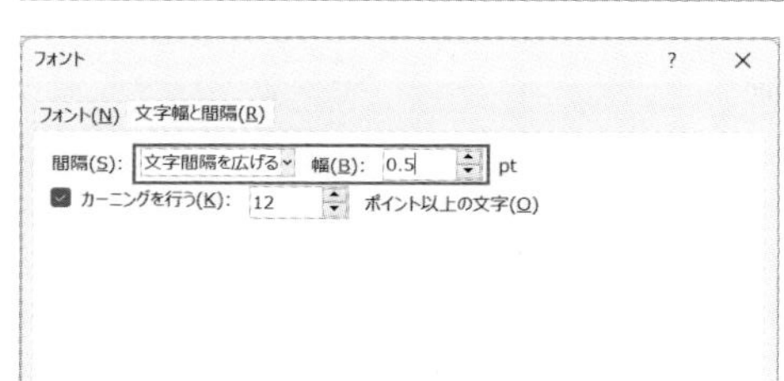

3 テキスト内の余白を設定して文字位置を調整する

文章と背景色の枠との間に余白を作り、文章を読みやすくします。質問文と回答文のテキストをすべて選択して、右クリックで［配置とサイズ］を開きます。作業ウィンドウの「テキストボックス」から「左余白」と「右余白」を［0.9cm］に、「上余白」と「下余白」を［0.6cm］に設定します。最後にテキストが重ならないようにレイアウトを整えます。

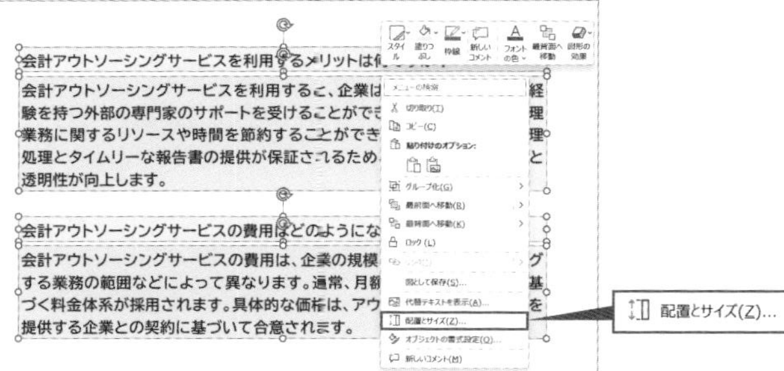

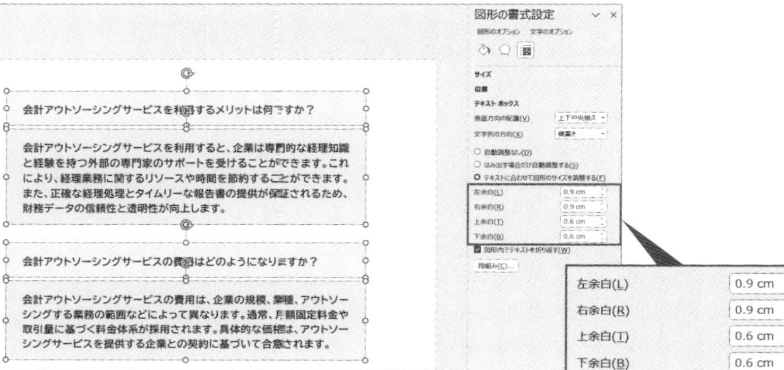

4 イラストを楕円にトリミングして縦横比を変更する

スライド編集画面の右側にあるイラスト画像（男性）を選択して［図の書式］タブにある［トリミング］から［図形に合わせてトリミング］を選択し［楕円］を選びます。再度［トリミング］から［縦横比］で［1:1］を選択して、イラストの顔が中心に配置されるように調整してトリミングします。トリミングしたイラストを選択し、［ホーム］タブにある［図形の塗りつぶし］で［白、背景1、黒＋基本色5%］に設定します。同じ手順でもうひとつのイラスト画像（女性）もトリミングし、［図形の塗りつぶし］で［オレンジ、アクセント2、白＋基本色80%］に設定します。最後に［図の書式］タブで両イラストのサイズを「高さ」［2cm］、「幅」［2cm］に変更します。

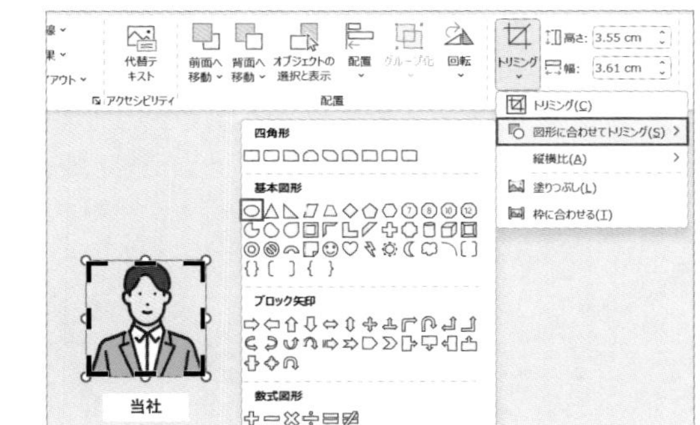

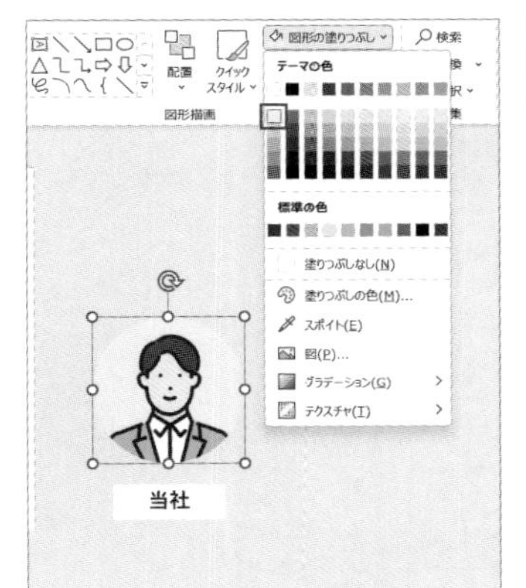

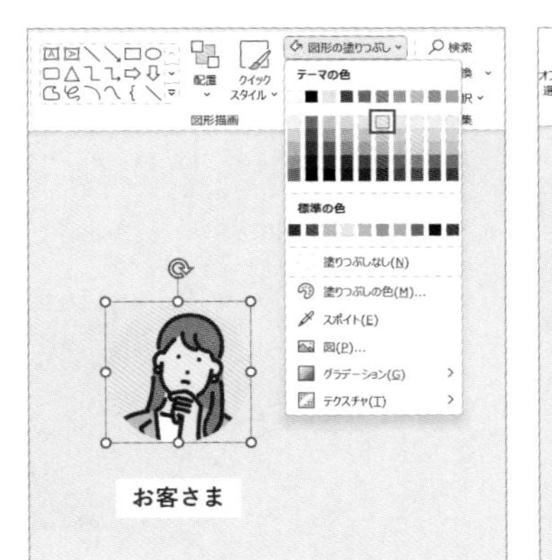

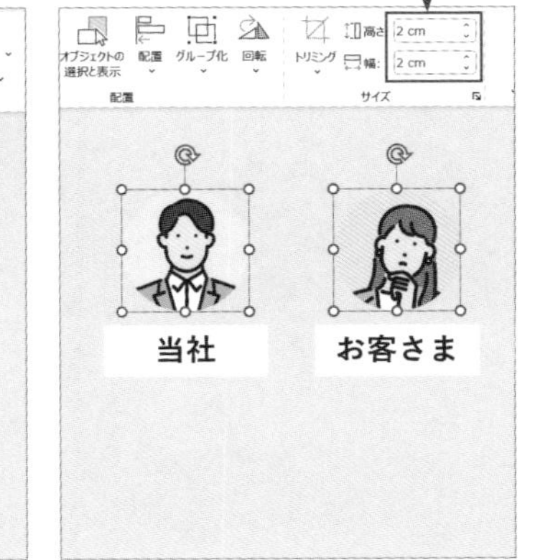

5 会話形式になるようにイラストを配置する

❹で作成したイラストのアイコンを会話形式にするために、1問目の質問文と回答文の両サイドに配置します。次にスライド右脇にあるテキスト（「お客さま」・「当社」）をアイコンの下に中央揃えになるよう配置し、それぞれ ctrl + shift を押しながら下方向にドラッグして複製します。複製したアイコンとテキストを2問目の質問文と回答文の両サイドに配置したら完成です。

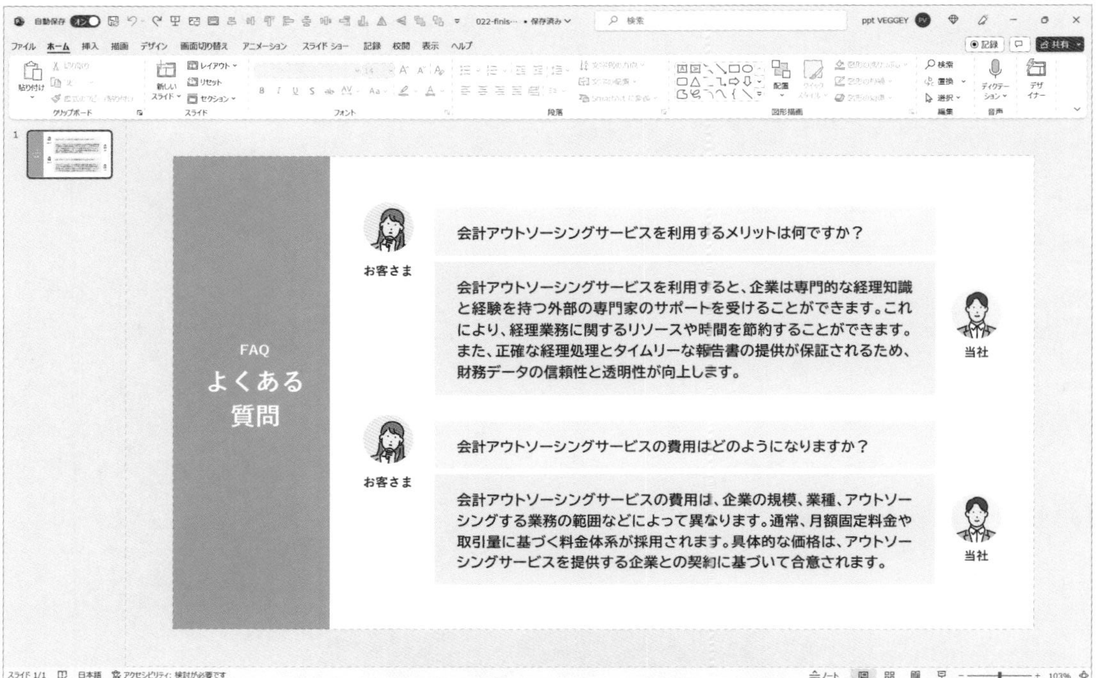

★★★ Drill 23

サマリーズームで「まとめスライド」を作る

サマリーズームを利用して、指定したスライドにジャンプできるまとめスライドを作成しましょう。また、サムネイルは素材ファイル内の該当するバナー画像に変更しましょう。

ドリル用ファイル 023-drill.pptx　素材ファイル 023-01.png, 023-02.png, 023-03.png, 023-04.png, 023-05.png, 023-06.png
完成ファイル 023-finish.pptx

開催予定のウェビナー紹介

1. サマリーズームを利用して指定したスライドにジャンプできるようにする
2. サムネイルを該当するバナー画像に変更する
3. バナー画像に影を設定する

影の設定値

標準スタイル	オフセット：右下
影の色	●ブルーグレー、テキスト2、白＋基本色40%
透明度	60%
ぼかし	20pt

Hint 1 指定したスライドにジャンプする「サマリーズーム」

サマリーズームはまとめスライドを作成できる機能で、指定したスライドとまとめスライドをシームレスに行き来できるようになります。まとめスライドではジャンプ先のスライドのサムネイル画像を自由に変更することも可能です。実際のプレゼンテーションでは、このまとめスライドを冒頭に配置し「目次」として利用します。

サマリーズーム｜まとめスライドと指定スライドを行き来できる

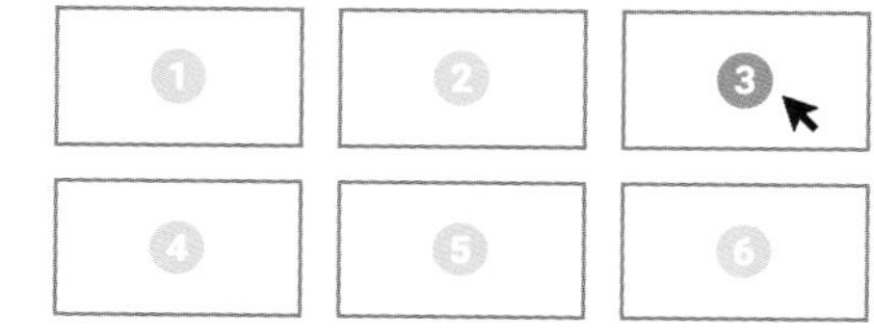

まとめスライドの③をクリックすると③のスライドにジャンプします。③のスライド終了後、まとめスライドに戻ります。

Answer 23

Drill

サマリーズームで「まとめスライド」を作る

- □ サマリーズームを活用してまとめスライドを作成し、バナー画像に変更する
- □ サムネイル（バナー画像）に影を設定する

❶ まとめスライドを作成する

ドリル用ファイル［023-drill.pptx］を開きます。［挿入］タブにある［ズーム］で［サマリーズーム］を選択し、「サマリーズームの挿入」のダイアログボックスを開きます。6枚のスライドすべてにチェックを入れて［挿入］をクリックします。最初のスライドの直前に新しいスライドとして、まとめスライドが追加されます。

Memo ズームにある「セクションズーム」と「スライドズーム」も特定のスライドにジャンプできる機能です。セクションズームは設定したセクションの始まりから終わりまでジャンプするのに対して、スライドズームは特定のスライドにジャンプするのみになります。

2 まとめスライドのレイアウトを整える

新しく追加されたまとめスライドのタイトルに［開催予定のウェビナー紹介］を入力します。次にグループ化されたサムネイルを選択して［ズーム］タブで高さ［13.8cm］、幅［33.35cm］に設定し、同じタブ内にある［配置］から［左右中央揃え］と［上下中央揃え］でスライドの中央に配置します。

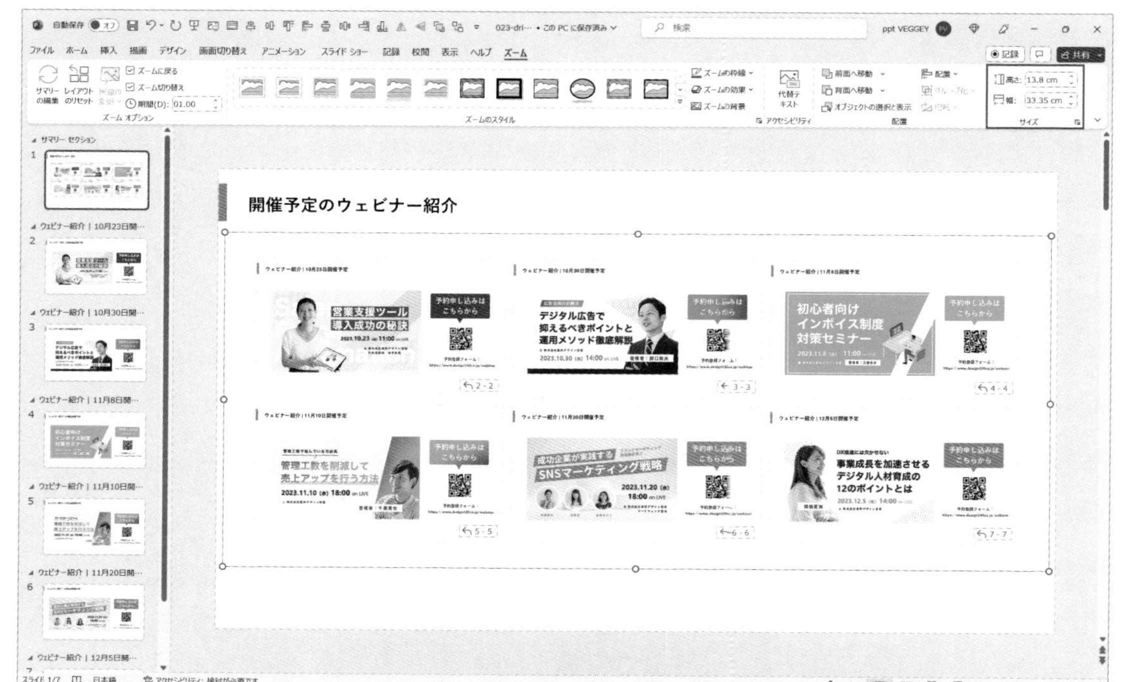

③ ウェビナーのバナー画像に変更する

左上のサムネイル「ウェビナー紹介｜10月23日開催予定」を選択して、［ズーム］タブにある［画像の変更］をクリックします。「023-01.png」を選択して、ウェビナーのバナー画像に変更します。他のサムネイルも同様に対応するウェビナーのバナー画像に変更します。

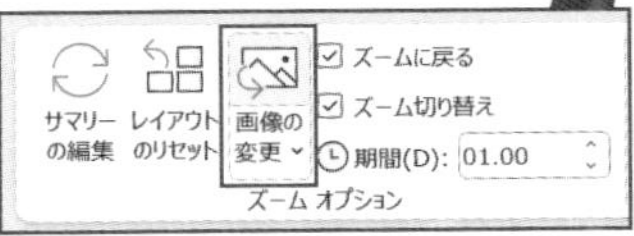

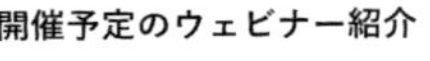

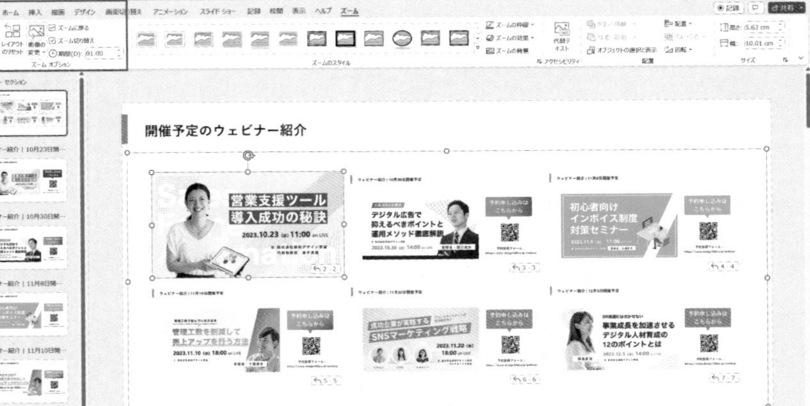

4 バナー画像に影を設定する

バナー画像をすべて選択して右クリックで［画像の書式設定］を開きます。作業ウィンドウから「影」の設定をします。「標準スタイル」を［オフセット右下］、「色」を［●ブルーグレー、テキスト2、白+基本色40%］、「ぼかし」を［20pt］に設定します。

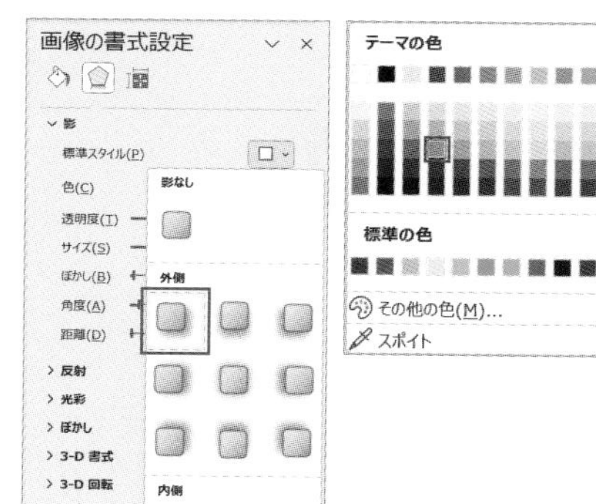

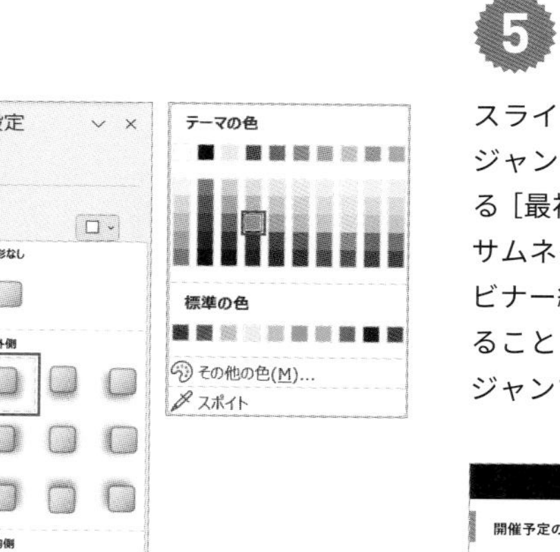

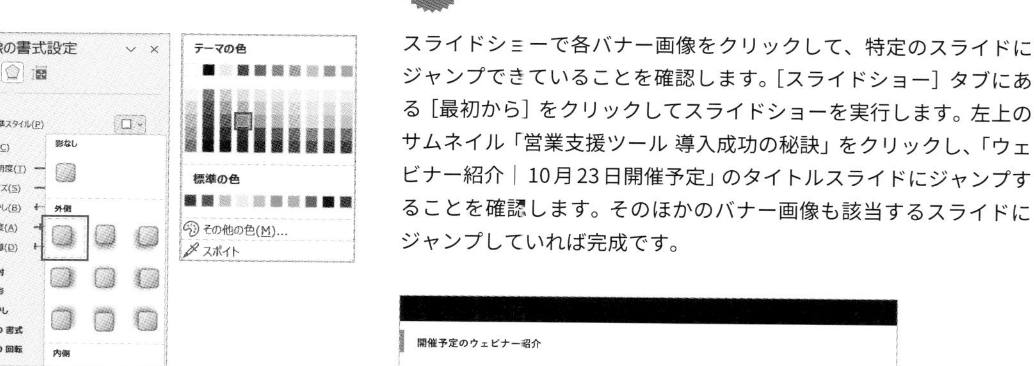

5 スライドショーを開始して確認する

スライドショーで各バナー画像をクリックして、特定のスライドにジャンプできていることを確認します。［スライドショー］タブにある［最初から］をクリックしてスライドショーを実行します。左上のサムネイル「営業支援ツール 導入成功の秘訣」をクリックし、「ウェビナー紹介｜10月23日開催予定」のタイトルスライドにジャンプすることを確認します。そのほかのバナー画像も該当するスライドにジャンプしていれば完成です。

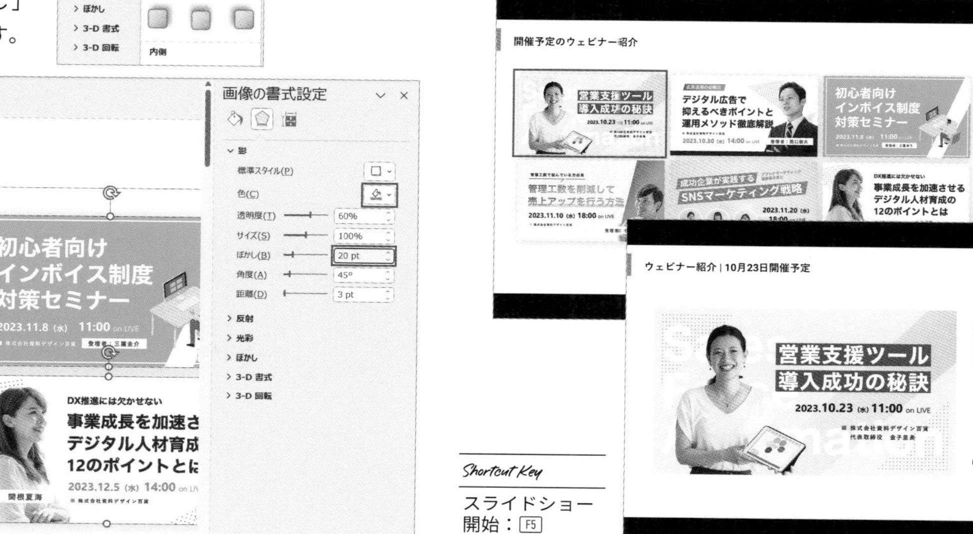

Shortcut Key

スライドショー開始：F5

Column

ダウンロードしたイラレ素材を利用する

さまざまな素材提供サイトが運営されている中、PowerPointで利用できるデータ形式は限られています。ここでは本来PowerPointでは利用できないai形式やeps形式の素材ファイルを活用する方法を紹介します。この方法を利用すると、吹き出しやあしらいといったai形式の素材をスライドで自由に編集できるようになります。

❶イラストACでai形式の素材をダウンロードする

フリー素材をダウンロードできる「イラストAC」で、吹き出しやあしらいが入ったパーツ素材をai形式でダウンロードします。(eps形式でも問題ありません)

イラストAC：
https://www.ac-illust.com/

❷データ形式をSVGに変換する

データ形式を変換できるサイト「Convertio」を利用します。ここで、ai形式やeps形式のデータをPowerPointで利用可能なSVG形式に変換します。

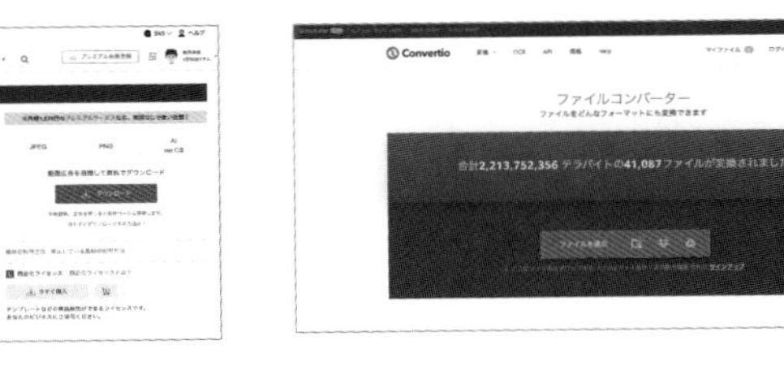

Convertio：
https://convertio.co/ja/

❸SVGに変換したデータをPowerPointで利用する

「Convertio」で変換したSVG形式のデータをPowerPointに挿入します。データを編集する際は「グラフィックス形式」タブから「図形に変換」をクリックして図形に変換します。図形に変換することで個別に色や線の太さを編集できます。

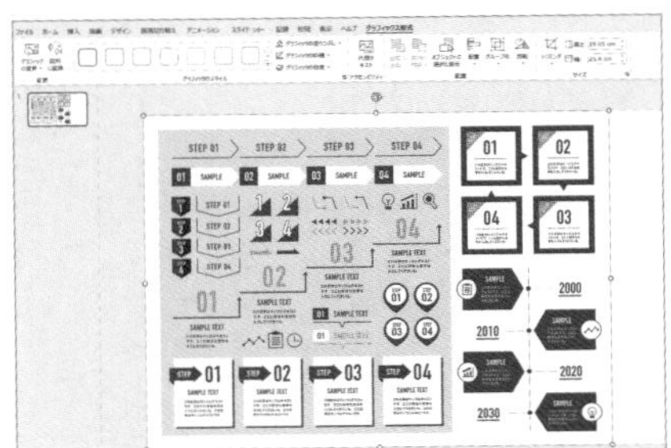

Chapter 5

表・図

★★★ Drill 24

他社サービスの比較表を作る

表機能を使って他社サービスの比較表を作成しましょう。

ドリル用ファイル 024-drill.pptx　完成ファイル 024-finish.pptx

Before

他社サービスとの比較

	A社	B社	当社
料金	初期導入費用が高く、1プロジェクト12万円～	営業代行の稼働時間に対する従量課金制で、費用が高い	業界最安値で提供
営業担当の質	新人営業マンの担当もあるため対応に不安がある	アルバイトも入れてコール業務などを分業	業界・業種に詳しい専門担当者が営業代行を指揮
支援範囲	業界が限られる	IT業界に定評ある	各業界・業種に対応
柔軟な対応	ターゲット先変更やトークスクリプト修正は追加料金が発生	契約期間中の変更は不可	ターゲット先変更やトークスクリプト修正など、追加料金なし

他社サービスとの比較

	A社	B社	当社
料金	× 初期導入費用が高く、1プロジェクト12万円～	× 営業代行の稼働時間に対する従量課金制で、費用が高い	◎ 業界最安値で提供
営業担当者の質	× 新人営業マンの担当もあるため対応に不安がある	△ アルバイトも入れてコール業務などを分業	◎ 業界・業種に詳しい専門担当者が営業代行を指揮
支援範囲	× 業界が限られる	○ IT業界に定評ある	◎ 各業界・業種に対応
柔軟な対応	× ターゲット変更やトークスクリプト修正は追加料金が発生	× 契約期間中の変更は不可	◎ ターゲット変更やトークスクリプト修正など追加料金なし

1 テキストボックスや図形を使用せずに、「表機能」を使って比較表を作成する

表の設定値	列数：4　行数：5 ペンの太さ：2 ¼pt
使用する色	○白、背景1 白、背景1、黒＋基本色5% 灰色、アクセント3、白＋基本色40% 薄い青（標準の色） 青、アクセント5、白＋基本色80%

Hint 1 表は「表機能」を利用する

表を作成する場合は、テキストボックスや図形を使用せずに「表機能」を利用します。テキストボックスや図形で作成すると、文章の修正が入るたびにボックス位置の調整やレイアウトを揃える手間が発生し、メンテナンスに時間を要します。表をスライドに挿入する方法は、「挿入」タブの「表」からマウス操作でマス目の範囲を選択して挿入する方法と、「表の挿入」のダイアログボックスから列と行の数を入力して作成する方法があります。

マス目の範囲を選択して表を挿入

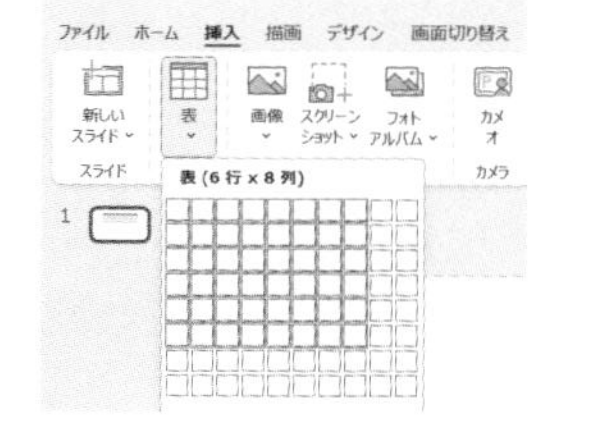

ダイアログボックスから表を挿入

表の挿入 ?
列数(C): 8
行数(R): 6
OK キャンセル

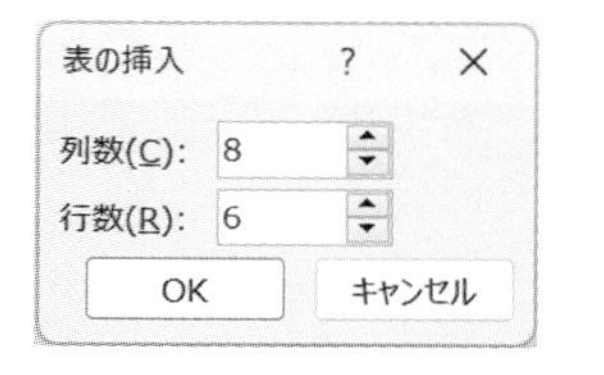

Hint 2 表内のマウスカーソル

表を編集する際、表の場所ごとにマウスカーソルの表示が変わります。表を美しくデザインするためには表の編集が必須なので、それぞれのマウスカーソルがどんな表示を意味しているか覚えておきましょう。

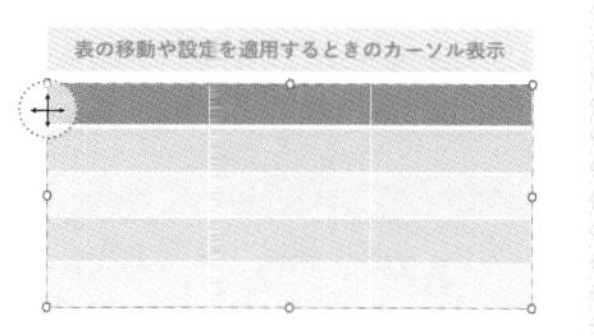

表の移動や設定を適用するときのカーソル表示

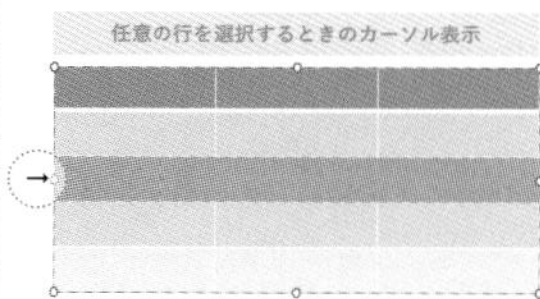
任意の行を選択するときのカーソル表示

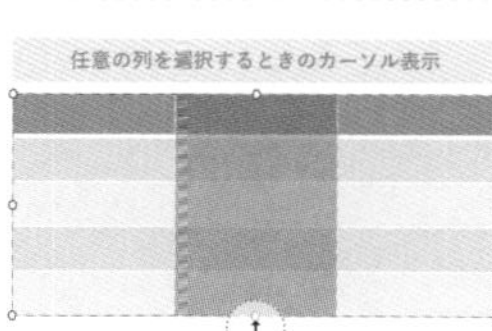
任意の列を選択するときのカーソル表示

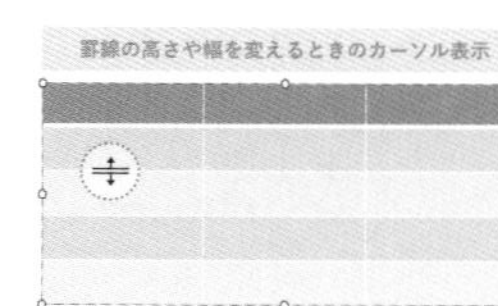
罫線の高さや幅を変えるときのカーソル表示

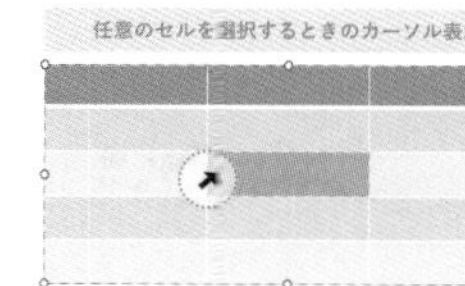
任意のセルを選択するときのカーソル表示

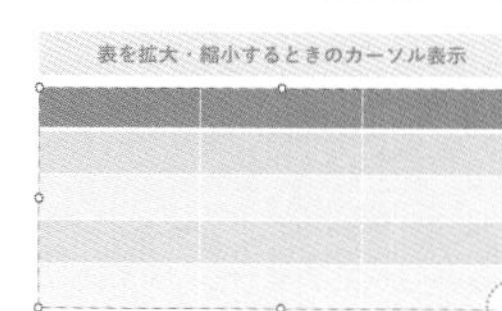
表を拡大・縮小するときのカーソル表示

Answer 24

Drill 他社サービスの比較表を作る

- □ 表機能を使って、列数4・行数5の表を挿入する
- □ セルの高さや幅を揃えて見やすい比較表を作成する

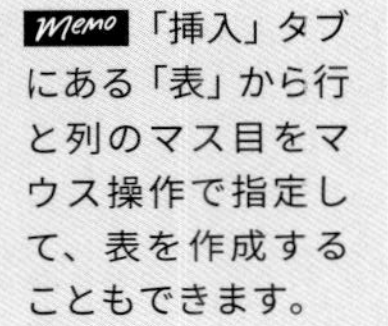

1 表を挿入し、ガイド線に沿って配置する

ドリル用ファイル［024-drill.pptx］を開きます。［挿入］タブにある［表］で［表の挿入］を選びます。「表の挿入」のダイアログボックスで［列数：4］［行数：5］を入力し［OK］をクリックして表を挿入します。次に alt + F9 でガイド線を表示し、ガイド線に沿うように表を拡大して配置します。

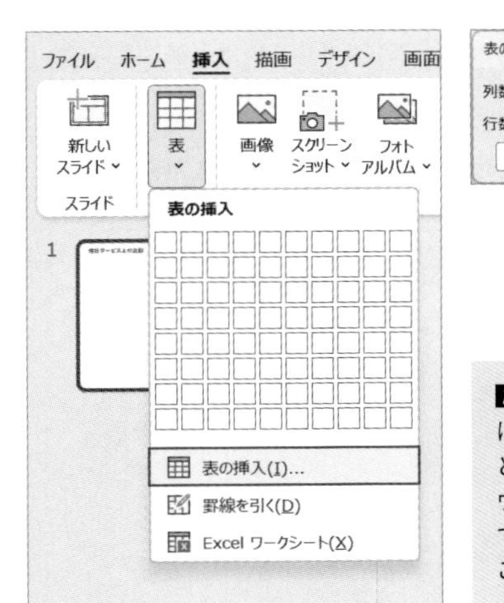

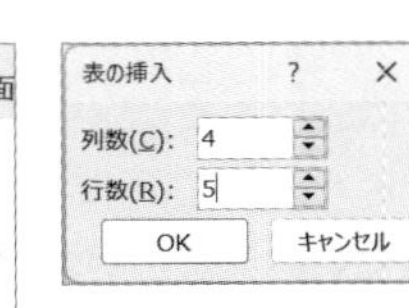

Memo 「挿入」タブにある「表」から行と列のマス目をマウス操作で指定して、表を作成することもできます。

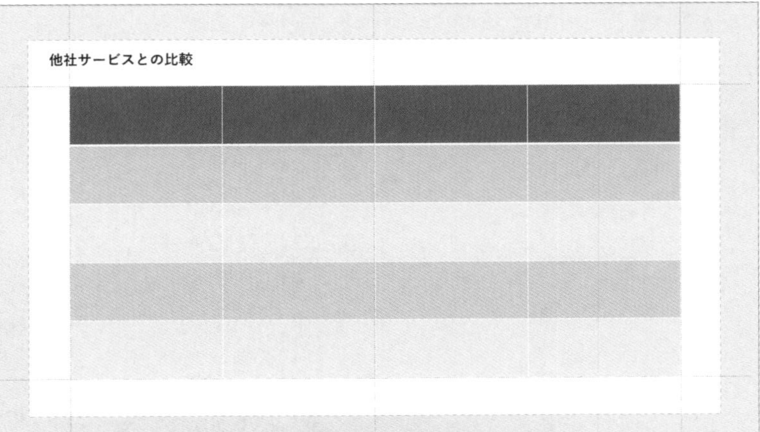

2 表の余計な線をなくしてグレーにする

表を選択して［テーブルデザイン］タブにある［タイトル行］と［縞模様（行）］のチェックを外します。次に同じタブ内にある［塗りつぶし］で［ 白、背景1、黒＋基本色5%］に設定し、編集しやすいようにフラットな表を作成しておきます。

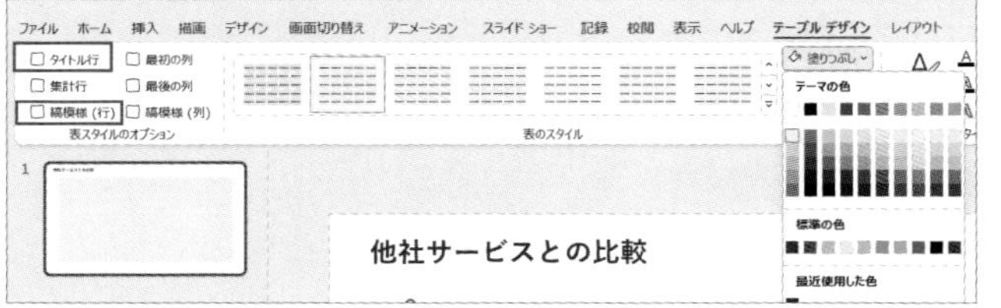

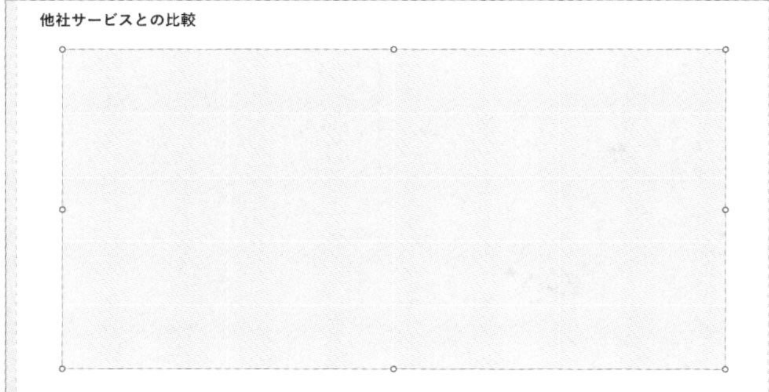

Memo 表を作成するときは、一度フラットな表にすると最後の塗りや線入れがおこないやすくなります。

3 テキストをコピペして、書式を設定する

スライド編集画面の右脇にある表のテキストをすべて選択して ctrl＋C でコピーし、作成した表の左上のセルにカーソルを合わせて ctrl＋V でペーストします。次に表を選択して［レイアウト］タブから［中央揃え］と［上下中央揃え］をクリックし、セル内のテキストの位置を調整します。

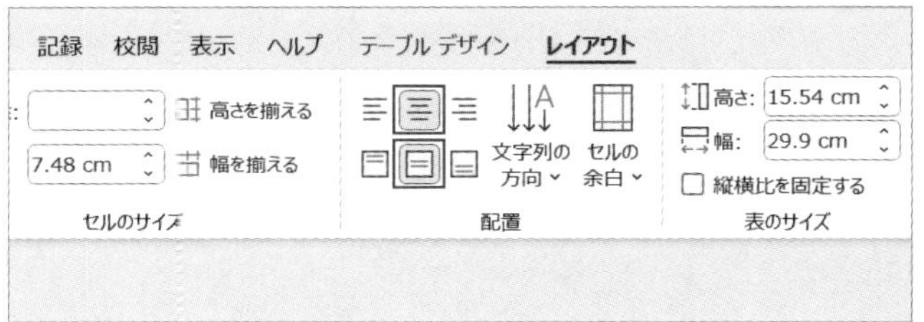

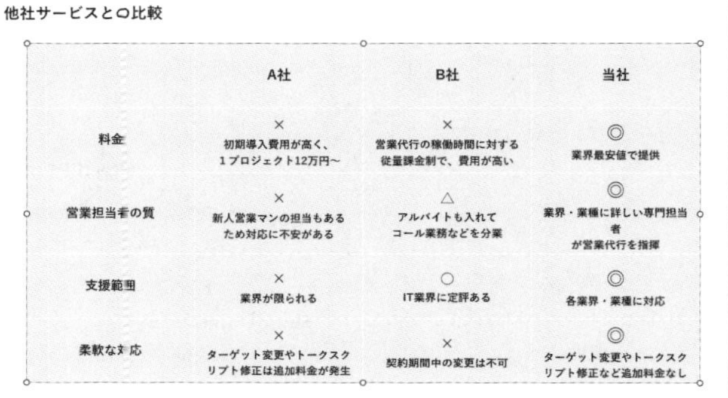

 セルのサイズを調整して、幅や高さを揃える

表の１列目と２列目の間にある罫線にマウスを合わせて、カーソルが ✥ に変わったら左側にドラッグして、１列目の幅を狭くします。１列目の幅を狭くすると2・3・4列目の横幅が不揃いになるので、２～4列目のセルを選択し［レイアウト］タブにある［幅を揃える］をクリックして、横幅を等間隔に揃えます。次に、1行目と2行目の間の罫線にマウスを合わせて、カーソルが ✥ に変わったら上方向にドラッグして、１行目の高さを短くします。1行目の高さが変わると表全体の高さが短くなるので、表の下辺にマウスを合わせて、カーソルが ⇳ に変わったら下方向にドラッグ（ガイド線のある位置まで）して表の高さを調節します。

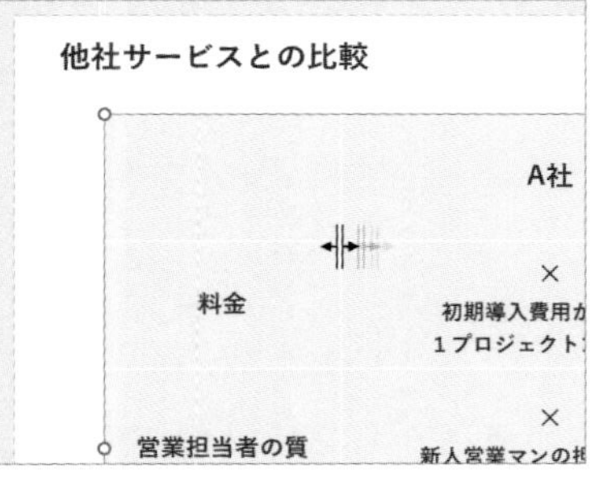

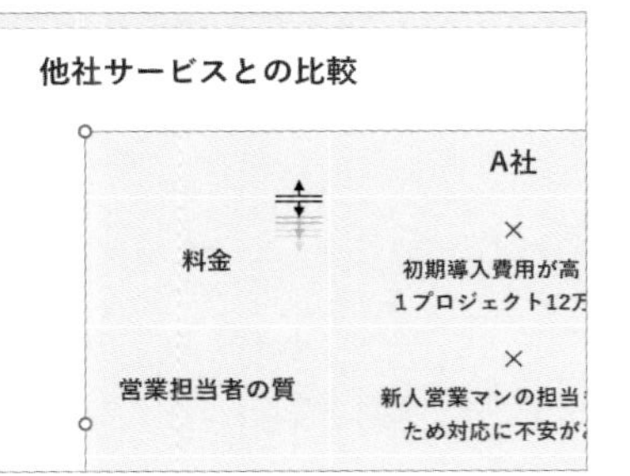

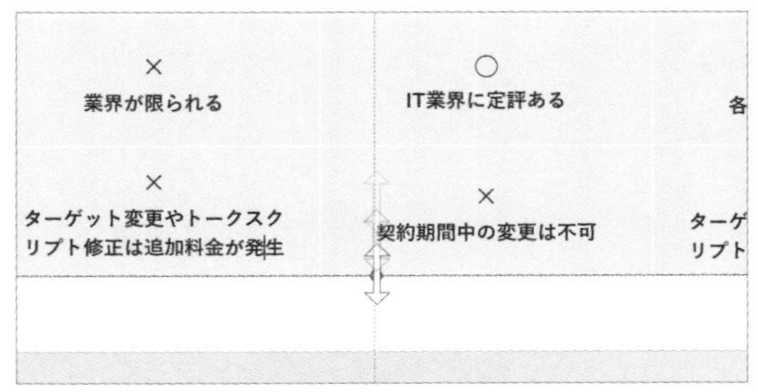

5 背景色や線、文字色を変更する

表の背景色を設定します。1列目を選択して［テーブルデザイン］タブにある［塗りつぶし］で［塗りつぶしなし］を選択します。次に1行目の「A社」「B社」を［●灰色、アクセント3、白＋基本色40%］、「当社」を［●薄い青（標準の色）］に設定します。また4列目の2行目以降を［●青、アクセント5、白＋基本色80%］に設定します。次に「当社」の文字色を［○白、背景1］にして、4列目の記号（「◎」）の部分を［●薄い青（標準の色）］に設定します。最後に、グラフをすべて選択して［テーブルデザイン］タブにある「ペンの太さ」を［2¼pt］、「ペンの色」を［○白、背景1］に設定したら、「罫線」の右横にあるドロップダウンリストから［格子］をクリックして罫線を反映させたら完成です。

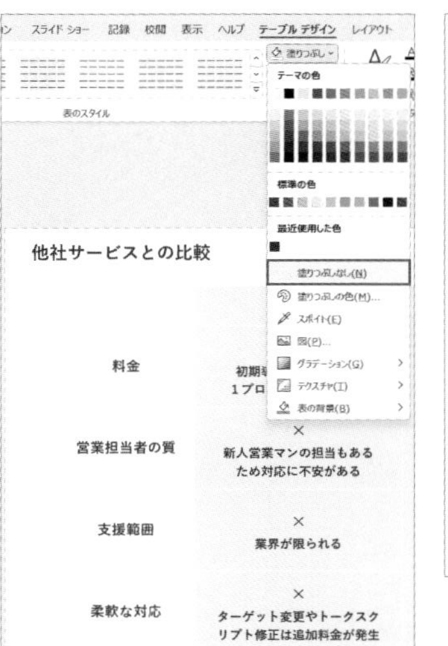

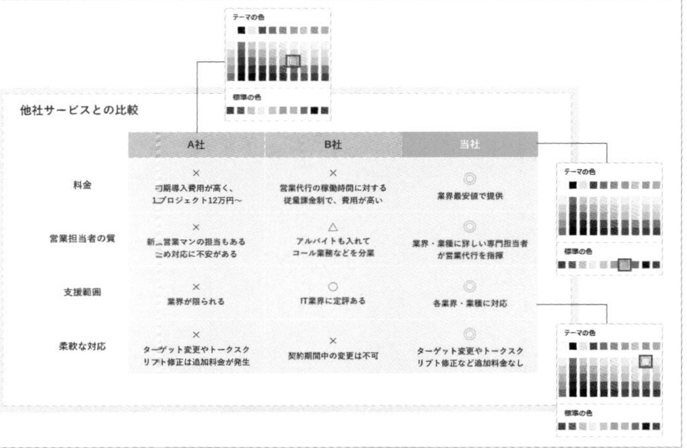

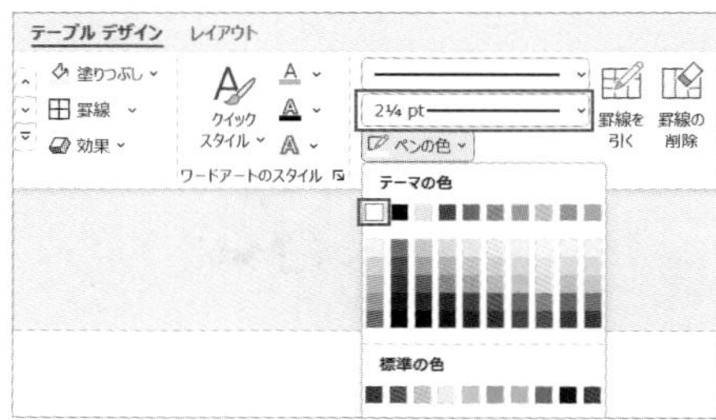

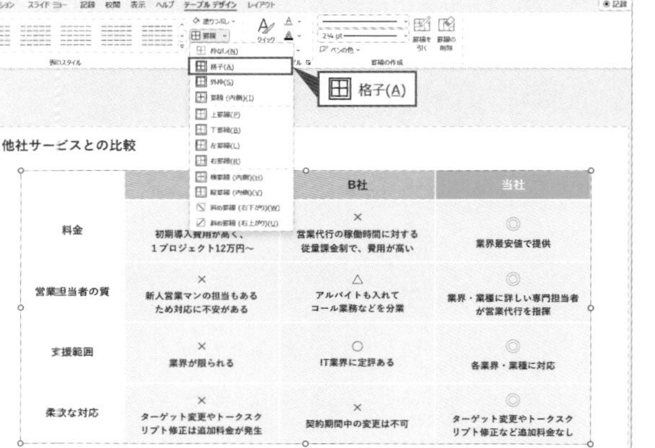

見やすくてシンプルな料金プランを作る

「表機能」を使って、見やすい料金プランを作成しましょう。

ドリル用ファイル 025-drill.pptx　完成ファイル 025-finish.pptx

Before

会員別料金（プライベートフィットネスジム）

会員プラン	入会金	月額利用料	カード発行手数料	トレーニング回数	利用時間	備考
ライト	12,000円	5,000円	1,500円	月5回まで利用可能	朝9時から夜19時（予約必要）	時間外利用は1,500円/1回
ベーシック	15,000円	11,000円	1,500円	月10回まで利用可能	朝6時から夜22時まで（予約必要）	時間外利用は1,000円/1回
プレミアム	22,000円	20,000円	1,500円	何回でも利用OK	24時間（予約必要なし）	-

※料金は全て税込価格

After

会員別料金（プライベートフィットネスジム）

会員プラン	ライト	ベーシック	プレミアム
入会金	12,000円	15,000円	22,000円
月額利用料	5,000円	11,000円	20,000円
カード発行手数料		1,500円	
トレーニング回数	月5回まで利用可能	月10回まで利用可能	何回でも利用OK
利用時間	朝9時から夜19時（予約必要）	朝6時から夜22時まで（予約必要）	24時間（予約必要なし）
備考	時間外利用は1,500円/1回	時間外利用は1,000円/1回	-

※料金は全て税込価格

1. ノイズにならないよう注意して罫線を引く
2. プラン名の背景色の透明度を調節してグラデーションにする
3. 重複する項目をひとつのセルにまとめる

使用フォント	英数字用フォント　Roboto 日本語用フォント　游ゴシック
フォントサイズ	プラン名：20pt 料金部分：16pt 上記以外：12pt
使用する色	○白、背景1 ●白、背景1、黒＋基本色15% ●オレンジ、アクセント2

Hint 1 罫線は目立たないようにする

表作成において、最もノイズとなるのが罫線です。罫線があることで枠線に気を取られ、表の内容に集中しづらくなります。そのため、罫線を使用する場合は濃い色（黒色など）や太い線を避け、目立たないグレー色の細い線を選ぶのがおすすめです。また、罫線の代わりに1行おきにセルに色をつけて、視覚的に区切りをつける方法もあります。

目立たないグレー色の細い線を選ぶ

商品ID	商品名	在庫数	単価(円)
NZ55120	付箋	120	100
OB32345	ボールペン	50	120
OB33440	サインペン	60	130

1行おきにセルに色をつけて内容を区切る

商品ID	商品名	在庫数	単価(円)
NZ55120	付箋	120	100
OB32345	ボールペン	50	120
OB33440	サインペン	60	130

Hint 2 重複した内容はセルの結合でまとめる

表の中に重複した内容がある場合は、該当するセルを結合してひとつにまとめます。セルの結合はレイアウトタブの「セルの結合」からおこなうことができます。ただし、セルの結合を使用するとその後のメンテナンス（列や行の追加・削除など）が難しくなるため、セルの結合をする場合は、表作成の最後の段階でおこないましょう。

重複する内容がある場合は「セルの結合」で一つにまとめる

サービスプラン	ライト	ベーシック	アドバンス
月額費用	5,000円	20,000円	40,000円
決済手数料	12%	8.0%	4.0%
ディスク容量	200MB	5GB	100GB
商品登録数	10	無制限	無制限

サービスプラン	ライト	ベーシック	アドバンス
月額費用	5,000円	20,000円	40,000円
決済手数料	12%	8.0%	4.0%
ディスク容量	200MB	5GB	100GB
商品登録数	10	無制限	

Answer 25

Drill **見やすくてシンプルな料金プランを作る**

- □ グレー色の細い線に設定して罫線を引く
- □ プラン名の背景色の透明度を徐々に薄くしてグラデーションを作る
- □ 「セルの結合」で重複する項目をひとつのセルにまとめる

1 セルのサイズを調整して、幅や高さを揃える

ドリル用ファイル［025-drill.pptx］を開きます。まず、表の１列目と２列目の間にある罫線にマウスを合わせて、カーソルが ⟺ に変わったら左側にドラッグし、１列目の幅を狭くします。次に２～4列目のセルを選択して［レイアウト］タブにある［幅を揃える］をクリックし、横幅を等間隔に揃えます。最後に、1行目と表の上辺の間にマウスを合わせて、カーソルが ⇕ に変わったら上方向にドラッグして、１行目の高さを広くします。

ド ショー　記録　校閲　表示　ヘルプ　テーブル デザイン　レイアウト

高さ: 1.84 cm　高さを揃える

幅: 8 cm　幅を揃える

セルのサイズ　文字列の方向　セルの余白　配置

		ベーシック	プレミアム
入会金	12,000円	15,000円	22,000円
月額利用料	5,000円	11,000円	20,000円
カード発行手数料	1,500円	1,500円	1,500円
トレーニング回数	月5回まで利用可能	月10回まで利用可能	いつでも利用可能
利用時間	朝9時から夜19時（予約必要）	朝6時から夜22時まで（予約必要）	24時間（予約必要なし）
備考	時間外利用は1,000円/1回	時間外利用は1,000円/1回	-

会員別料金（プライベートフィットネスジム）

会員プラン	ライト	ベーシック
入会金	12,000円	15,000円
月額利用料	5,000円	11,000円
カード発行手数料	1,500円	1,500円

会員別料金（プライベートフィットネスジム）

会員プラン	ライト	ベーシック
入会金	12,000円	15,000円
月額利用料	5,000円	11,000円
カード発行手数料	1,500円	1,500円

2 日本語用フォントと英数字用フォントを設定し、フォントサイズを変更する

表を選択して ctrl + T で「フォント」のダイアログボックスを開き「英数字用のフォント」を［Roboto］に、「日本語用のフォント」を［游ゴシック］に設定します。次に、プラン名（「ライト」・「ベーシック」・「プレミアム」）のセルを選択して、ctrl + shift + > でフォントサイズを「20pt」にします。最後に、料金部分のフォントサイズを「16pt」に変更します。

フォント	英数字用フォント　Roboto 日本語用フォント　游ゴシック
フォントサイズ	プラン名（「ライト」・「ベーシック」・「プレミアム」）：20pt 料金部分：16pt

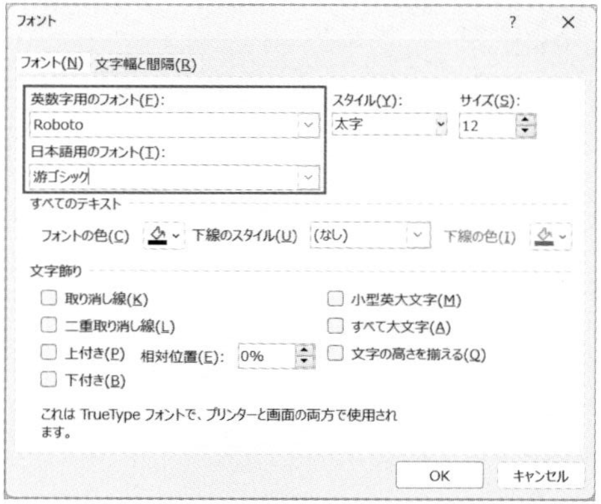

フォント

フォント(N)　文字幅と間隔(R)

英数字用のフォント(F): Roboto
日本語用のフォント(T): 游ゴシック
スタイル(Y): 太字
サイズ(S): 12
すべてのテキスト
フォントの色(C)　下線のスタイル(U) (なし)　下線の色(I)
文字飾り
取り消し線(K)　小型英大文字(M)
二重取り消し線(L)　すべて大文字(A)
上付き(P)　相対位置(E): 0%　文字の高さを揃える(Q)
下付き(B)
これは TrueType フォントで、プリンターと画面の両方で使用されます。
OK　キャンセル

会員別料金（プライベートフィットネスジム）

会員プラン	ライト	ベーシック	プレミアム
入会金	12,000円	15,000円	22,000円
月額利用料	5,000円	11,000円	20,000円
カード発行手数料	1,500円	1,500円	1,500円
トレーニング回数	月5回まで利用可能	月10回まで利用可能	いつでも利用可能
利用時間	朝9時から夜19時（予約必要）	朝6時から夜22時まで（予約必要）	24時間（予約必要なし）
備考	時間外利用は1,000円/1回	時間外利用は1,000円/1回	-

3 背景色を設定して、グレー色の細い線で罫線を引く

2列2行目のセル（「12,000円」）から4列7行目のセル（「-」）までを選択して、[テーブルデザイン] タブにある [塗りつぶし] で [○白、背景1] に設定し、背景色を白色にします。次にグラフの全範囲を選択して、同じタブ内にある「ペンの太さ」を [½pt]、「ペンの色」を [●白、背景1、黒＋基本色15%] に設定し、「罫線」の右横にあるドロップダウンリストから [格子] をクリックして罫線を反映します。

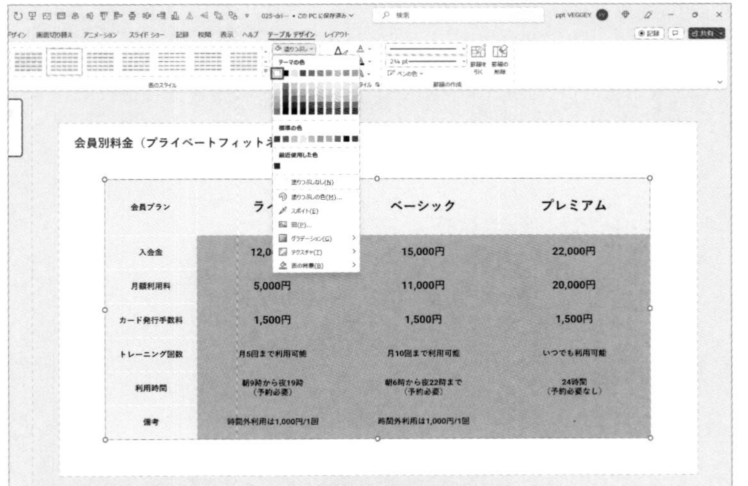

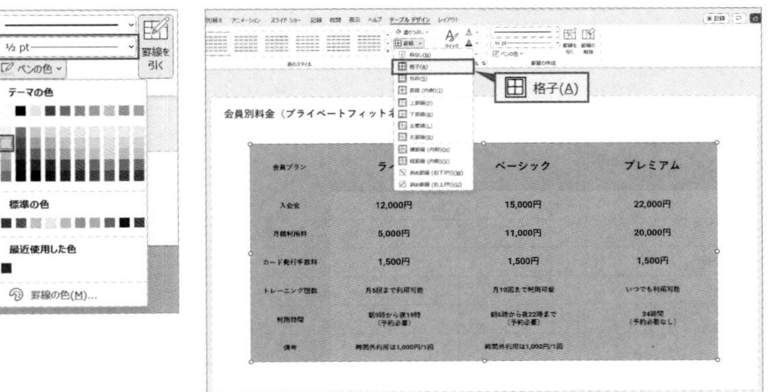

4 プラン名のセルの色をグラデーションにする

1行目のプラン名（「ライト」・「ベーシック」・「プレミアム」）を選択して、右クリックで [図形の書式設定] を開きます。作業ウィンドウで [塗りつぶし（単色）] にチェックを入れ、「色」を [●オレンジ、アクセント2] に設定します。次に「ベーシック」のセルを選択して、作業ウィンドウから塗りつぶしの「透明度」を [25%] に設定します。同じように「ライト」のセルについても「透明度」を [50%] に設定します。最後にプラン名（「ライト」・「ベーシック」・「プレミアム」）の文字色を [○白、背景1] に設定します。

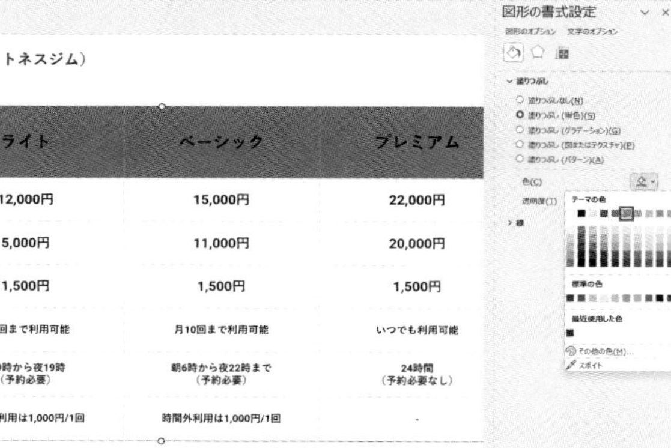

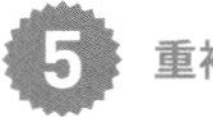

5 重複する項目のセルを結合する

4行目の「カード発行手数料」がどのプランでも同じ料金「1,500円」なので、セルを結合してひとつのセルにまとめます。「1,500円」のセルを3つ選択して［レイアウト］タブにある［セルの結合］をクリックします。セルの内容が「1,500円」となるように余計なテキストを削除して完成です。

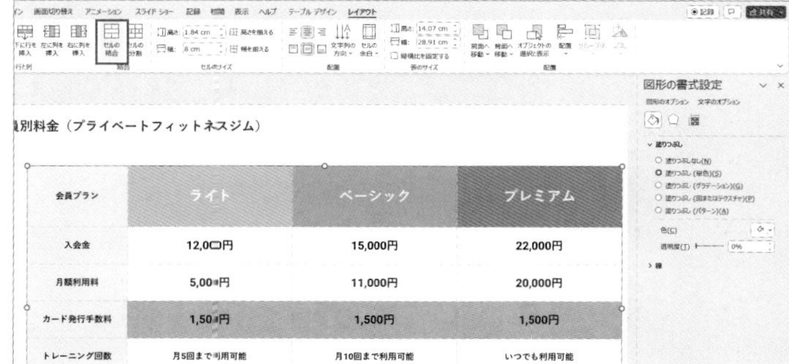

自社の魅力が伝わるポジショニングマップを作る

自社の魅力が伝わるポジショニングマップを作成しましょう。

ドリル用ファイル 026-drill.pptx　完成ファイル 026-finish.pptx

Before

当社のポジショニング

有名講師のみの完全個別授業を実施しているのは当社だけ

	H学舎	Tゼミ	F学習	K塾	当社
料金	低価格	中価格	中価格	高価格	高価格
授業タイプ	集団授業	3対1の少数授業	集団と個別授業と半々	メインは集団授業だが個別授業も可能	1対1の完全個別授業
合格レベル	私立大（中堅校）	私立大（上位校）	私立大（上位校）	国立レベル	国立レベル
講師	大学生	一般講師	有名講師陣と一般講師	有名講師陣と一般講師	有名講師のみ採用
サポート	サポートなし	講師のサポート体制が不十分	講師のサポート体制が不十分	サポートが充実	サポートが充実

After

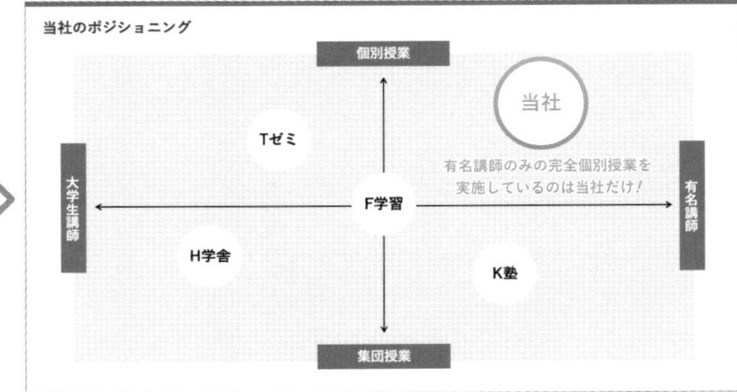

1. ポジショニングマップの背景色を格子柄にする
2. 光彩で文字を縁取り格子柄の上でも読みやすくする

使用する色	○白、背景1 青、アクセント5、白＋基本色80% ●黒、テキスト1、白＋基本色25%

Hint 1 パターンで塗りを工夫する

パターンは塗りつぶしのひとつで、ストライプやドット、格子などさまざまな模様の塗りつぶしができる機能です。標準で用意されている48種類の型から、「前景」と「背景」の2色を設定して塗りつぶしをおこないます。資料作成では、白黒印刷などで色の違いが示せない場合に使用したり、背景デザインやワンポイントを強調する場合に使用します。

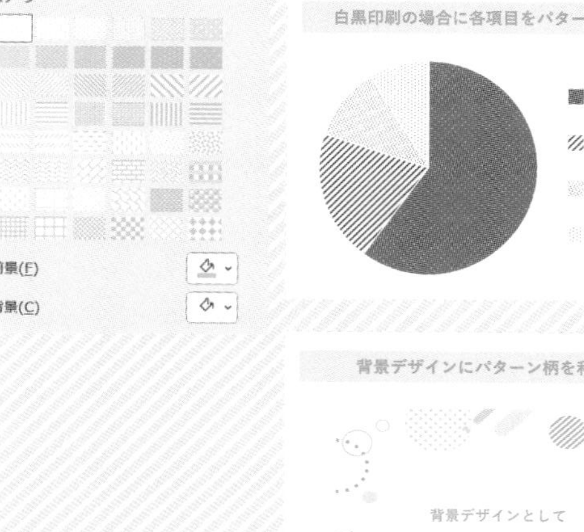

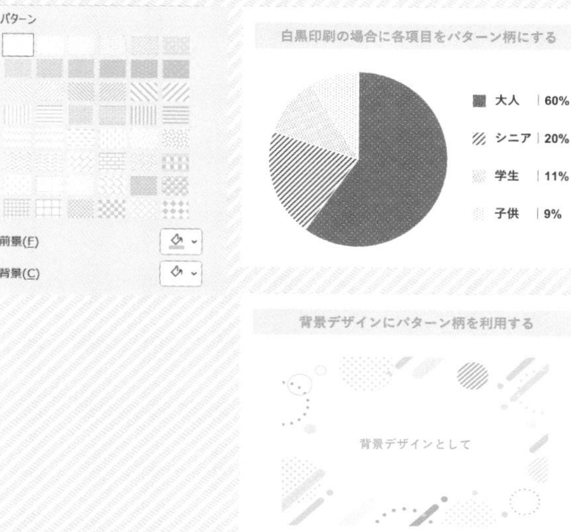

Hint 2 光彩で文字を縁取る

背景と文字が重なって文字が読みづらくなる場合、文字に光彩を設定し縁取りすることで読みやすくなります。光彩は「図形の書式設定」の文字オプションにある「光彩」から設定できます。ただし、光彩が強すぎると文字が埋もれてしまい逆に読みづらくなる場合があるため、光彩のサイズは5pt～15pt程度におさめましょう。

そのままだと読みづらい

光彩で文字を縁取ると
読みやすくなります

Answer 26

Drill

自社の魅力が伝わるポジショニングマップを作る

- □ 塗りつぶし（パターン）で格子柄を設定して、ポジショニングマップの背景にする
- □ 光彩を設定して格子柄の上でも読みやすい文字を作成する

1 四角形を作成して中央に配置する

ドリル用ファイル［026-drill.pptx］を開きます。［挿入］タブの［図形］から［正方形/長方形］を選択してスライド編集画面で四角形を作成します。alt+F9でガイド線を表示してガイド線に沿うように四角形のサイズを変更して配置します。

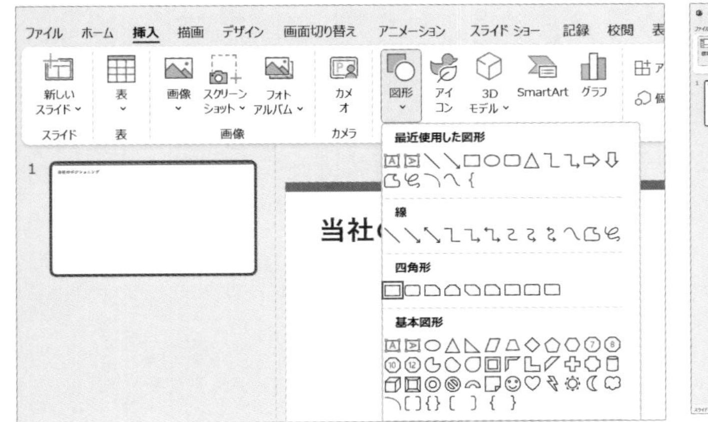

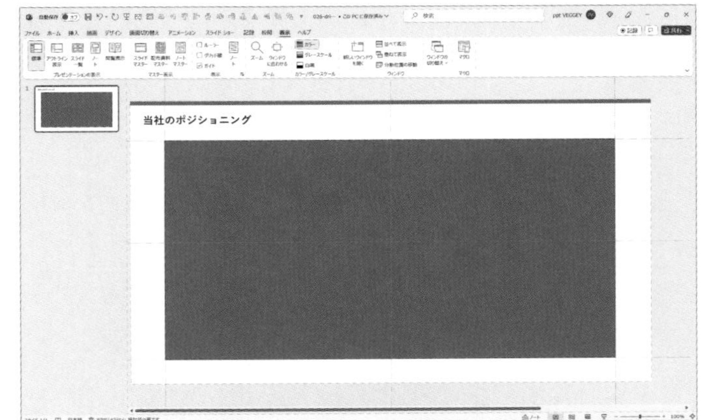

2 四角形を格子柄にする

四角形を右クリックして［図形の書式設定］を開き、作業ウィンドウから［塗りつぶし（パターン）］にチェックを入れて［格子（大）］を選択します。「前景」を［○白、背景1］、「背景」を［ 青、アクセント5、白＋基本色80%］に設定し、白色と青色の格子柄を作ります。最後に「線」を［線なし］にします。

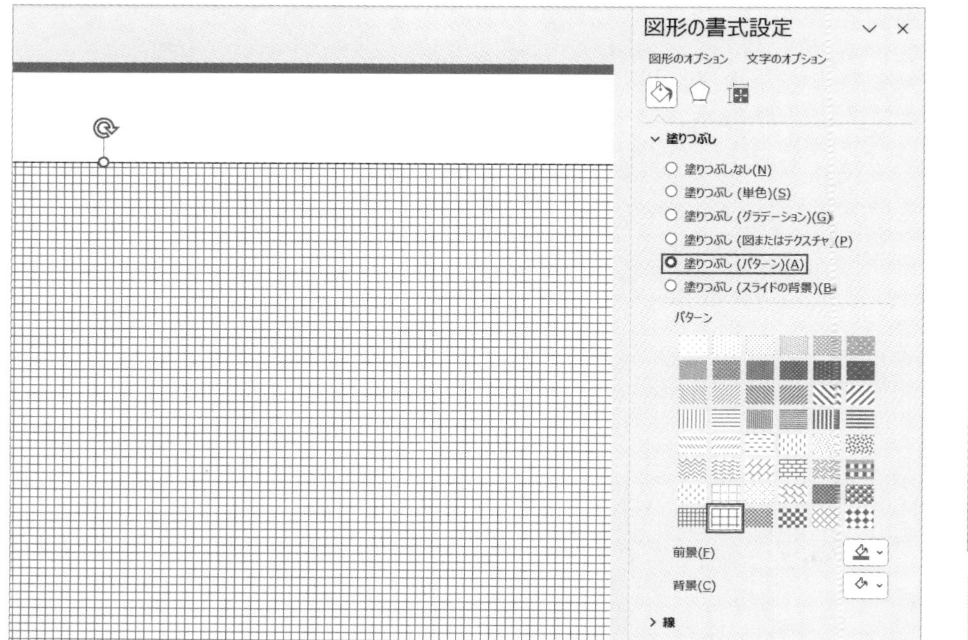

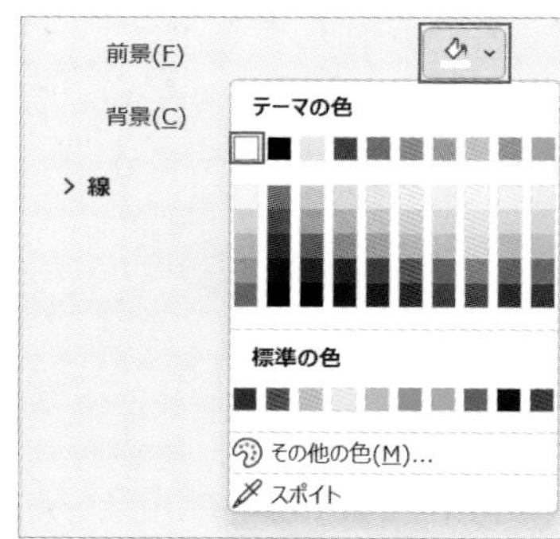

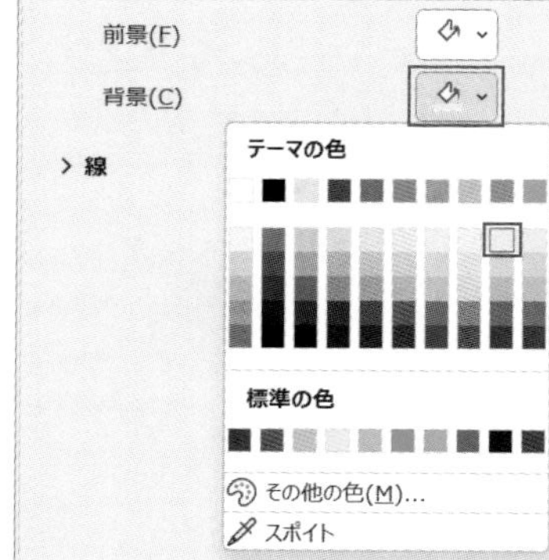

Memo パターンに透明効果やグラデーションを設定することはできません。

3 矢印を作成して四角形の中央に配置する

[挿入] タブの [図形] から [線矢印：双方向] を選択して、shift を押しながら横方向にドラッグし水平の矢印を作成します（格子柄の四角形の横幅よりも少し短くします）。矢印を選択したまま、作業ウィンドウで線の「色」を [●黒、テキスト1、白＋基本色25%]、「幅」を [2pt] に設定し、「始点矢印の種類」と「終点矢印の種類」を [開いた矢印] にします。同じ要領で垂直方向の矢印も作成します。最後に、整列機能を用いて四角形の中央に矢印を配置します。

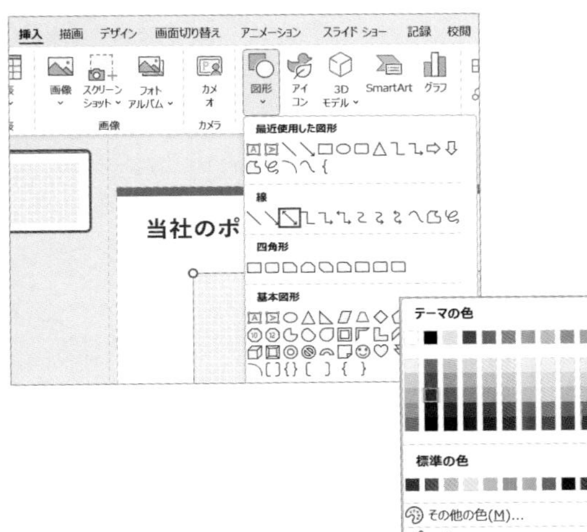

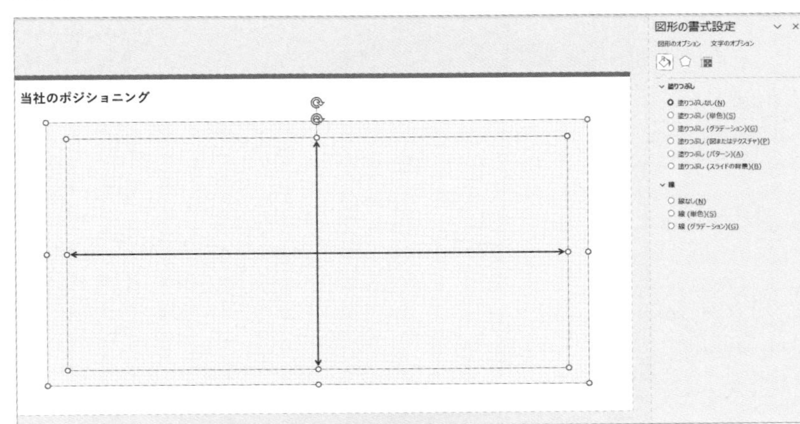

4 スライドの右脇にあるオブジェクトとテキストを配置する

スライド編集画面の右脇にあるオブジェクトとテキストを選択して、右クリックで［最前面へ移動］させた後、Afterスライドを参考にしながら配置します。配置の際は整列の機能を使用して綺麗に並べます。

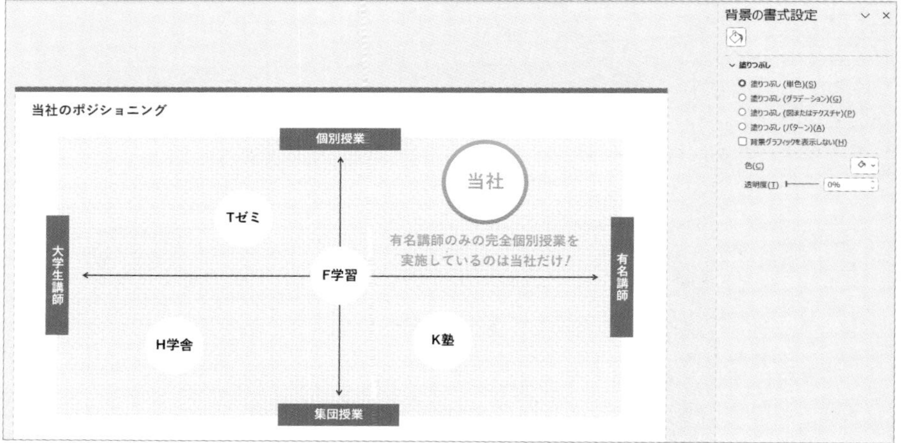

5 光彩で縁取りして文字を読みやすくする

テキスト（「有名講師のみの～」）のテキストの範囲をすべて選択し、右クリックから［文字の効果の設定］を開きます。作業ウィンドウの「光彩」で［色］を［○白、背景1］に設定します。色を設定すると光彩のサイズが自動で10ptに設定されるので、この状態で完成です。

 光彩で文字の縁を作成する場合は、サイズは5~15pt以内で透明度を0%にすると見やすくなります。

フォント(F)...
段落(P)...
箇条書き(B)
段落番号(N)
SmartArt に変換(M)
ロック (L)
リンク(I)
検索「有名講師のみの完全個...
類義語(Y)
翻訳(S)
文字の効果の設定(S)...
図形の書式設定(O)...
新しいコメント(M)

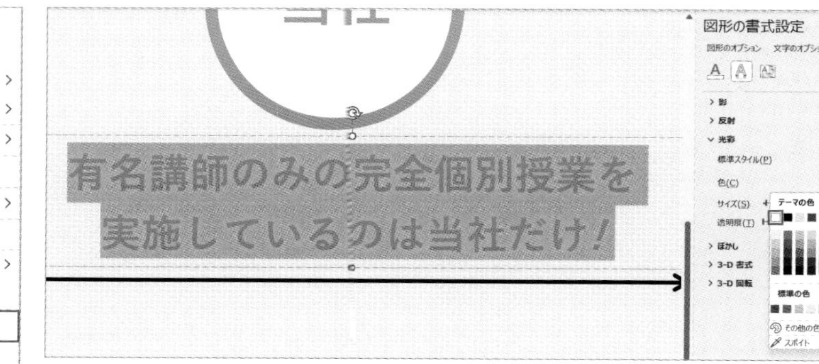

地図を用いて拠点・支店スライドを作る

地図イラストをダウンロードして、支店を地図上に示しましょう。

ドリル用ファイル 027-drill.pptx　完成ファイル 027-finish.pptx

Before

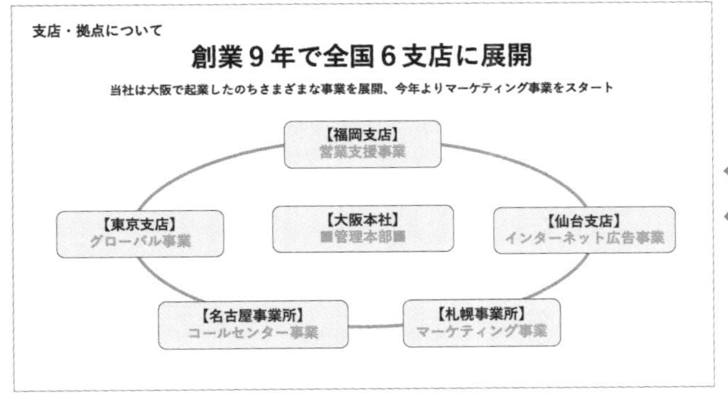

After

1 「全国6支店に展開」の文字間隔を整えて読みやすくする

2 地図イラストを用いて各支店の位置を表現する

3 支店を示す円にグラデーションとぼかしを入れる

使用フォント	英数字用フォント　Segoe UI 日本語用フォント　游ゴシック
使用する色	●オレンジ、アクセント2、白＋基本色40% ●緑、アクセント6、白＋基本色40% ○白、背景1
素材ダウンロード	「シルエットデザイン」 https://kage-design.com/2015/01/01/japan1/

※予告なしにサイトが変更になる可能性があります。

Hint 1 支店や拠点は地図で視覚的に表現する

支店や拠点を示すスライドでは、図形よりも地図を使用することで読み手の目に留まりやすくできます。地図はさまざまなフリー素材サイトで提供されていますが、地図の線が濃すぎたり、過度にデフォルメされている素材は避けるのが無難です。また、支店の規模を円のサイズで表現することで支店の位置だけでなく、おおよその規模感も伝えることができます。

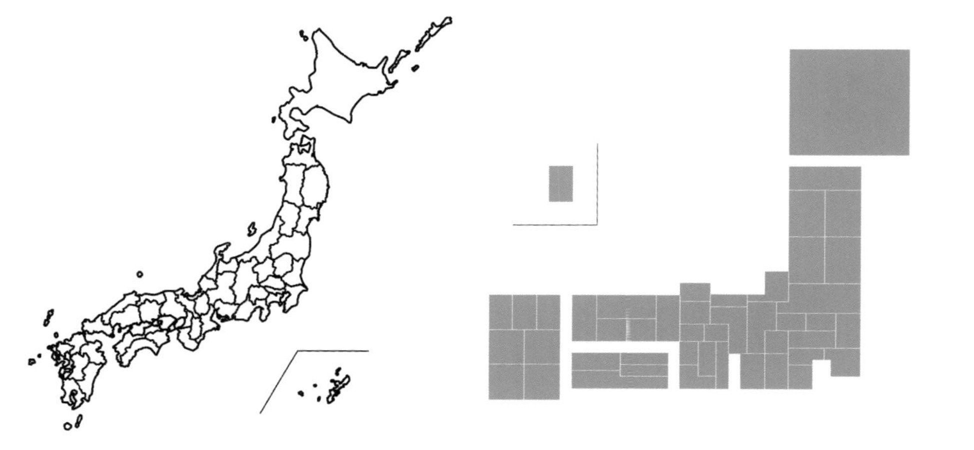

Answer 27

Drill

地図を用いて拠点・支店スライドを作る

- □ 文字組みのフォントを変更し、数字部分がすっきり見えるように文字間隔を調整する
- □ 「シルエットデザイン」から地図イラストをダウンロードして各支店の位置を示す
- □ 支店を示す円に放射グラデーションとぼかしを入れる

使用フォント	英数字用フォント　Segoe UI 日本語用フォント　游ゴシック

1 文字組みのフォントを変更し、文字間隔を調整する

ドリル用ファイル［027-drill.pptx］を開きます。グループ化されている文字組みを選択し ctrl + T で「フォント」のダイアログボックスを開きます。英数字用フォントを［Segoe UI］、日本語用フォントを［游ゴシック］に設定して、数字部分に欧文フォントを適用させます。次にテキスト（「全国6支店に展開」）の数字部分の文字間隔を調整します。テキストの「国6」を範囲選択して［ホーム］タブの AV をクリックし［より広く］を設定し、「6」がすっきり見えるように字間を広げます。

フォント
フォント(N)　文字幅と間隔(R)
英数字用のフォント(F):　Segoe UI
日本語用のフォント(T):　游ゴシック
スタイル(Y):　太字
サイズ(S):
すべてのテキスト
フォントの色(C)　下線のスタイル(U)　(なし)　下線の色(I)
文字飾り
取り消し線(K)　小型英大文字(M)
二重取り消し線(L)　すべて大文字(A)
上付き(P)　相対位置(E): 0%　文字の高さを揃える(Q)
下付き(B)
これは TrueType フォントで、プリンターと画面の両方で使用されます。
OK　キャンセル

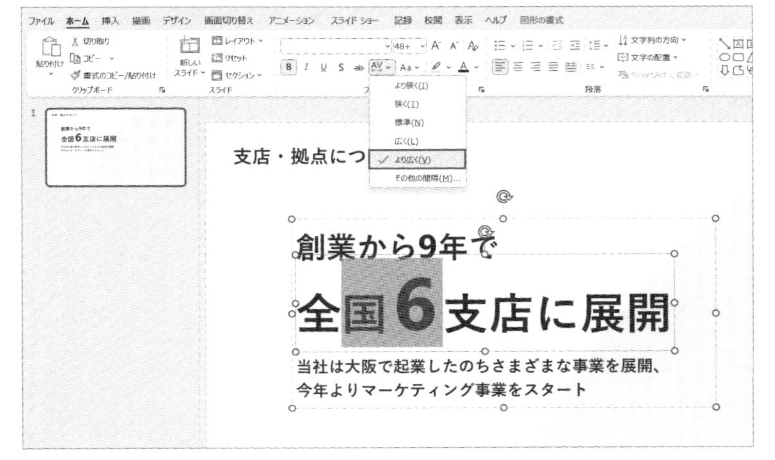

Memo 日本語と英数字が混ざったテキストのフォントを変更する場合は「フォント」のダイアログボックスでおこないます。（ドリル03で紹介しています）

2 地図イラストをダウンロードする

素材サイト「シルエットデザイン」(https://kage-design.com/2015/01/01/japan1/) で地図イラストをダウンロードします。PowerPointで色の編集がおこなえるように「SVG形式」を選びます。

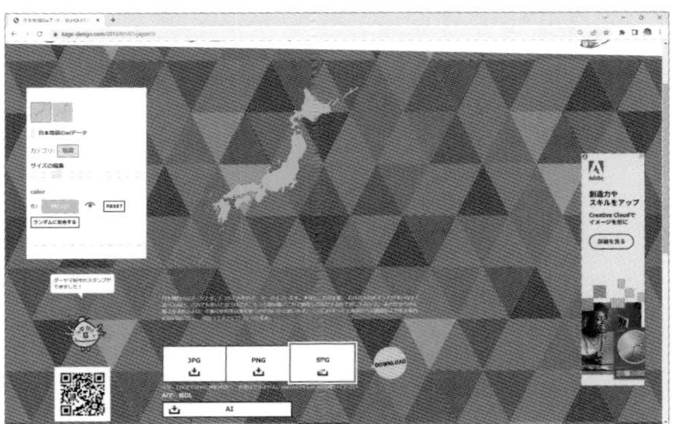

3 地図イラストを挿入して配置する

[挿入] タブの [画像] から [このデバイス] を選択して先ほどダウンロードした地図イラストを挿入します。地図イラストをほどよい大きさに拡大して右側のグレー背景の上に配置し、[グラフィックス形式] タブの [グラフィックの塗りつぶし] で地図イラストの色を [●緑、アクセント6、白+基本色40%] に変更します。

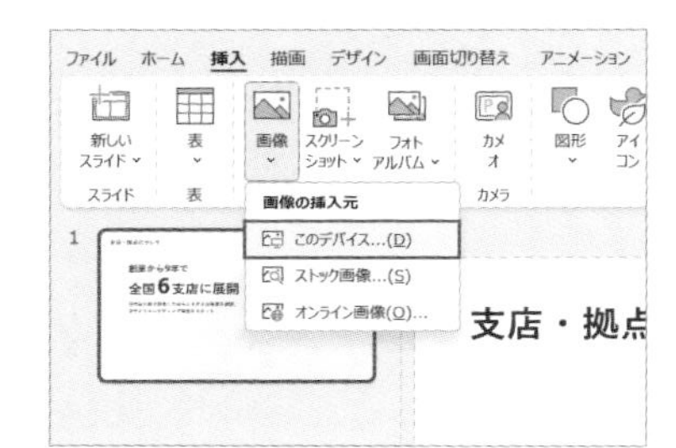

4 円を作成して放射グラデーションを設定する

支店の位置を示す円に放射グラデーションを設定します。［挿入］タブの［図形］から［楕円］を選択し、shift を押しながらドラッグして正円を作成します。正円を右クリックして［図形の書式設定］を開きます。作業ウィンドウで［塗りつぶし（グラデーション）］にチェックを入れ、「種類」を［放射］、「方向」を［中央から］に設定し、「グラデーションの分岐点」を［色：●オレンジ、アクセント2、白＋基本色40%／位置：0%］［色：○白、背景1／位置：100%］に設定します。最後に「線」を［線なし］に設定します。

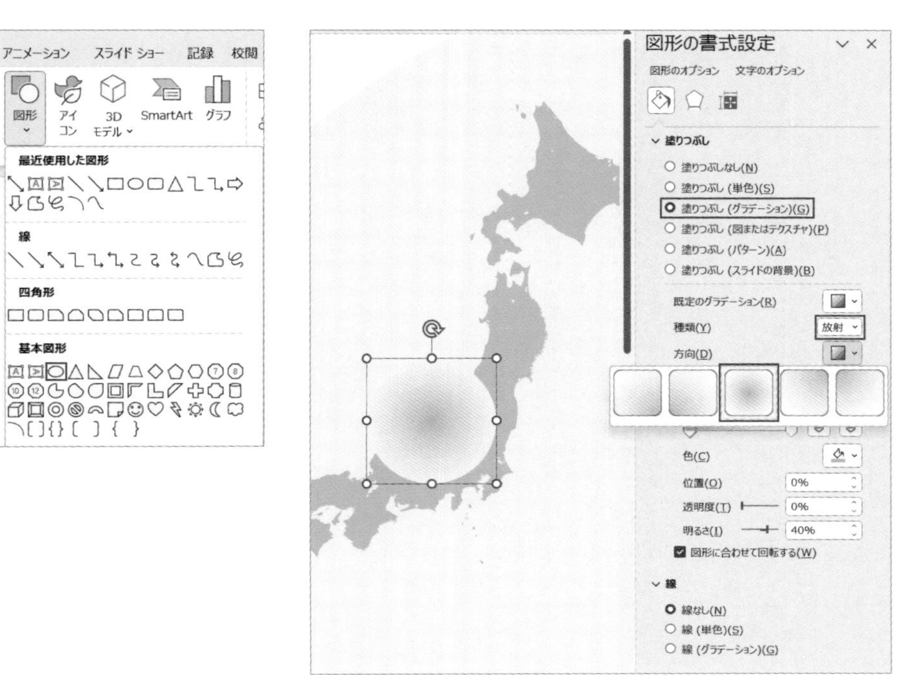

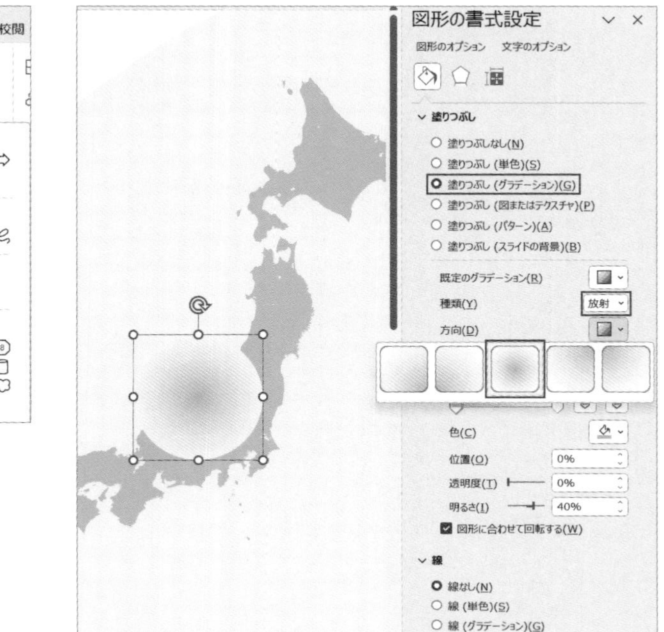

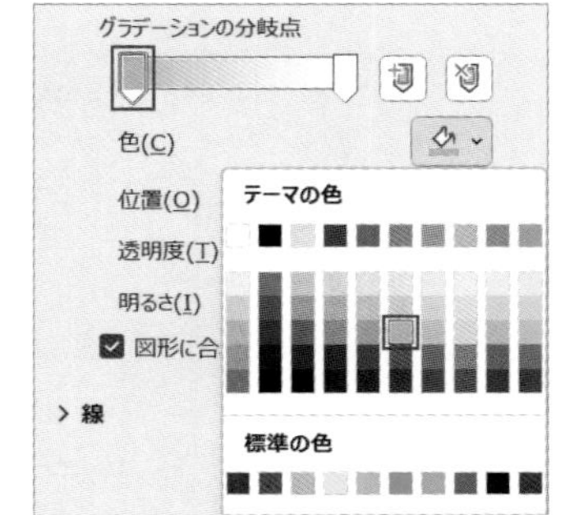

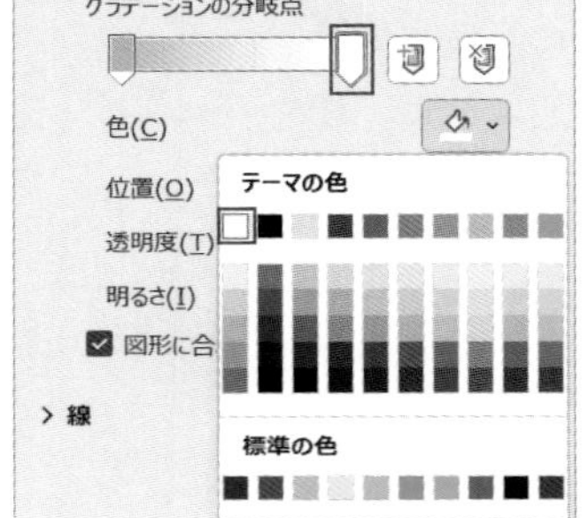

5 円にぼかしを入れ複製し、各支店に配置する

放射グラデーションを入れた円を選択して、[図形の書式設定] にある ⬠ を選択し「ぼかし」の「サイズ」を [5pt] に設定します。設定した円を複製して、支店の規模感（本社＞支店＞事業所）が表せるように円の大きさを変え、各支店に配置します。最後にスライドの右脇にある支店名のラベルを右クリックで [最前面へ移動] したのち、各支店に配置したら完成です。

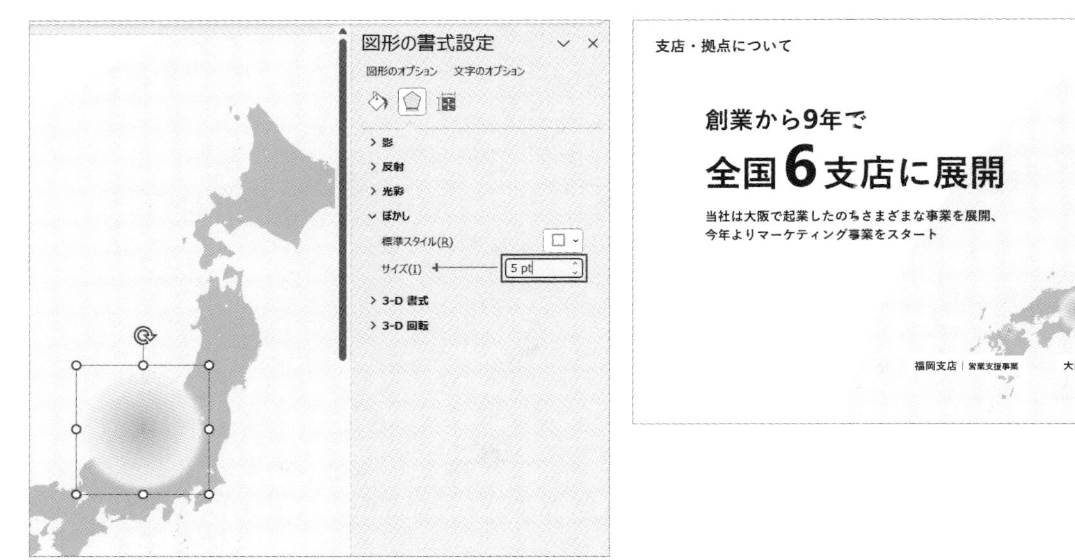

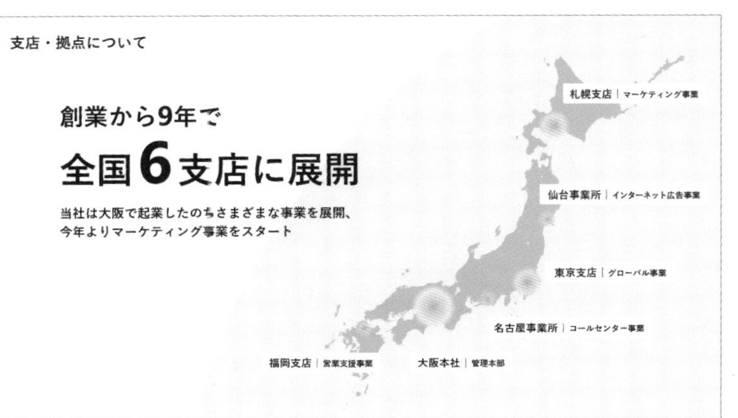

★★★ Drill 28

来店までの流れを示すファネル図を作る

来店にいたるまでの流れをファネル図で示しましょう。

ドリル用ファイル 028-drill.pptx　完成ファイル 028-finish.pptx

Before

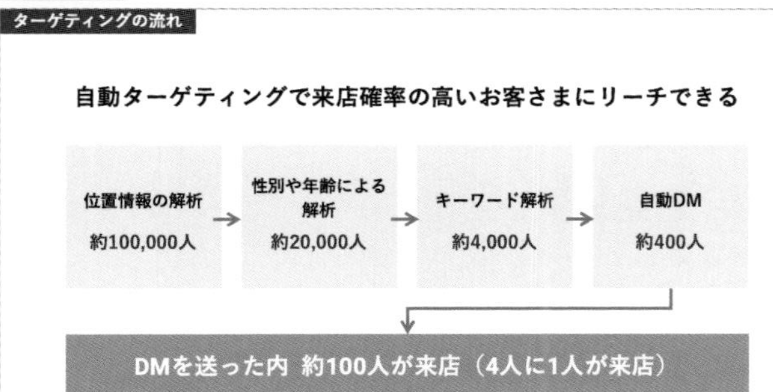

After

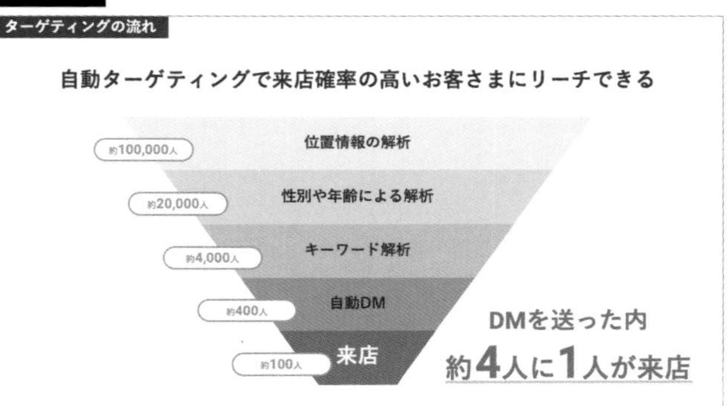

使用フォント	游ゴシック
スタイル	太字
使用する色	●黒、テキスト1、白＋基本色15% ○白、背景1 ●白、背景1、黒＋基本色15% ●青、アクセント5、白＋基本色80% ●青、アクセント5、白＋基本色60% ●青、アクセント5、白＋基本色40% ●青、アクセント5 ●青、アクセント5、白＋基本色25% ●オレンジ（標準の色）

Try!

1 SmartArtを活用してファネル図を作成する

2 アンダーライン（太波線）を設定して色をつける

Hint 1 SmartArt「反転ピラミッド」

ファネル図は、最上部から下に向かって要素が徐々に減っていく構造を示すことができる図で、マーケティングのプロセスを表現したり、コンバージョン率を分析したりする際に用いられます。ファネル図を作成する場合、SmartArtの「反転ピラミッド」を利用することで図形の見栄えを整える手間が省け、時間をかけずに作成できます。また、ピラミッドの先端の図形を取り除いて台形を作ると、形が安定してレイアウトしやすくなります。

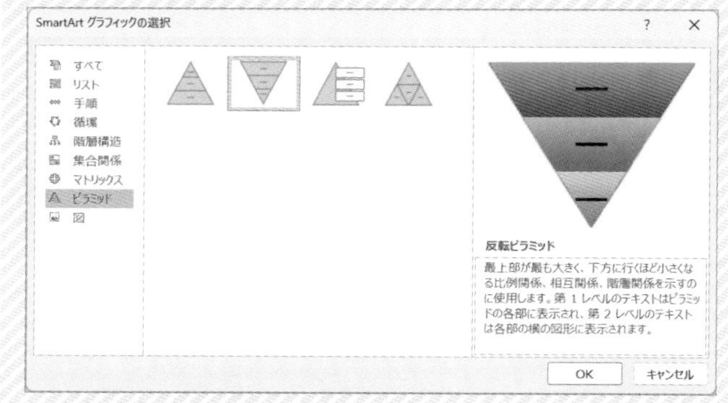

Hint 2 アンダーラインを編集

PowerPointの「ホーム」タブから、または ctrl + U でテキストにアンダーラインを引く方法は広く知られていますが、アンダーラインの色や線の種類も編集することができます。編集する場合は、「フォント」のダイアログボックスの「下線のスタイル」でおこないます。

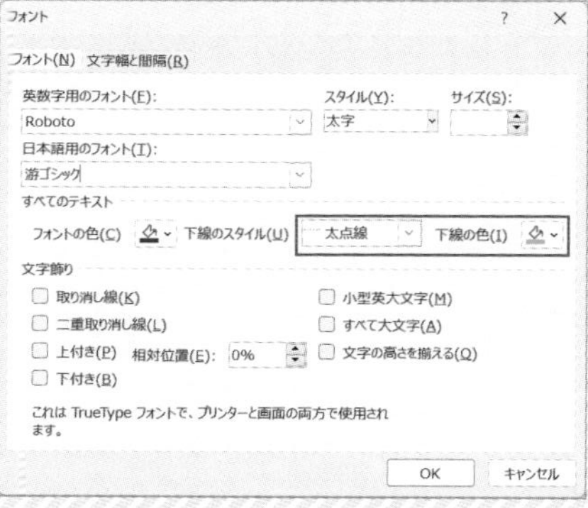

下線の色や

スタイルを変更できる

Answer 28

Drill **来店までの流れを示すファネル図を作る**

- [ ] SmartArtにある「反転ピラミッド」を活用して、ファネル図を作成する
- [ ] 「フォント」のダイアログボックスで、アンダーラインを設定する

1 SmartArtの反転ピラミッドを挿入する

ドリル用ファイル［028-drill.pptx］を開きます。［挿入］タブにある［SmartArt］をクリックして「SmartArtグラフィックの選択」のダイアログボックスを開き、左側メニューの［ピラミッド］から［反転ピラミッド］を選択してスライドに挿入します。

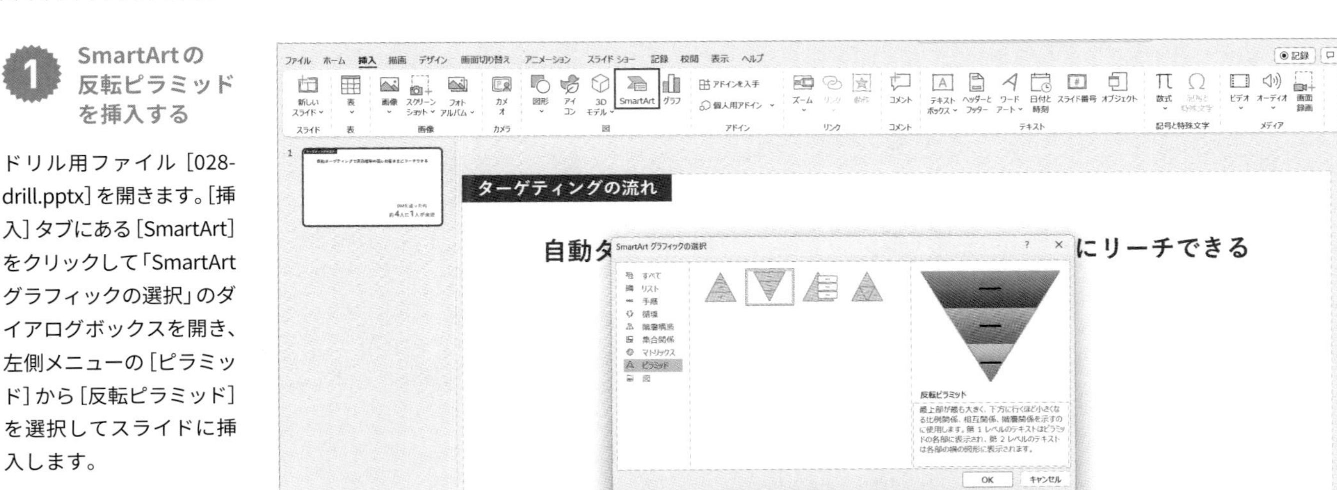

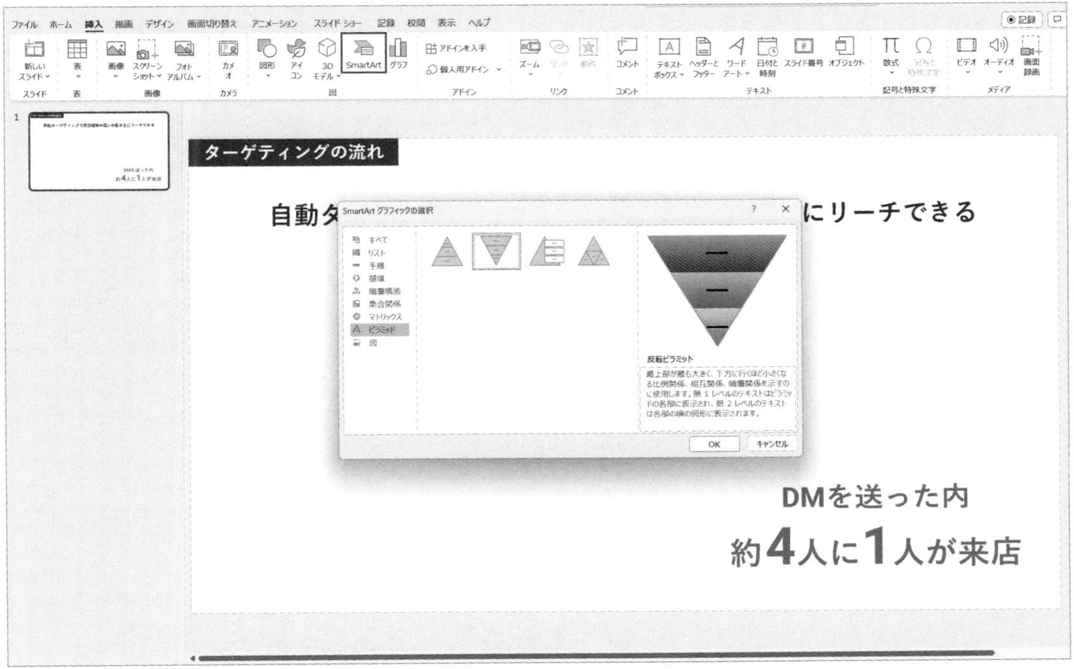

2 反転ピラミッドを編集して図形に変換する

［SmartArtのデザイン］タブで［図形の追加］を3回クリックしてピラミッドを6層にしたのち、Afterスライドを参考にしながら各層にテキストを入力します（一番下にある層は形づくりのために入れているので、未入力で問題ありません）。テキストを入力後、［SmartArtのデザイン］タブの［変換］で［図形に変換］を選択し、図形に変換しておきます。

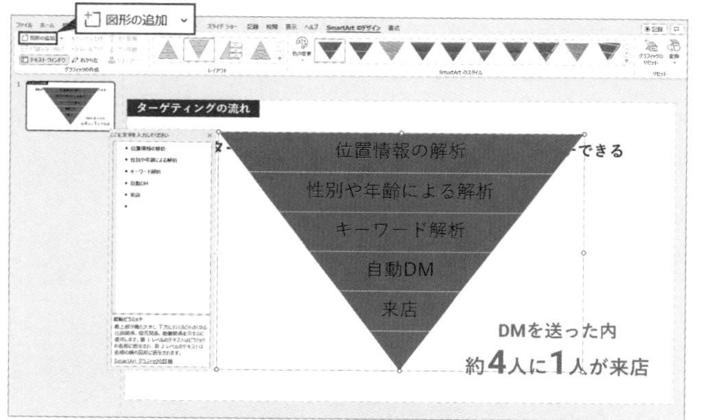

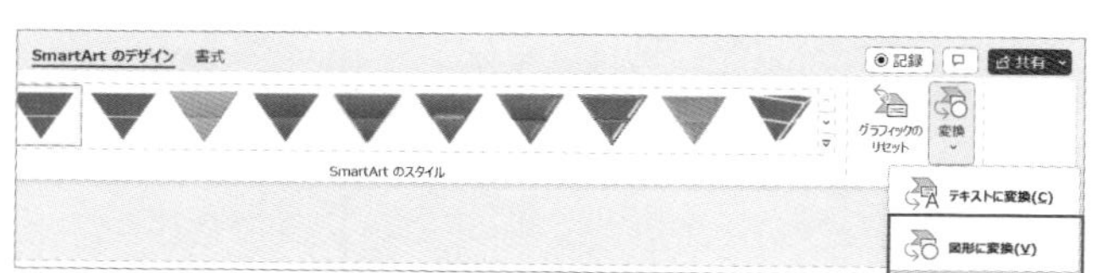

3 レイアウトを整えてフォントの書式を変更する

反転ピラミッドの先端にある図形を削除して台形を作り、マウス操作で反転ピラミッドをスライド中央に配置したら、書式を下記の値に変更します。

フォント	游ゴシック
フォントサイズ	20pt（「来店」のみ28pt）
スタイル	太字
文字色	●黒、テキスト1、白＋基本色15% ○白、背景1（「来店」のみ）

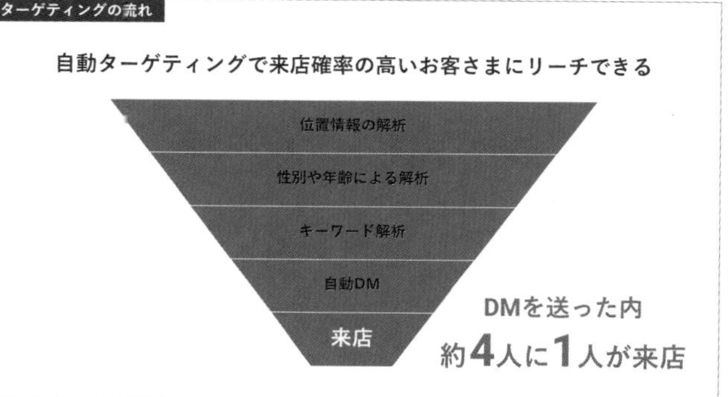

4 反転ピラミッドの各層の色を変更してグラデーションにする

反転ピラミッドの各層の図形の色を変更して、全体をグラデーションにします。一番上の図形（「位置情報の解析」）を右クリックして［図形の書式設定］を開き、作業ウィンドウから［塗りつぶし（単色）］にチェックを入れ「色」を［青、アクセント5、白＋基本色80%］、「線」を［線なし］に設定します。同様の手順で、各層の図形の色も変更します。

位置情報の解析	青、アクセント5、白＋基本色80%
性別や年齢による解析	青、アクセント5、白＋基本色60%
キーワード解析	青、アクセント5、白＋基本色40%
自動DM	青、アクセント5
来店	青、アクセント5、白＋基本色25%

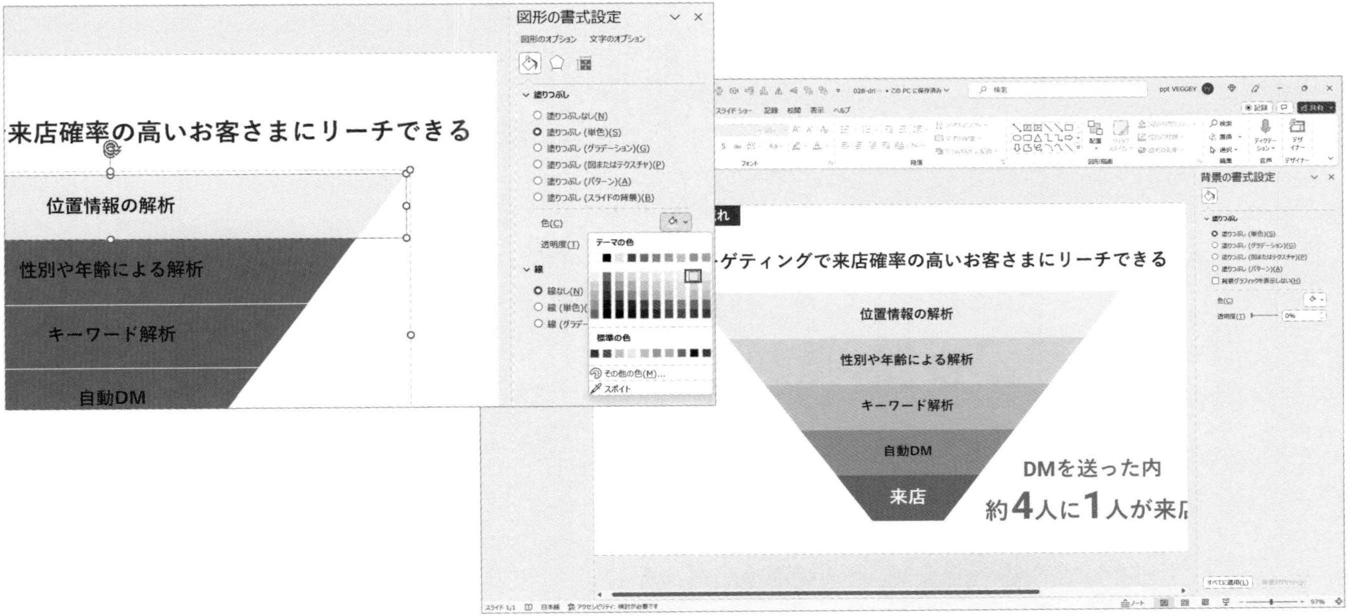

5 色付き波線のアンダーラインを引く

スライド右下のテキスト（「約4人に1人が来店」）を範囲選択して、ctrl+T で「フォント」のダイアログボックスを開きます。「下線のスタイル」で「下線」を［太波線］、「下線の色」を［●オレンジ（標準の色）］に設定します。最後にスライドの右脇にあるターゲティング数のラベルを右クリックで［最前面へ移動］したのち、各層の横に配置して完成です。

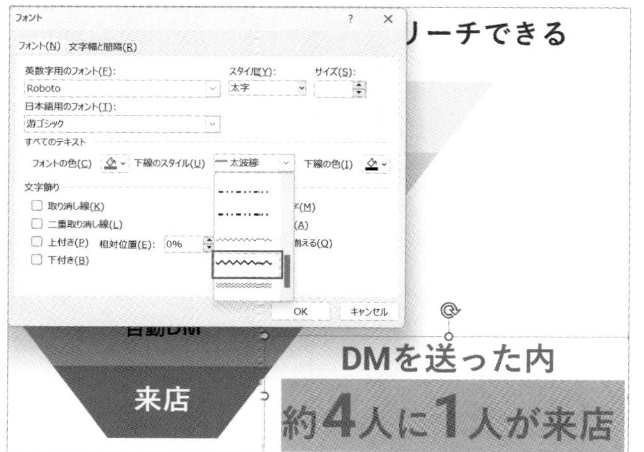

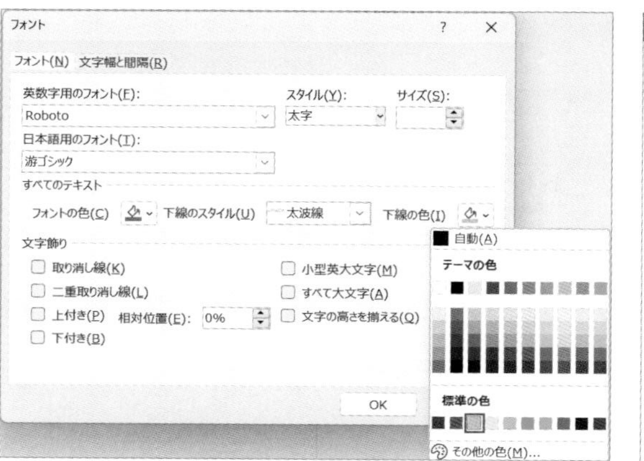

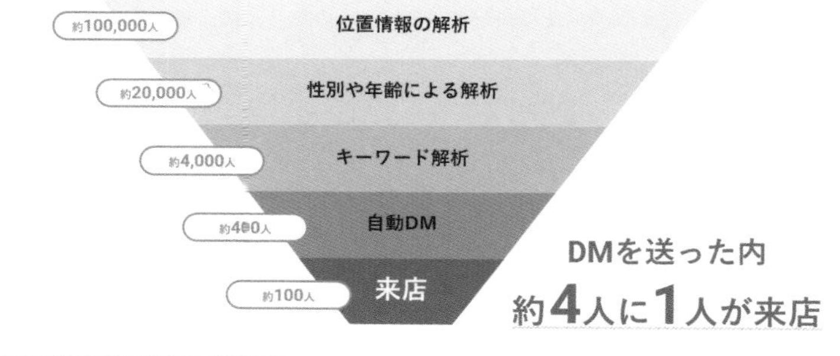

★★★ Drill 29

表を活用してガントチャートを作る

スケジュールの工程がわかるガントチャートを作成しましょう。

ドリル用ファイル 029-drill.pptx　完成ファイル 029-finish.pptx

Before

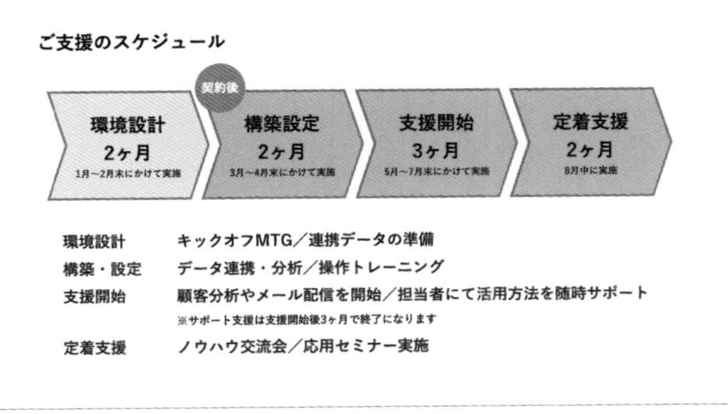

After

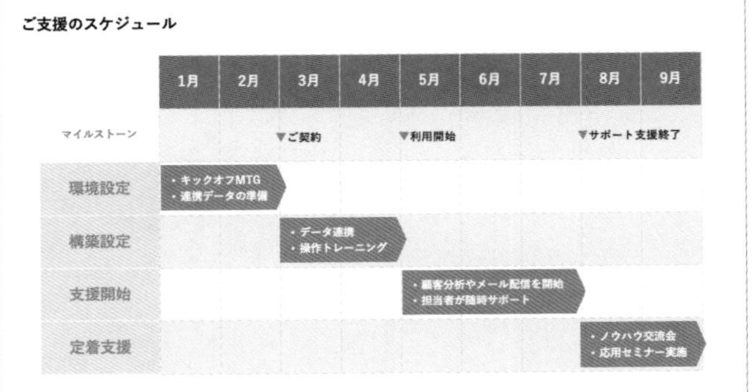

1 表を活用してガントチャートを作成する

使用フォント	游ゴシック
スタイル	太字
使用する色	●黒、テキスト1、白＋基本色50% ●オレンジ、アクセント2 ●オレンジ、アクセント2、白＋基本色80% ○白、背景1 ●白、背景1、黒＋基本色5% ●白、背景1、黒＋基本色15%

Hint 1 表機能でガントチャートを作成する

営業資料や提案資料などでスケジュールや工程を示す際にガントチャートを利用します。ガントチャートは図形や線を使って作成することもできますが、作業工程の追加や期間の延長など、変更が生じた際の修正が難しくなります。そのため、図形や線ではなくメンテナンスしやすい表機能で作成するのがおすすめです。

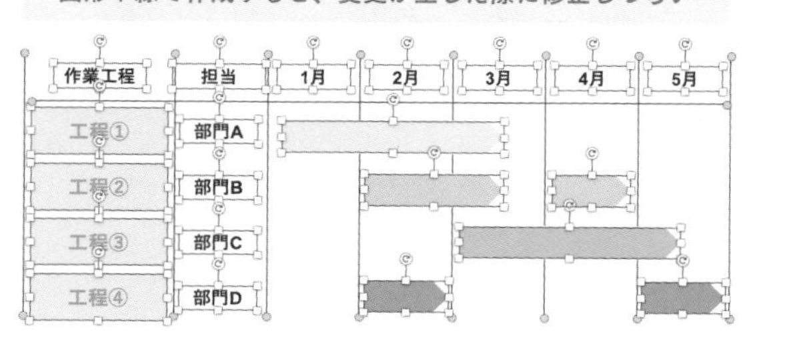

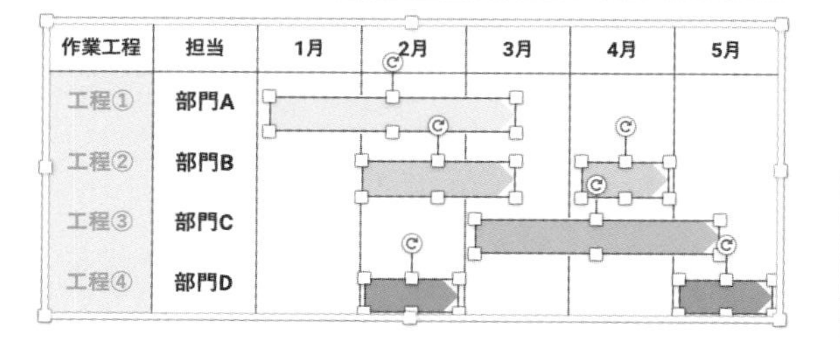

図形や線で作成すると、変更が生じた際に修正しづらい

作業工程	担当	1月	2月	3月	4月	5月
工程①	部門A					
工程②	部門B					
工程③	部門C					
工程④	部門D					

表で作成すると、作業工程の追加や削除などが容易

作業工程	担当	1月	2月	3月	4月	5月
工程①	部門A					
工程②	部門B					
工程③	部門C					
工程④	部門D					

Answer 29

Drill

表を活用してガントチャートを作る

□ 表機能でガントチャートの下地を作成し、各工程のオブジェクトを配置する

❶ 6行10列の表を作成して挿入する

ドリル用ファイル［029-drill.pptx］を開き、［挿入］タブにある［表］で［表の挿入］をクリックします。「表の挿入」のダイアログボックスで［列数：10］［行数：6］を入力して表を挿入します。alt+F9 でガイド線を表示し、ガイド線に沿うように表を拡大して配置します。

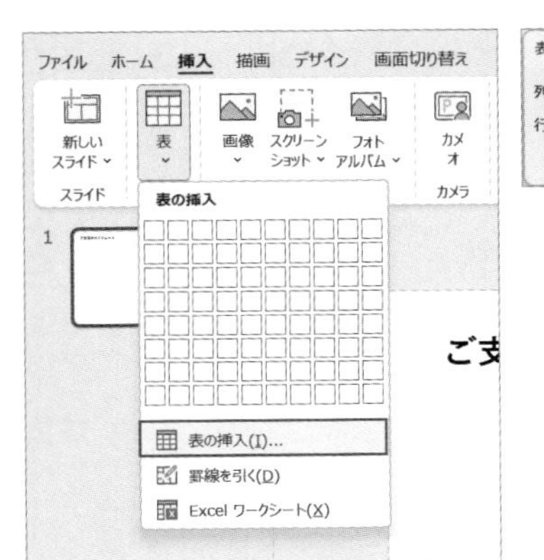

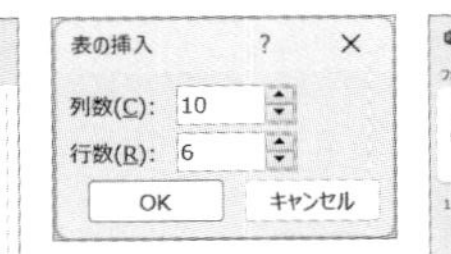

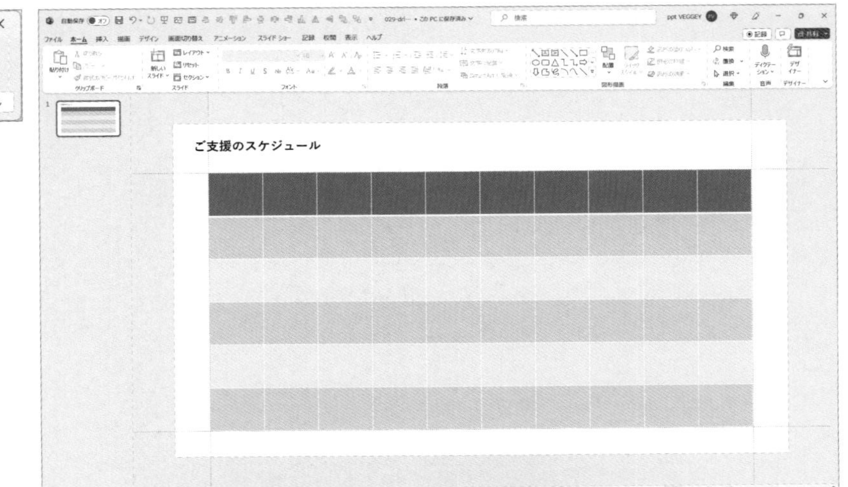

2 表の列幅を調整し、1行目に期間（1月〜9月）を入力する

1列目と2列目の間の罫線にカーソルを置き、カーソルの表示が⟺に変わってから右方向にドラッグして、1列目の列幅を広くします。2列目から10列目を範囲選択して、［レイアウト］タブにある［幅を揃える］で等間隔にします。次に1行目の2列目を「1月」として10列目の「9月」までテキストを入力します。最後に1行目を選択して、［テーブルデザイン］タブの［塗りつぶし］から背景色を［●黒、テキスト1、白＋基本色50%］に設定します。

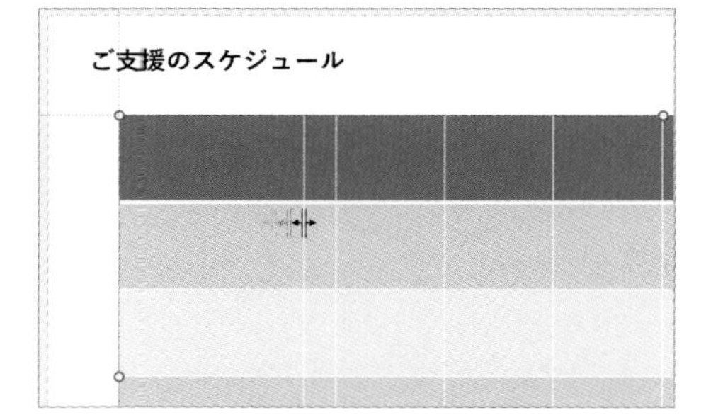

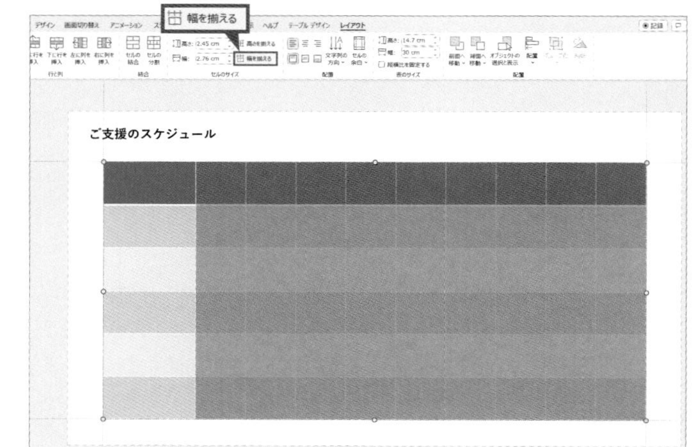

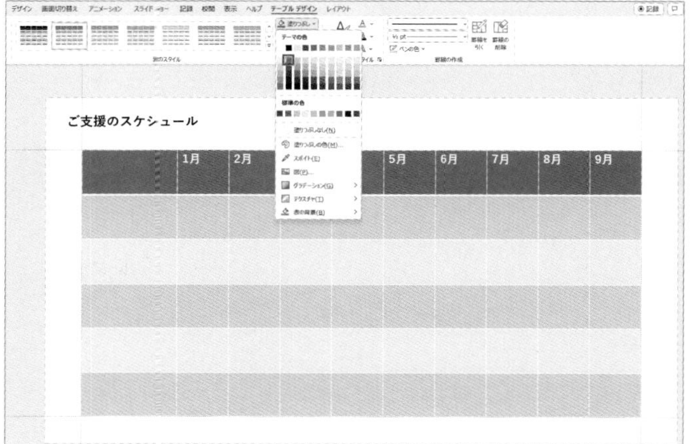

③ 表1列目にテキストを入力し、文字色やフォントサイズ、背景色を編集する

表の1列目の2行目から6行目にテキスト（「マイルストーン」・「環境設計」・「構築設定」・「支援開始」・「定着支援」）を入力し、ctrl+B で太字にします。次に1列目をすべて選択して［テーブルデザイン］タブの［塗りつぶし］から［塗りつぶしなし］にしたのち、1列目の3行目「環境設計」から1列目の6行目「定着支援」まで選択して、背景色を［オレンジ、アクセント2、白＋基本色80%］に設定します。最後に1列目のテキストのフォントサイズと文字色を下記の値に設定します。

フォントサイズ	20pt（「マイルストーン」のみ14pt）
文字色	●オレンジ、アクセント2

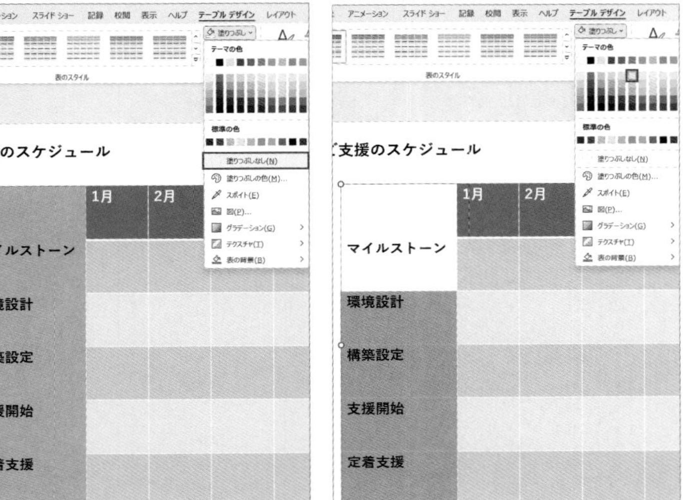

④ 表中央の背景色と罫線を編集する

表中央が白とグレーの縞模様になるように、一度背景色の塗りつぶしをなくし、1行おきにグレー色をつけていきます。まず2列目の2行目から表の右下のセルまでを選択して、［テーブルデザイン］タブの［塗りつぶし］から［塗りつぶしなし］を設定します。次に、「マイルストーン」・「構築設定」・「定着支援」の行を［白、背景1、黒＋基本色5%］に設定し、白とグレーの縞模様にします。最後に罫線を設定します。先ほどと同じように2列目の2行目から表の右下のセルまでを選択して、［テーブルデザイン］タブから「ペンの太さ」を［½pt］、「ペンの色」を［白、背景1、黒＋基本色15%］に設定し、「罫線」のドロップダウンリストから［格子］をクリックして薄い罫線を反映します。

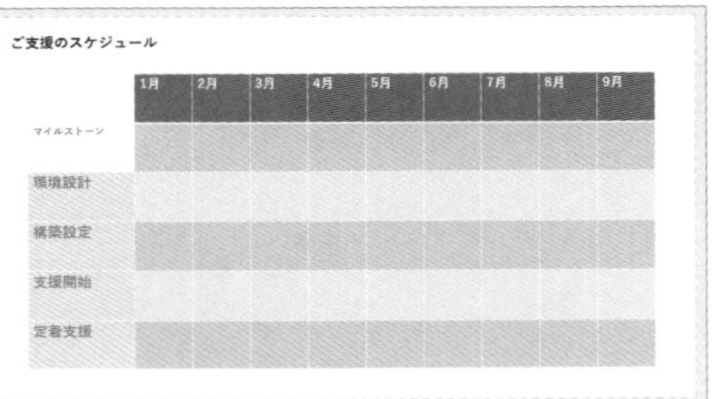

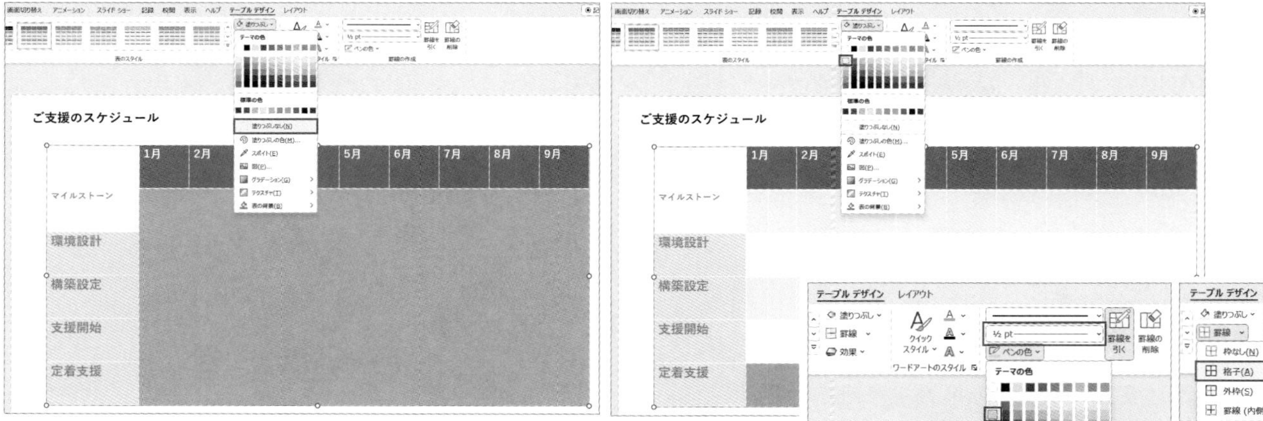

Memo 表で罫線を引くときはノイズにならないようグレー色を選び、線の太さにも気をつけましょう。

5 文字列を中央に揃えて、オブジェクトとテキストを配置する

表を選択して［レイアウト］タブにある［中央揃え］と［上下中央揃え］をクリックして文字の配置を中央揃えに変更します。その後、スライド右脇に用意されたオブジェクトとテキストを右クリックして［最前面へ移動］し、スケジュールに沿って配置したら完成です。

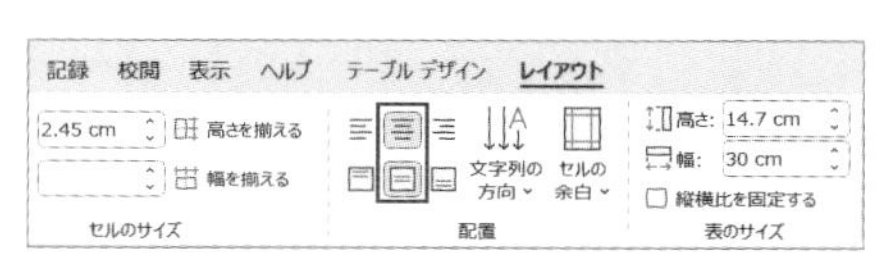

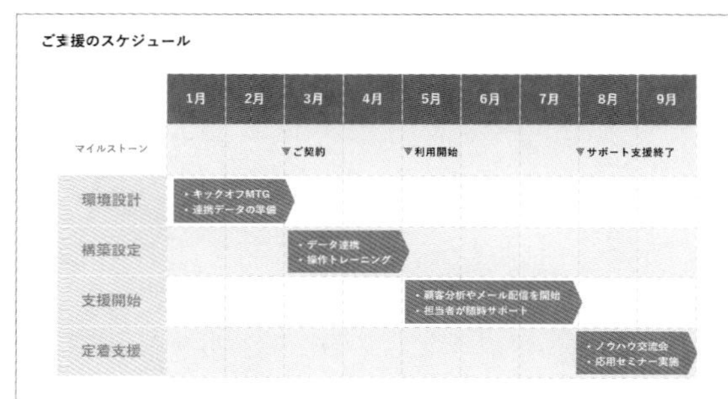

★★★ Drill 30

キャリアパスをステップ図で作る

横並びのキャリアパスをステップ図に作り変えて、キャリアアップがイメージできるスライドにしましょう。

ドリル用ファイル 030-drill.pptx　完成ファイル 30-finish.pptx

Before

社員のキャリアアップのイメージ

当社はキャリアアップごとに昇給していくシステムです

ランク1	ランク2	ランク3	ランク4
試用期間	AMクラス 実務経験が1年以上	AGクラス リーダーとして周囲を牽引	GMクラス 部門を統括する。部下育成や目標達成を徹底する
22.5万/月収	29〜39.5万/月収	40〜60万/月収	65〜75万/月収
現場での業務や本社での新入社員研修を通して基礎知識を身に着ける	現場管理者としての派遣エンジニアの管理・育成する業務、役職毎の社員研修	管理職として現場管理者を管理・育成する業務、業務スキル研修、コーチング研修	外勤統括管理者として部下を管理・育成する業務、新人管理職研修、考課者研修

After

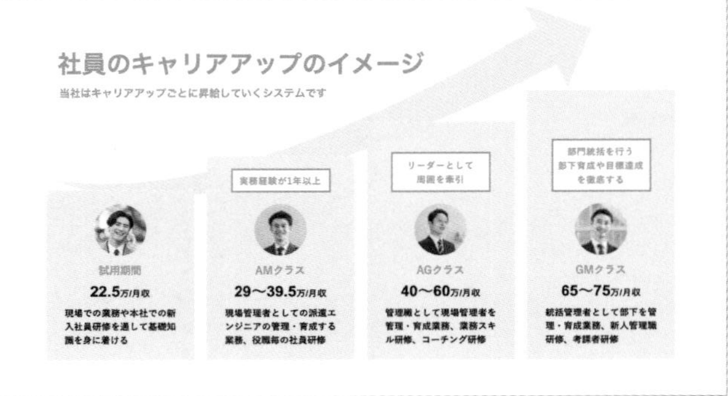

1 高さの比率が等間隔になるようにステップ図を作成する

2 右上に伸びる「上向き矢印」を使用する

使用する色	白、背景1、黒＋基本色5% 青、アクセント5、白＋基本色80%

Hint 1 SmartArt「ブロックの降順リスト」

ステップ図のように等間隔で高くなる図形を自分で作成する場合、高さを測ったり、整列させたりと手順が多くなり作成に時間を要します。SmartArtの「ブロックの降順リスト」を利用することで図形を増やしたときでも、それぞれの図形の高さを自動で調節してくれるため、簡単にステップ図を作成できます。

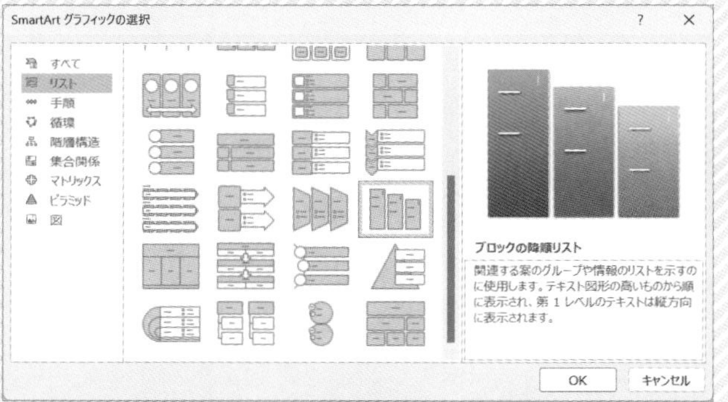

Hint 2 形が美しいSmartArt「上向き矢印」

PowerPointで使える矢印は、ブロック矢印や線矢印、またアイコン矢印などがありますが、その中でも形が美しい矢印がSmartArtの「上向き矢印」です。上向き矢印は形や太さが調節できるため使い勝手がよく、右上がりを強く印象付けてくれます。SmartArtの「上向き矢印」を使用する際は、「図形に変換」して矢印だけを使用するようにします。

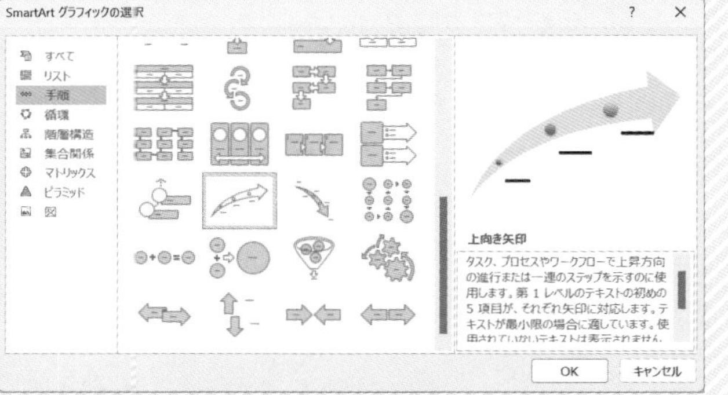

Answer 30

Drill

キャリアパスをステップ図で作る

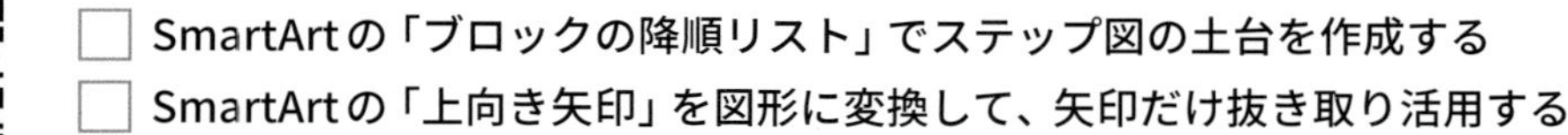

- SmartArtの「ブロックの降順リスト」でステップ図の土台を作成する
- SmartArtの「上向き矢印」を図形に変換して、矢印だけ抜き取り活用する

1 SmartArtで「ブロックの降順リスト」を挿入する

ドリル用ファイル［030-drill.pptx］を開きます。まず［挿入］タブにある［SmartArt］をクリックして「SmartArtグラフィックの選択」のダイアログボックスを開きます。［リスト］にある［ブロックの降順リスト］を選択してスライドに挿入します。次に「SmartArtのデザイン」タブにある［図形の追加］をクリックして図形をひとつ追加し、［右から左］をクリックして図形を反転させます。最後に「SmartArtのデザイン」タブにある［変換］から［図形に変換］をクリックしてステップ図の土台を作ります。

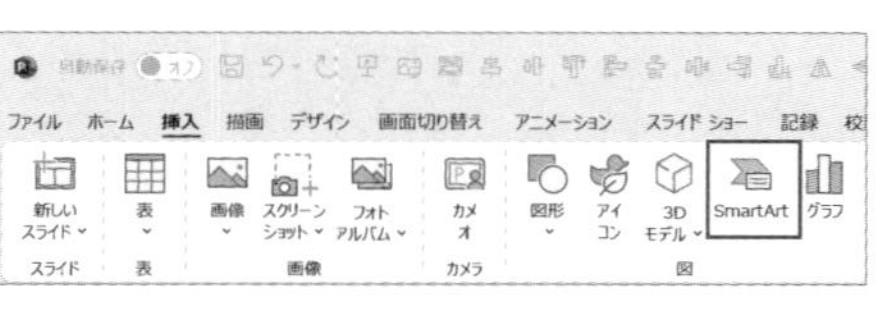

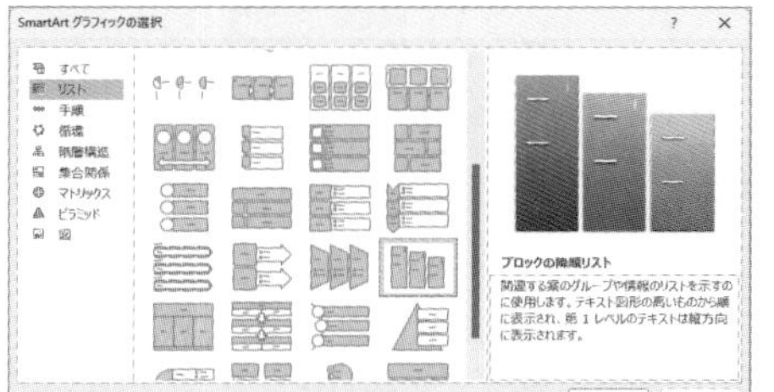

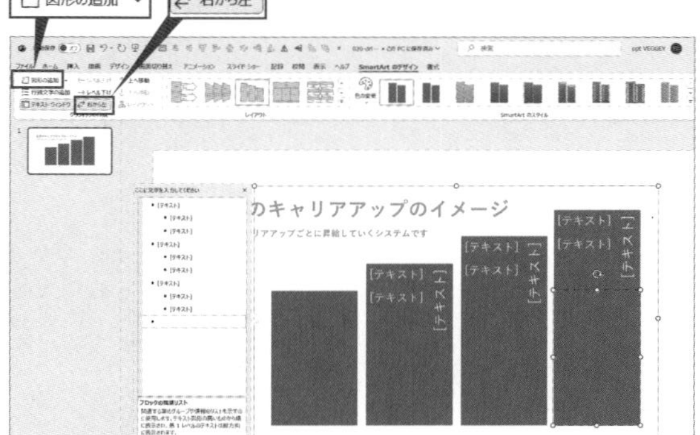

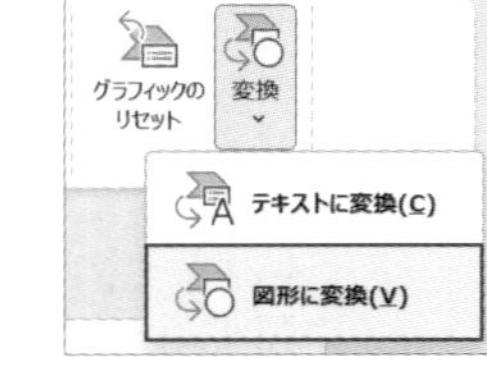

Memo 図形に変換すると「テキスト」の文字は消えますが、図形の中に見えないテキストボックスが残ったままになります。作図に当たって不都合はありませんが、気になるようであれば図形に変換する前にレベル下げのテキストを削除しておきましょう。

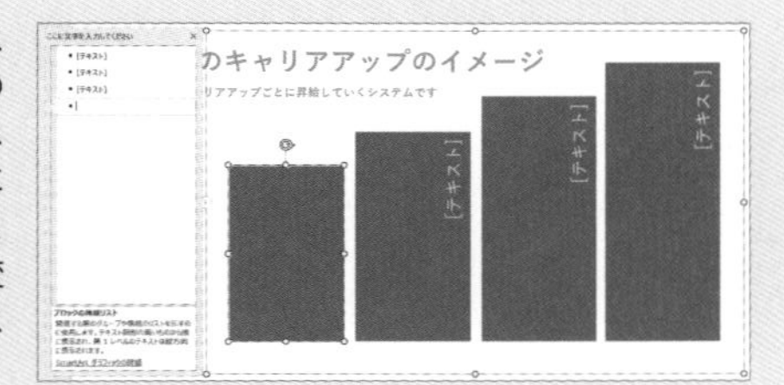

2 ステップ図のレイアウトを整える

グループ化されたステップ図の各図形を複数選択して、[図形の書式] タブの [配置] から [左右に整列] をおこない等間隔にします。次に alt+F9 でガイド線を表示し、グループ化された状態のままガイド線に沿うように拡大して配置します。配置したら右クリックで [最背面へ移動] を選択し、ctrl+shift+G でグループ化を解除します。

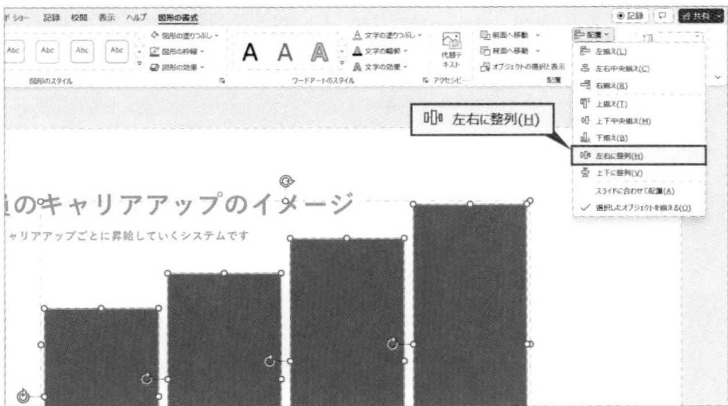

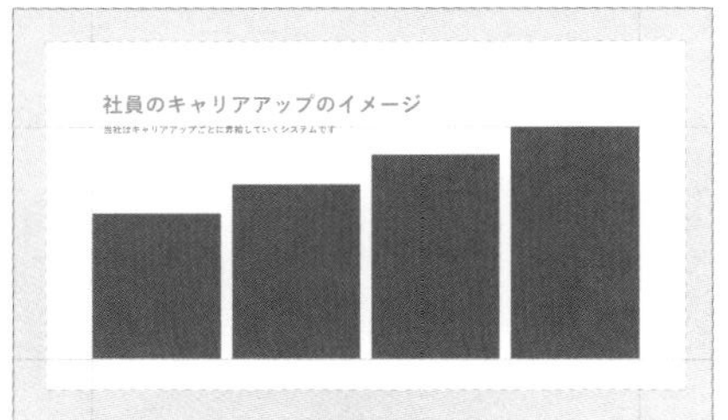

3 ステップ図の背景色を編集する

ステップ図の図形をすべて選択して、[図形の書式] タブにある [図形の塗りつぶし] で [白、背景1、黒+基本色5%] に設定します。最後に、スライド右脇にあるテキストやオブジェクトをステップ図の上に配置します。

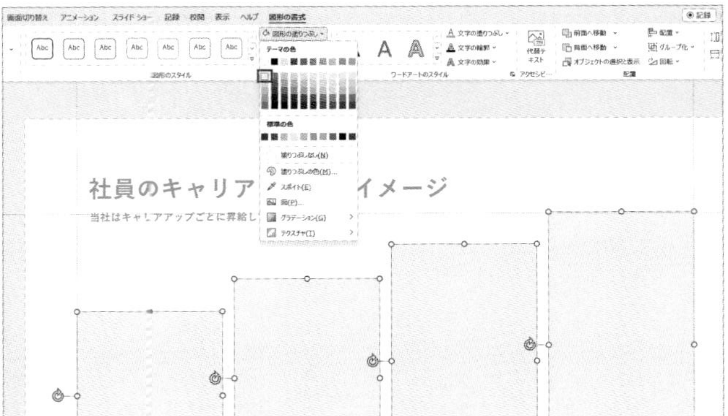

4 SmartArtの「上向き矢印」を挿入する

[挿入] タブにある [SmartArt] をクリックして「SmartArtグラフィックの選択」のダイアログボックスを開き、[手順] にある [上向き矢印] を選択してスライドに挿入します。次に「SmartArtのデザイン」タブにある [変換] から [図形に変換] を選択し ctrl + shift + G でグループ化を解除して矢印以外の要素を削除します。

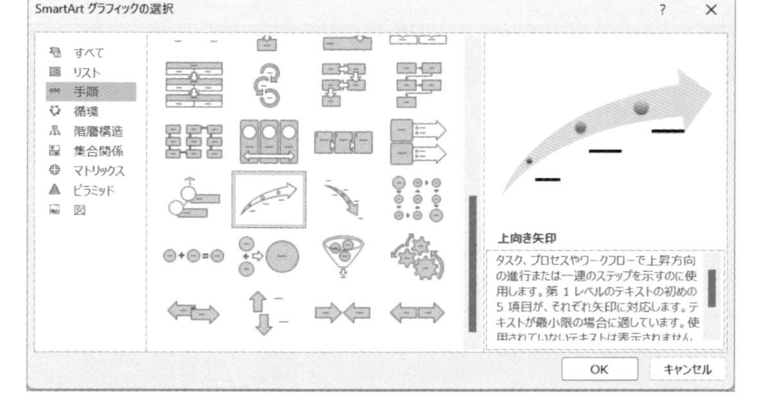

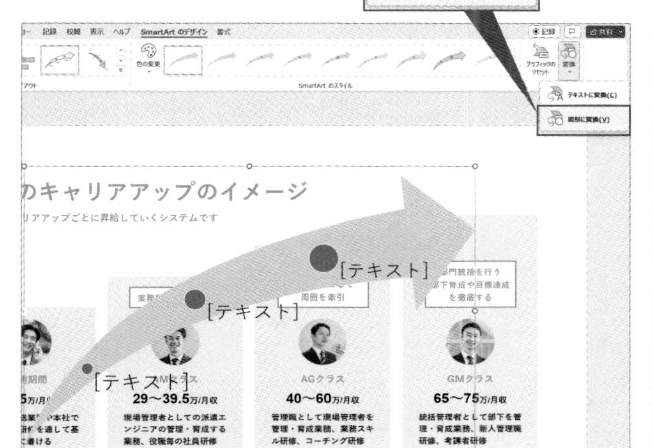

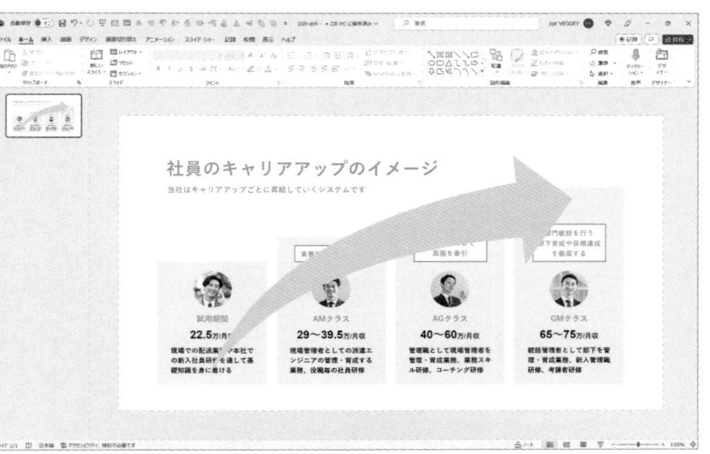

5 上向き矢印を上下反転して配置する

上向き矢印を細長に（Afterスライドでは「高さ」[9.5cm]、「幅」[24.5cm]）編集して、[図形の書式] タブにある [回転] から [上下反転] をクリックします。反転したら、矢印の回転ハンドルにカーソルを合わせて右上に矢印が向くように調節します。最後に矢印を右クリックして [最背面へ移動] させ、[図形の書式] タブにある [図形の塗りつぶし] で [青、アクセント5、白+基本色80%] に設定して完成です。

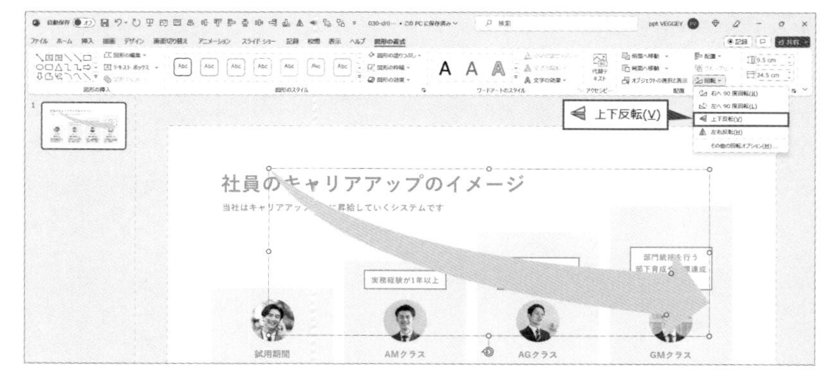

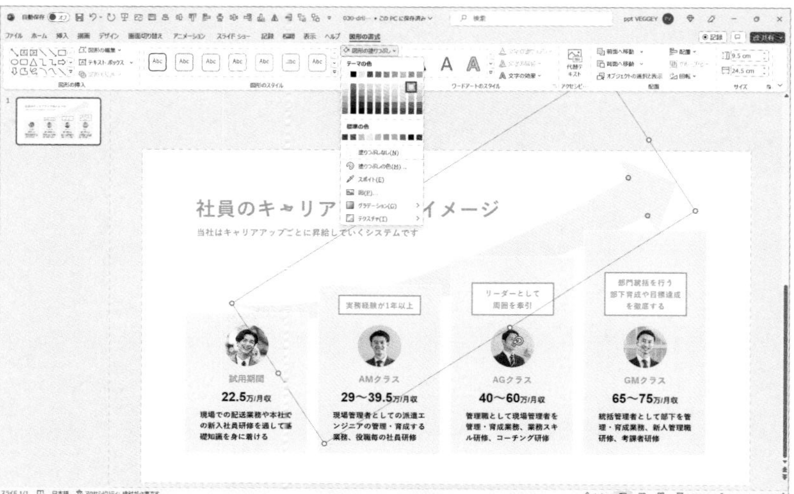

Column

図解の参考になるサイト

資料作成では情報を視覚的にするために、わかりやすい図解が求められます。図解するときに参考になるデザインをストックしておくことで、資料の見やすさや作成スピードを向上させることが可能です。ここでは図解の参考になるサイトを紹介します。

Webデザインのパーツ集を参考にする

Web制作に限らず、資料作成の図解やレイアウト作成の参考になるサイトが「Parts」です。このサイトはフロー図や料金表など、さまざまなパーツごとにWebデザインがまとめられています。図やレイアウト作成に迷ったら参考にしてみてください。

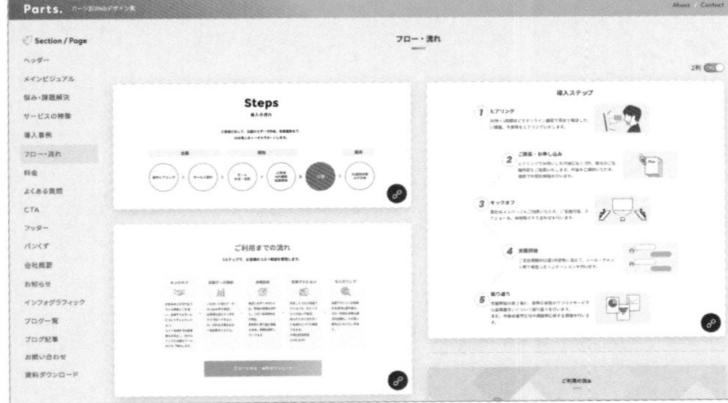

インフォグラフィックから図解を学ぶ

インフォグラフィックは、わかりづらいデータや情報を図やイラストでわかりやすく表現する手法で、伝えたい情報をひと目で伝えるのに役立ちます。このインフォグラフィックは図やイラストの使い方など、資料作成でも参考になります。Google検索で「数字で見る」と画像検索すると、各企業が採用ページに掲載しているインフォグラフィックを閲覧できるので、ぜひチェックして図解の参考にしてみてください。

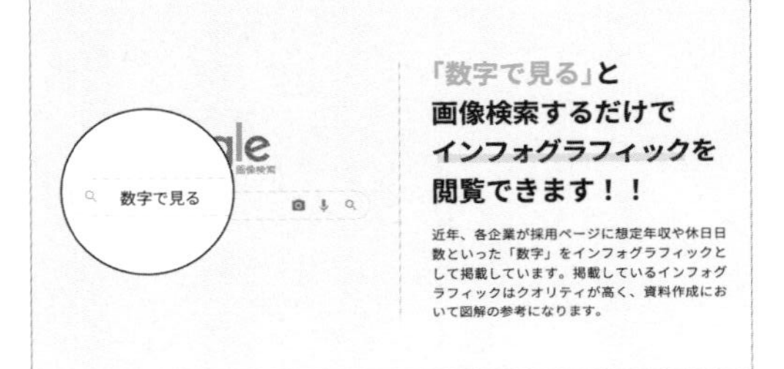

Chapter 6

グラフ

★★★ Drill 31

ドーナツグラフで数値を強調する

ドーナツグラフを作成して利用率を強調しましょう。

ドリル用ファイル 031-drill.pptx　完成ファイル 031-finish.pptx

Before

LINEの国内利用率について

LINEを利用している人の割合	
利用している	利用していない
92.5%	7.5%

LINEの国内利用率 92.5%
日本中で利用されています

LINEは他のSNSと比べてもアクティブユーザーが多く約9,200万人（2022年3月時点）にのぼります。近年では広告など宣伝のプラットフォームとして利用する企業が増えています。

令和3年度 情報通信メディアの利用時間と情報行動に関する調査

After

LINEの国内利用率について

LINEの国内利用率 92.5%
日本中で利用されています

LINEは他のSNSと比べてもアクティブユーザーが多く約9,200万人（2022年3月時点）にのぼります。近年では広告など宣伝のプラットフォームとして利用する企業が増えています。

令和3年度 情報通信メディアの利用時間と情報行動に関する調査

1 ドーナツグラフを作成する

2 グラフの色をグレースケールにしてから強調したい項目に色をつける

使用する色　●緑、アクセント6

Hint 1 凡例やタイトルは非表示にする

グラフを作成するとタイトルや凡例が表示されますが、これらはグラフエリア内でしか移動することができず、グラフを作成する上で邪魔になることがあります。特に凡例は便利そうに見えますが、凡例とグラフの位置が離れているため、どの項目に対応しているのかわかりづらい場合があります。そのため、グラフ作成時には一度グラフ以外の要素を非表示にしておきます。もし凡例が必要な場合は自身で作図し、見やすい位置に配置しましょう。

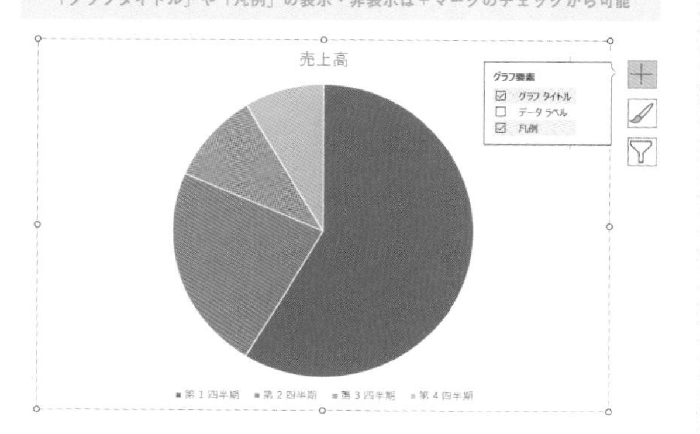

「グラフタイトル」や「凡例」の表示・非表示は＋マークのチェックから可能

Hint 2 グレースケールを活用する

グラフで強調したい項目がある場合には、まずグラフ全体をグレースケールにしてから強調したい項目に色を加えます。グレースケールは「グラフのデザイン」タブの「色の変更」から設定します。

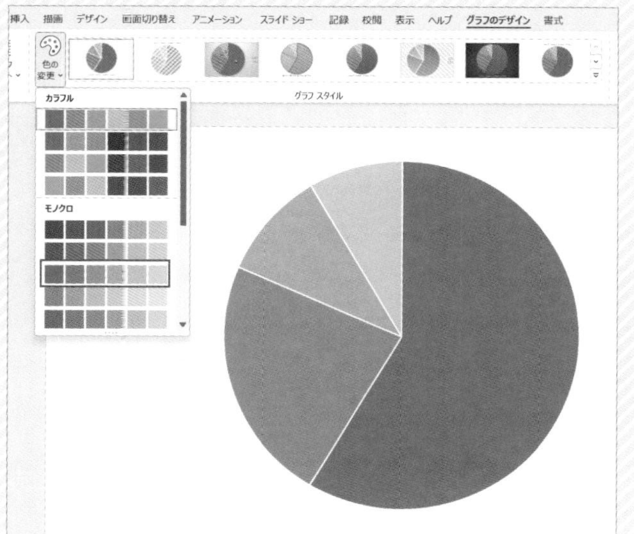

Answer 31

Drill ドーナツグラフで数値を強調する

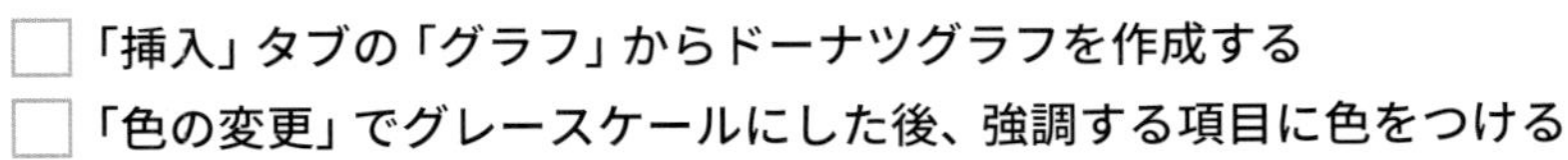

- 「挿入」タブの「グラフ」からドーナツグラフを作成する
- 「色の変更」でグレースケールにした後、強調する項目に色をつける

1 ドーナツグラフを挿入して要素を非表示にする

ドリル用ファイル［031-drill.pptx］を開きます。［挿入］タブの［グラフ］をクリックして「グラフの挿入」のダイアログボックスを開き、「円」から［ドーナツ］を選択しスライドに挿入します。挿入したドーナツグラフを選択して、グラフエリアの右側にある＋マークをクリックし「グラフ要素」を開き、「グラフタイトル」と「凡例」のチェックを外して、要素を非表示にします。

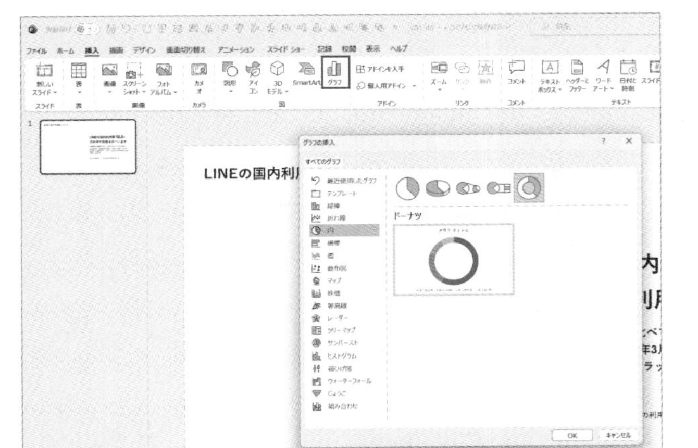

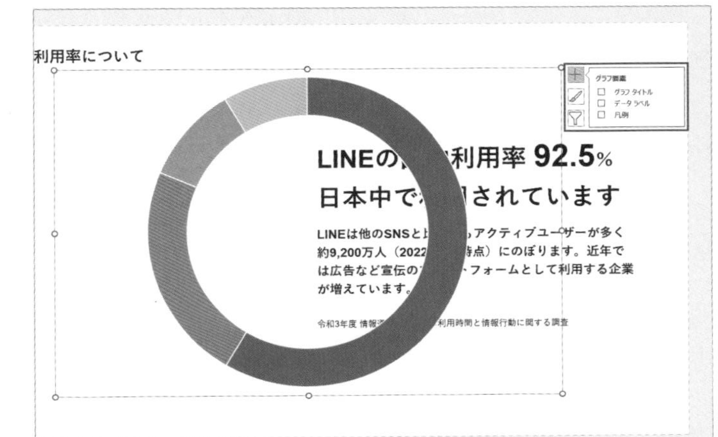

2 ワークシートでデータを編集する

ドーナツグラフを挿入する際に表示されるワークシートに下記のデータを入力します。入力が完了したら、ワークシート上の青枠の下をドラッグしてデータの表示範囲を設定します。データの表示範囲を設定したら、ワークシートを閉じます。

LINE利用率	割合 (%)
利用している	92.5
利用していない	7.5

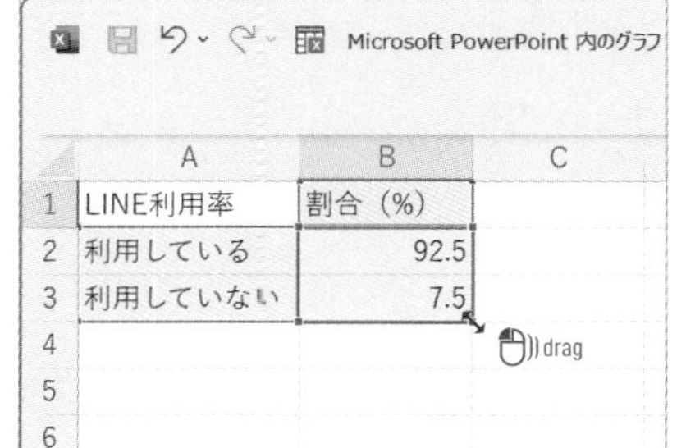

Memo ワークシートでデータの範囲を正確に設定しないと、グラフが正しく表示されない場合があります。

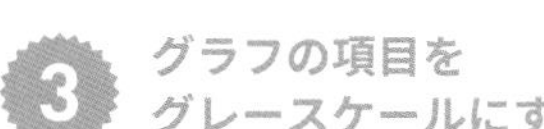

3 グラフの項目をグレースケールにする

ドーナツグラフを選択して［グラフのデザイン］タブにある［色の変更］をクリックします。ドロップダウンリストから「モノクロ」にある［モノクロパレット3］を選択して、グラフの色をグレースケールに変更します。

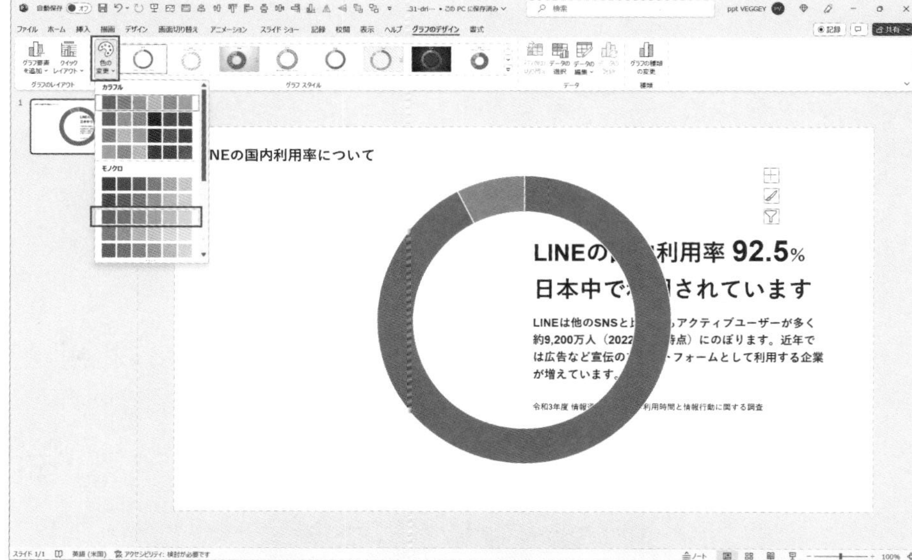

グラフのサイズや色を編集する

ドーナツグラフを右クリックして［データ系列の書式設定］を開き、作業ウィンドウで「ドーナツの穴の大きさ」を［82%］に設定します。次にグラフの項目（「利用している」）を選択し、作業ウィンドウから をクリックします。［塗りつぶし（単色）］にチェックを入れ「色」を［●緑、アクセント6］に設定します。最後にドーナツグラフをほどよいサイズに変更して、スライド左側に配置します。

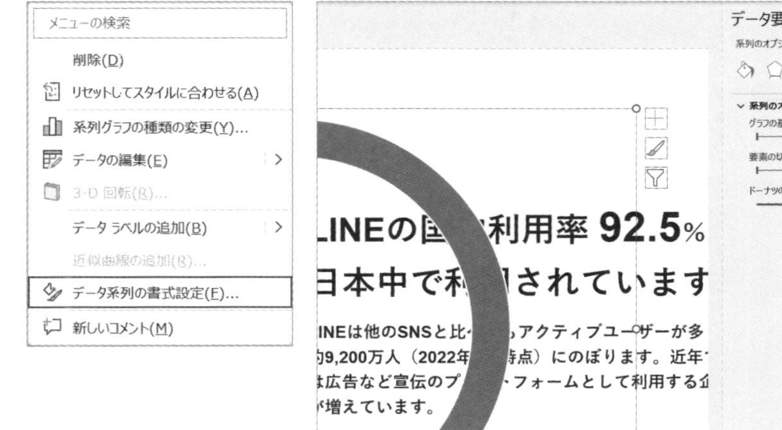

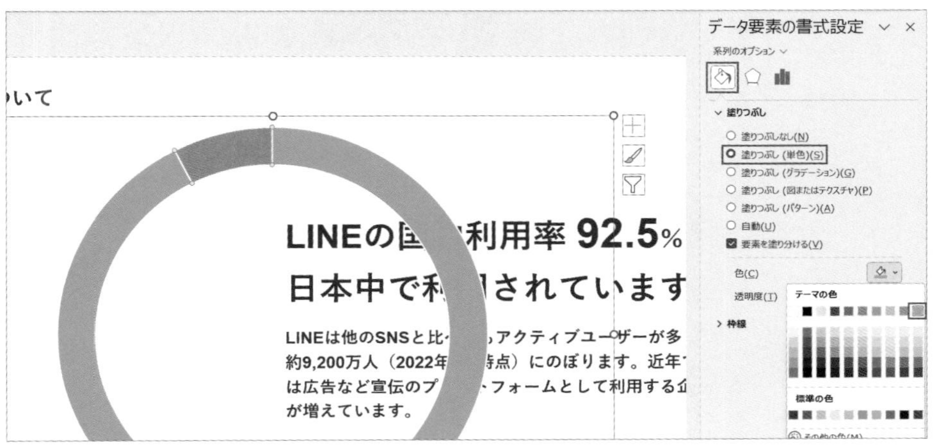

Memo グラフのサイズ変更は、グラフエリアやプロットエリア内の拡大・縮小に応じて自動的に調整されます。

5 文字組みを円の中心に配置する

スライド編集画面の右脇にある文字組みを右クリックして［最前面へ移動］し、ドーナツグラフの中心に配置したら完成です。

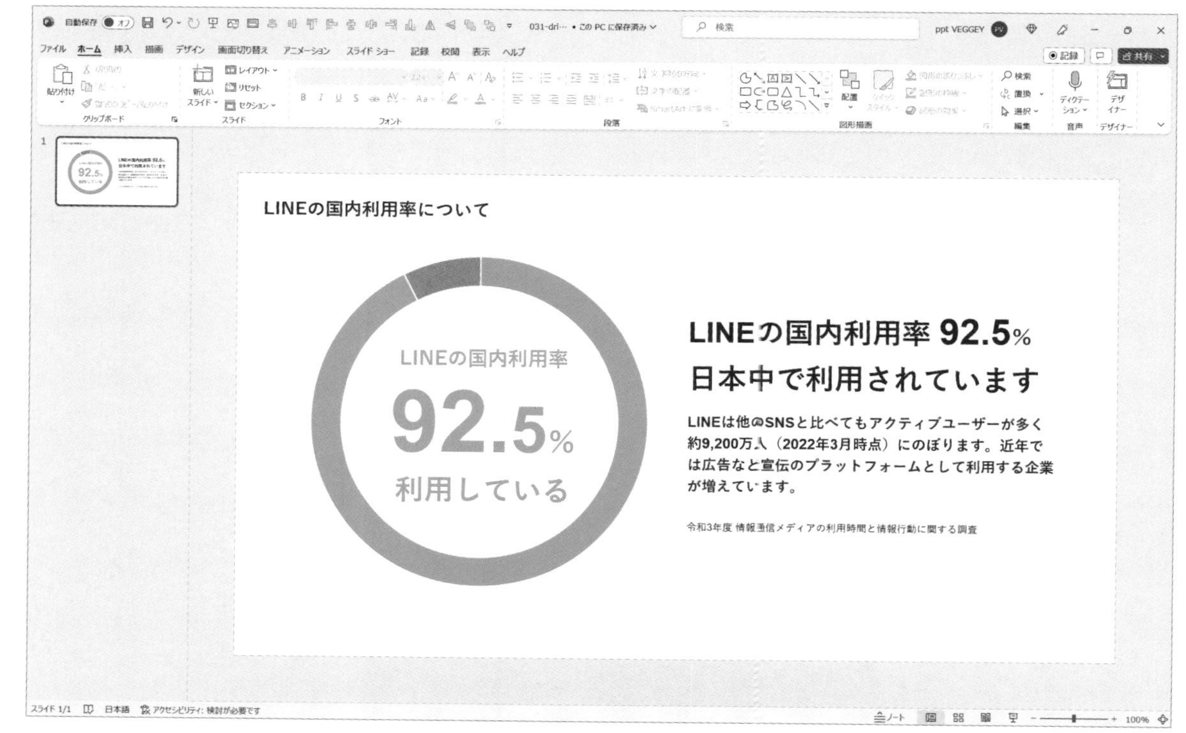

円グラフの複数項目を強調して伝える

円グラフの「とても満足」と「やや満足」のパーセンテージを合わせて顧客満足度を伝えましょう。

ドリル用ファイル 032-drill.pptx　完成ファイル 032-finish.pptx

Before

お客さま満足度アンケート調査（2023年）

アンケート結果	回答数	割合
とても満足	160人	**32%**
やや満足	150人	**30%**
どちらとも言えない	100人	20%
やや不満	75人	15%
とても不満	15人	3%

満足度合計 62%

After

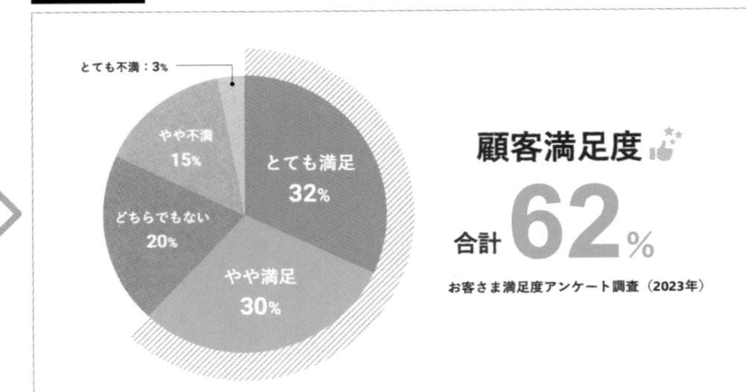

1. グラフの項目（「とても満足」・「やや満足」）をストライプ柄で覆う
2. 引き出し線を作成する

使用する色	●#00A2E8 ●#60CAF0 ●青、アクセント5、白＋基本色40% ○白、背景1 ●黒、テキスト1、白＋基本色15%

Hint 1 部分円を使って複数項目をまとめる

円グラフの複数の項目をまとめて表現する方法のひとつに、図形の「部分円」を使用する方法があります。部分円を円グラフよりもやや大きめに描き、中心位置を合わせて円グラフの背面に配置します。その後、部分円の黄色のつまみをドラッグして複数の項目をまとめるように弧の位置を調整します。

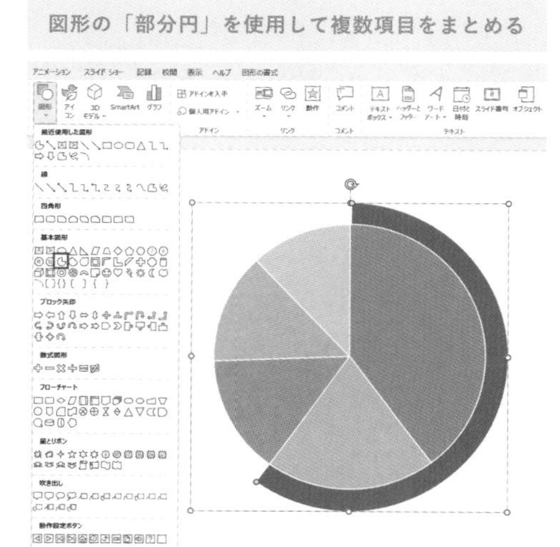

Hint 2 フリーフォームで引き出し線を作る

円グラフの項目内に数値が入らない場合は、引き出し線を使用して数値を外側に表示します。引き出し線はフリーフォームで作成でき、図形の書式設定で線の先端（円形矢印やひし形矢印など）を変更できます。またフリーフォームは通常の線と同様に、shift を押しながらドラッグすることで水平、垂直、または斜めに線を引くことができます。

Answer 32

Drill

円グラフの複数項目を強調して伝える

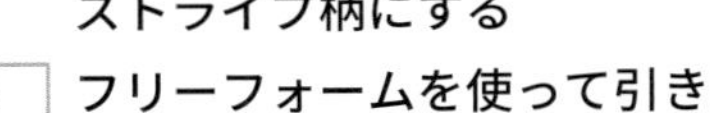
部分円を作成してグラフの項目（「とても満足」・「やや満足」）をまとめ、ストライプ柄にする

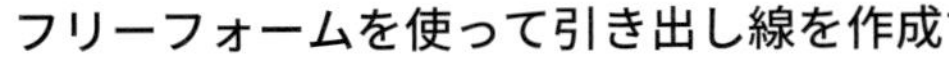
フリーフォームを使って引き出し線を作成する

円グラフを作成する

ドリル用ファイル［032-drill.pptx］を開きます。［挿入］タブの［グラフ］をクリックして「グラフの挿入」のダイアログボックスを開きます。「円」を選択してスライドに挿入し、表示されたワークシートに下記のデータを入力します。
データ入力後、グラフエリアの右側にある＋マークから「グラフ要素」を開き、すべてのチェックを外して非表示にします。

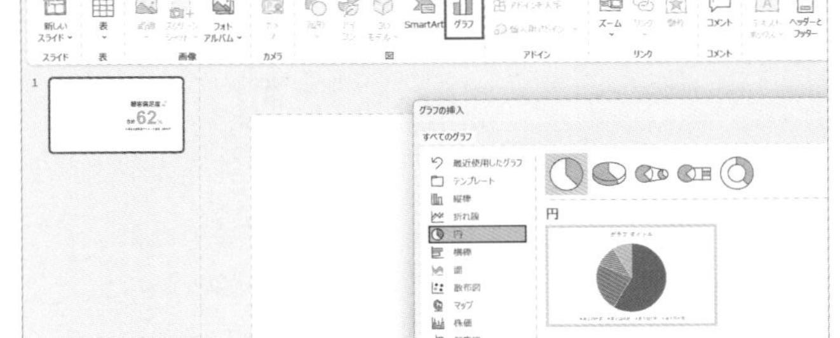

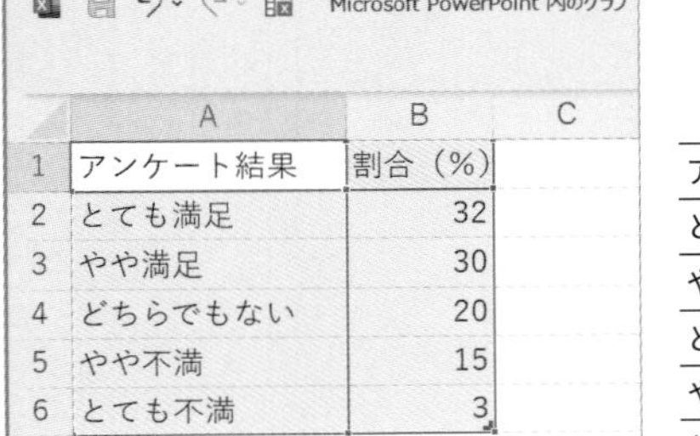
Microsoft PowerPoint 内のグラフ

	A	B	C
1	アンケート結果	割合（%）	
2	とても満足	32	
3	やや満足	30	
4	どちらでもない	20	
5	やや不満	15	
6	とても不満	3	
7			

アンケート結果	割合（%）
とても満足	32
やや満足	30
どちらでもない	20
やや不満	15
とても不満	3

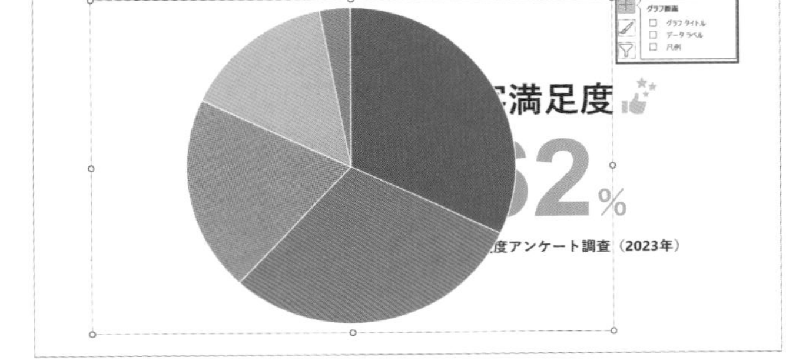

2 円グラフの色と配置の変更

円グラフをグレースケールに変更します。円グラフを選択して[グラフのデザイン]タブにある[色の変更]をクリックし、ドロップダウンリストから[モノクロパレット3]を選択します。次に円グラフの項目(「とても満足」)を選択して、[書式]タブの[図形の塗りつぶし]で[塗りつぶしの色]を選択し、「色の設定」のダイアログボックスを開きます。[ユーザー設定]をクリックして「Hex」に[● #00A2E8]を設定します。同様の手順で円グラフの項目(「やや満足」)に[● #60CAF0]を設定し、色を変更します。続けて[書式]タブの[図形の枠線]で[枠線なし]に設定します。最後にグラフをちょうどよい大きさに整えて、スライド左側に配置します。

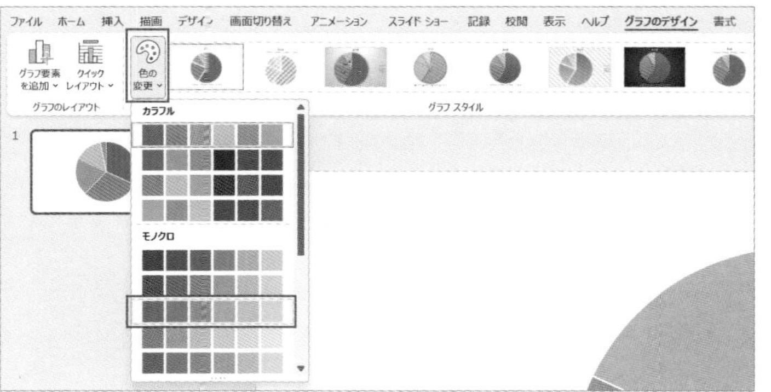

とても満足	● #00A2E8
やや満足	● #60CAF0

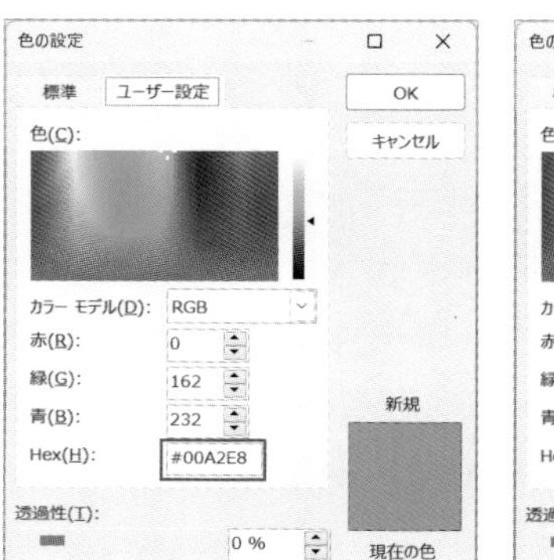

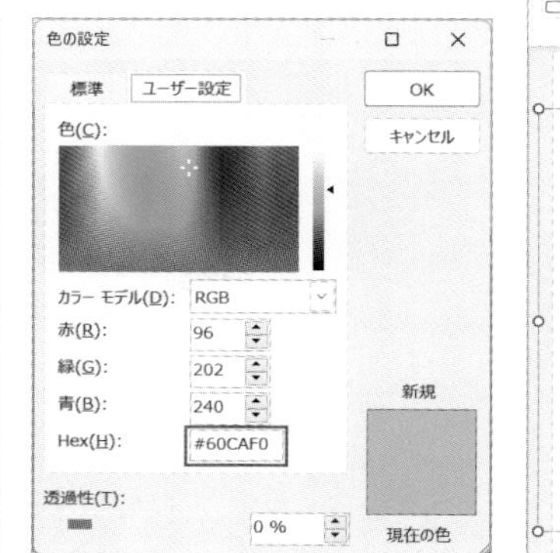

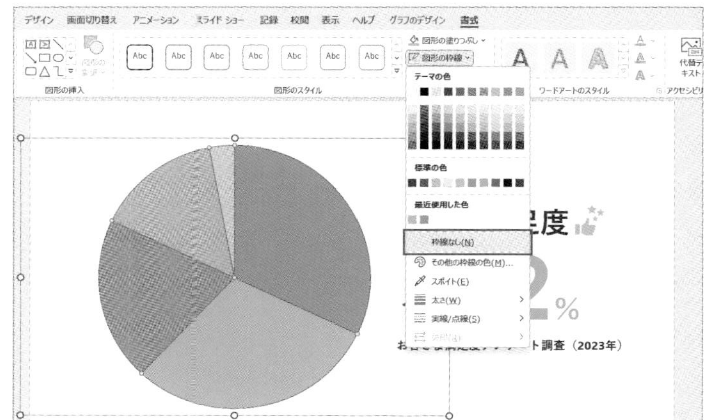

 図形の「部分円」を作成して円グラフの背面に配置

[挿入] タブの [図形] から [部分円] を選択し、スライド編集画面で shift を押しながらドラッグして円グラフよりも少し大きめに作成します。円グラフに重ねるように配置し、円グラフと部分円を選択した状態で [図形の書式] タブの [配置] から [左右中央揃え] と [上下中央揃え] をクリックして中心を揃えます。最後に図形を右クリックし [最背面へ移動] したら、図形の黄色のつまみを操作して「とても満足」と「やや満足」の項目を覆います。

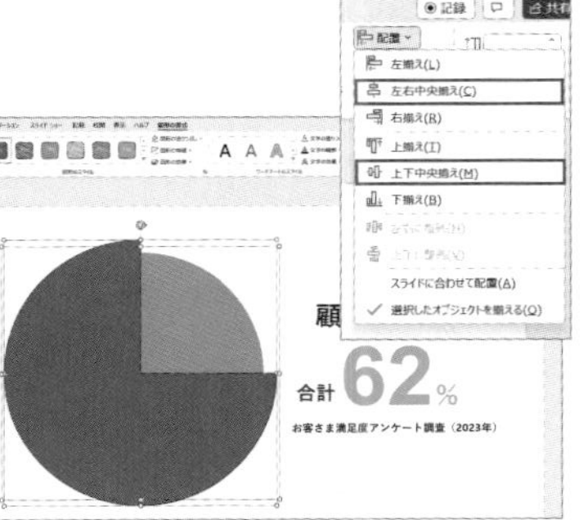

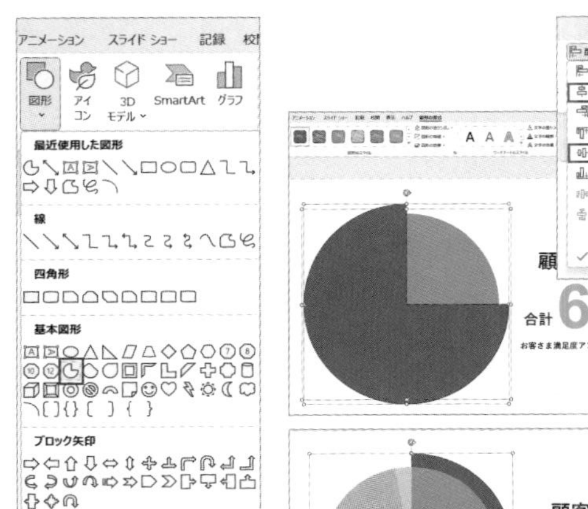

 図形の背景色を対角ストライプにする

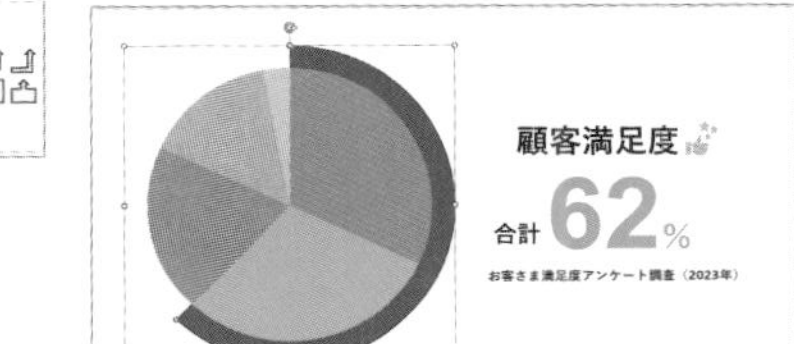

「部分円」の図形を右クリックして [図形の書式設定] を開きます。作業ウィンドウで [塗りつぶし (パターン)] にチェックを入れ、[対角ストライプ：右上がり (太)] をクリックします。次に「前景」を [●青、アクセント5、白＋基本色40%]、「背景」を [○白、背景1] に設定して、「線」を [線なし] にします。最後にスライド編集画面の右脇にあるテキストボックスを右クリックして [最前面へ移動] したら、円グラフの項目に合わせてテキストを配置します (テキスト「(とても不満)」はステップ❺で使用するため、ここで配置する必要はありません)。

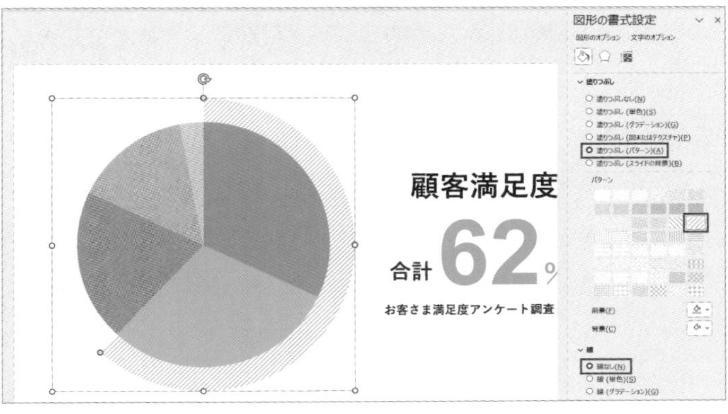

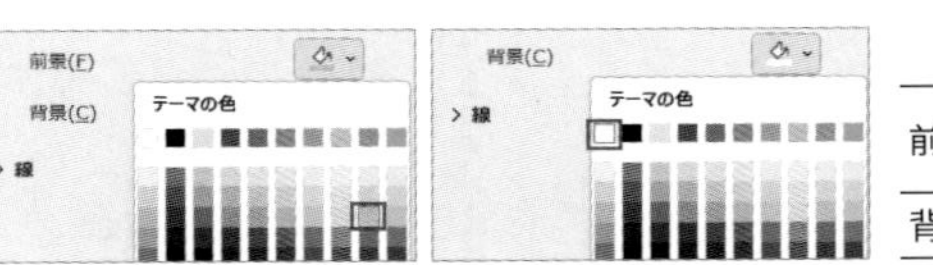

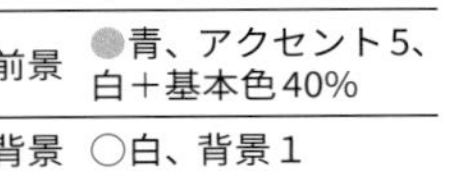

前景	●青、アクセント5、白＋基本色40%
背景	○白、背景1

引き出し線を作成する

［挿入］タブの［図形］から［フリーフォーム：図形］を選択して、円グラフの項目（「とても不満」）にカーソルを合わせてクリックします。shift を押しながら上方向に垂直に線を引き、円グラフの項目の外で一度クリックして向きを変え、左方向に水平な線を引きます。引いた線を選択して、作業ウィンドウから線の「色」を［●黒、テキスト1、白＋基本色15%］、「始点矢印の種類」を［円形矢印］に設定します。最後にテキストボックス「（とても不満）」を矢印の先に配置したら完成です。

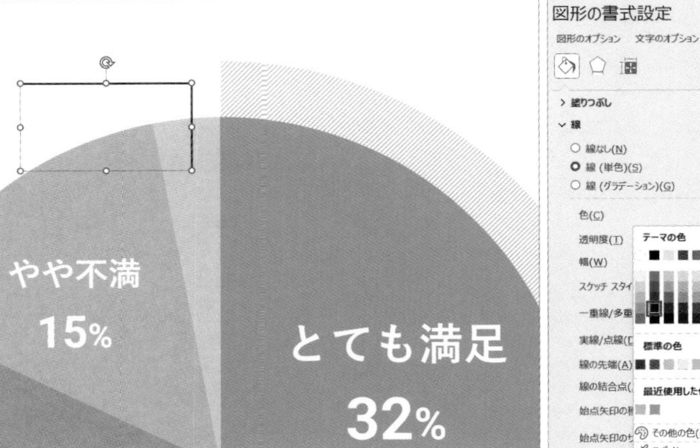

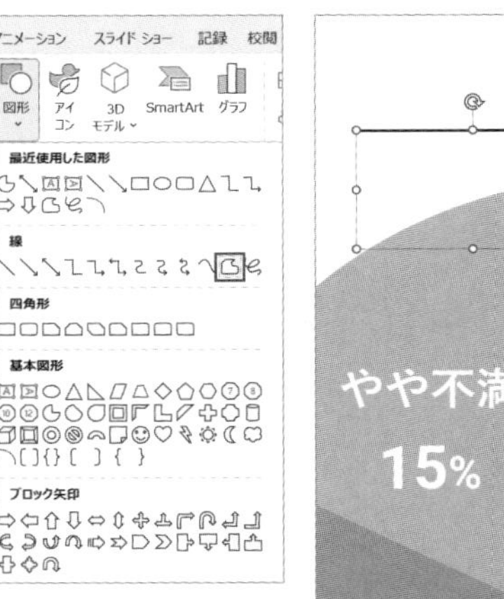

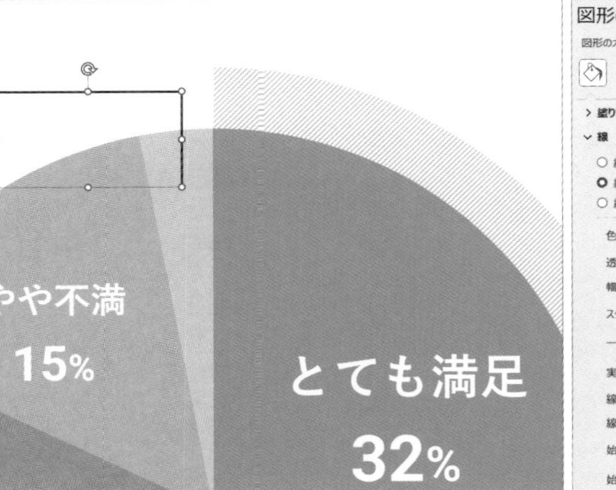

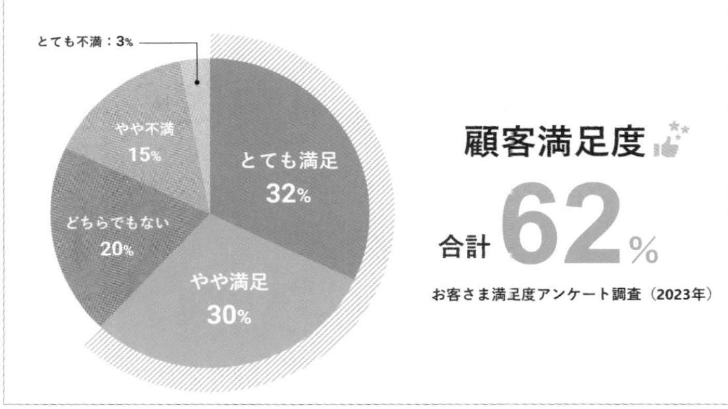

Drill 33 ★★

横棒グラフにして上位の項目を伝える

縦棒グラフを横棒グラフに修正しましょう。またランキング上位の項目に焦点を当てたグラフにしましょう。

ドリル用ファイル 033-drill.pptx　完成ファイル 033-finish.pptx

Before

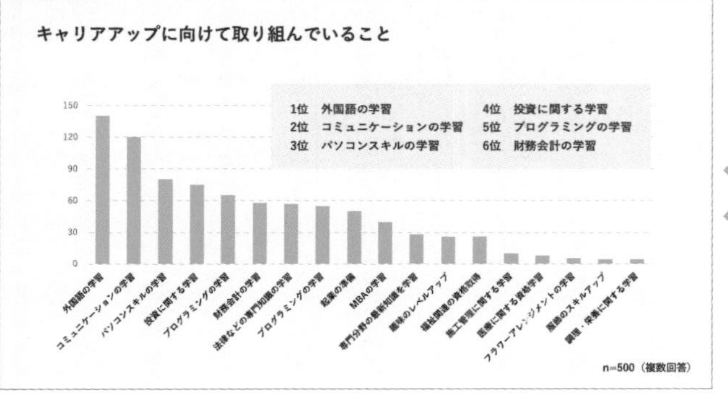

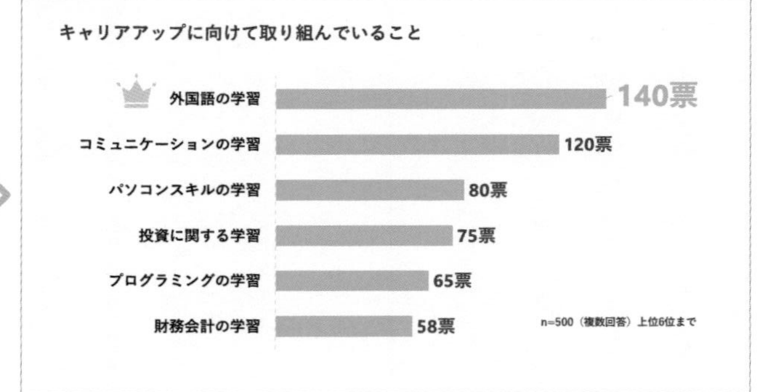

1. 縦棒グラフを横棒グラフに変更する
2. データラベルに表示形式（票）を設定する
3. 王冠のアイコンを挿入する

使用フォント	英数字用フォント　Segoe UI 日本語用フォント　游ゴシック
スタイル	太字
使用する色	●薄い青（標準の色）

Hint 1 項目名が長い場合は横棒グラフにする

縦棒グラフでは項目名が長いと読みづらくなるだけでなく、グラフの棒の長さが極端に短くなってしまい、データの比較が困難になることがあります。そのため、項目名が長い場合は横棒グラフを使用して、項目名やデータを見やすくします。縦棒グラフから横棒グラフに変更する場合は、[グラフのデザイン] タブの「グラフの種類の変更」からおこないます。

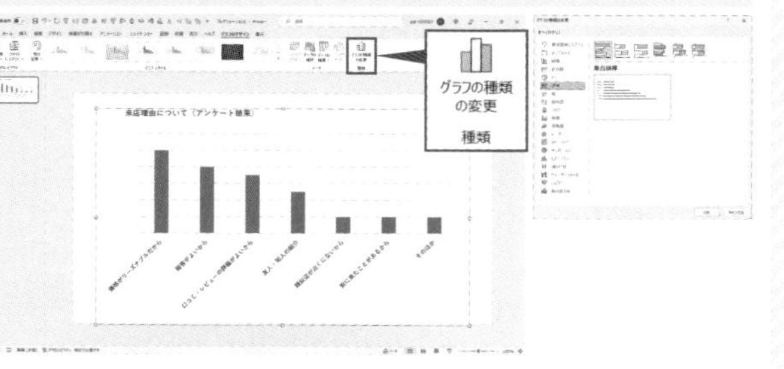
縦棒グラフは項目名が長いと読みづらくなるので横棒グラフに変更する
グラフの種類の変更
種類

Hint 2 データラベルに単位を入れる

PowerPointでは、人や個、票などの単位は標準では用意されていないため、「データラベルの書式設定」のユーザー設定から表示形式コードを追加する必要があります。この本では表示形式コードの詳細には触れませんが、例えばグラフのデータ内に「人」の単位を表示したい場合は、表示形式コードに「0" 人 "」と入力します（表示したい単位を二重引用符で囲みます）。なお、この0は「数字としてのゼロ」ではなく、そのセルに入力された「数値」を表していて、数値の後に単位をつけるよう指示しています。

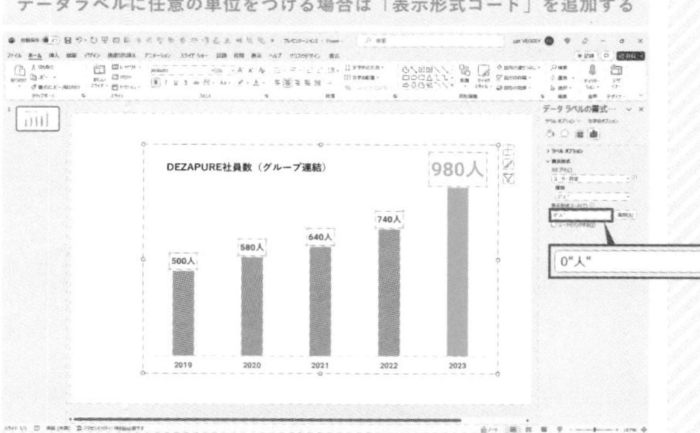
データラベルに任意の単位をつける場合は「表示形式コード」を追加する
DEZAPURE社員数（グループ連結）
500人
580人
640人
740人
980人
2019
2020
2021
2022
2023
0"人"

Answer 33

Drill 横棒グラフにして上位の項目を伝える

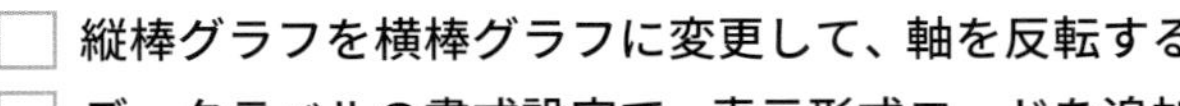

- □ 縦棒グラフを横棒グラフに変更して、軸を反転する
- □ データラベルの書式設定で、表示形式コードを追加して単位を入れる

1 縦棒グラフを横棒グラフに変更する

ドリル用ファイル［033-drill.pptx］を開きます。まず、1位から6位までのグループ化されたオブジェクトを削除します。次に縦棒グラフを選択し、［グラフのデザイン］タブにある［グラフの種類の変更］をクリックします。「グラフの種類の変更」のダイアログボックスが表示されるので、左側メニューの［横棒］から［集合横棒］を選択します。横棒グラフに変更すると、データ量の小さい順に上から並ぶため、この並び順を反転させます。横棒グラフの［縦（項目）軸］を選択して、右クリックから［軸の書式設定］を開きます。作業ウィンドウにある「軸位置」の［軸を反転する］にチェックを入れて、データ量の大きい順に並び替えます。

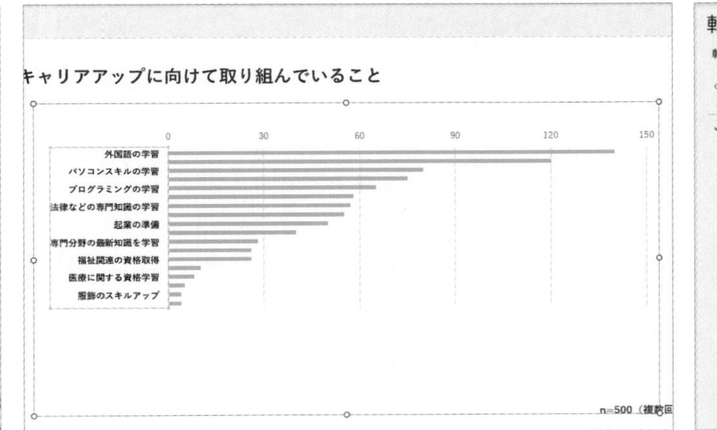

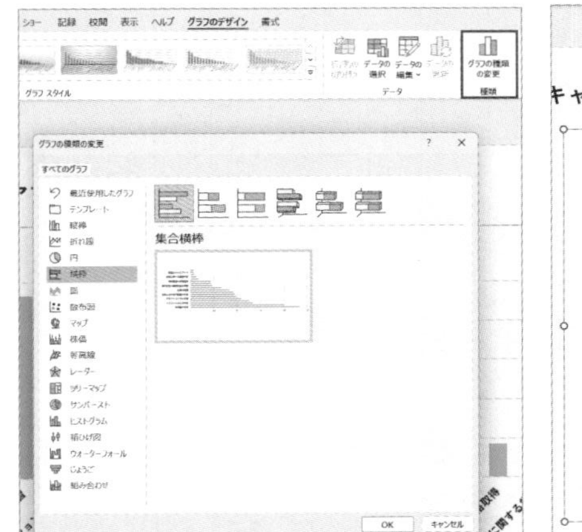

キャリアアップに向けて取り組んでいること
0 30 60 90 120 150
外国語の学習
パソコンスキルの学習
プログラミングの学習
法律などの専門知識の学習
起業の準備
専門分野の最新知識を学習
福祉関連の資格取得
医療に関する資格学習
服飾のスキルアップ
n=500（複数回

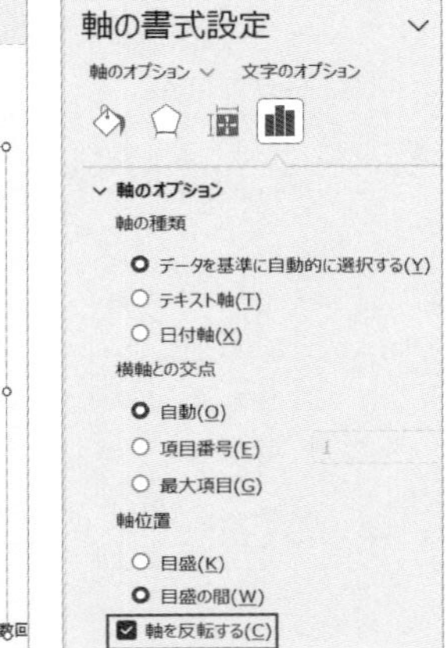

2 ワークシートでグラフの下位の項目を非表示にする

横棒グラフを選択して［グラフのデザイン］タブにある［データの編集］をクリックし、ワークシートを開きます。横棒グラフに上位の6項目まで表示されるよう、ワークシートの表示範囲をB列7行目（「財務会計の学習」）に変更します。範囲の変更が完了したらワークシートを閉じ、マウス操作でグラフのプロットエリアを拡大して、適切なサイズに調整します。

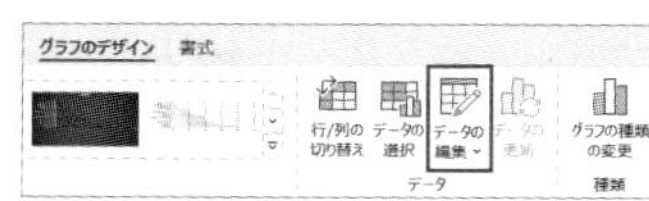

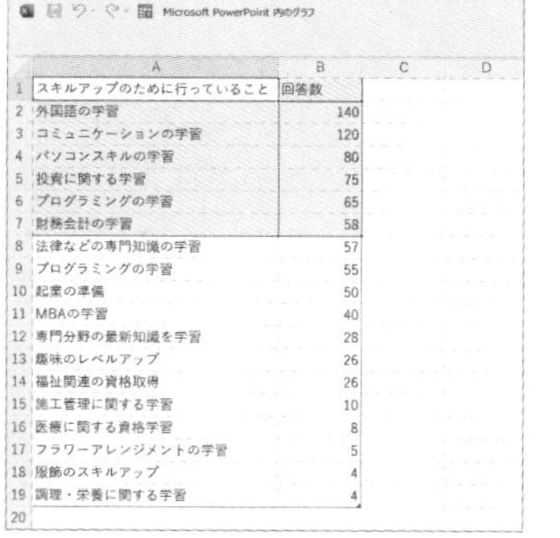

Microsoft PowerPoint 内のグラフ

	A	B	C	D
1	スキルアップのために行っていること	回答数		
2	外国語の学習	140		
3	コミュニケーションの学習	120		
4	パソコンスキルの学習	80		
5	投資に関する学習	75		
6	プログラミングの学習	65		
7	財務会計の学習	58		
8	法律などの専門知識の学習	57		
9	プログラミングの学習	55		
10	起業の準備	50		
11	MBAの学習	40		
12	専門分野の最新知識を学習	28		
13	趣味のレベルアップ	26		
14	福祉関連の資格取得	26		
15	施工管理に関する学習	10		
16	医療に関する資格学習	8		
17	フラワーアレンジメントの学習	5		
18	服飾のスキルアップ	4		
19	調理・栄養に関する学習	4		
20				

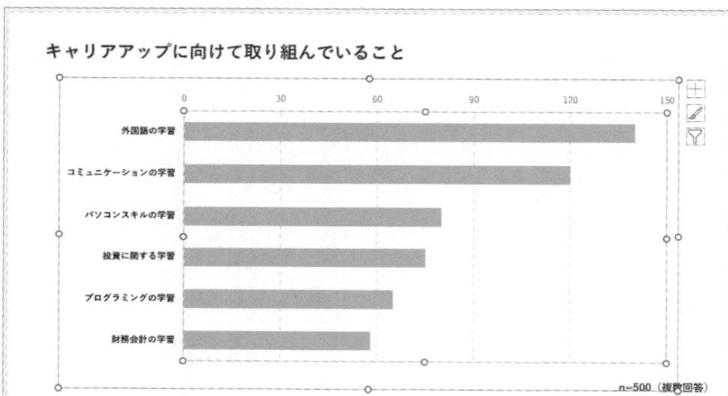

3 目盛線をなくして、データラベルを追加する

横棒グラフを選択して、グラフエリアの右側にある＋マークから［目盛線］のチェックを外します。次に「データラベル」の右側にある矢印から［外側］を選択して、棒の外側にデータの数値を表示します。表示された数値を選択して、右クリックで［データラベルの書式設定］を開きます。作業ウィンドウで「表示形式」の「カテゴリ」を［ユーザー設定］に変更して、「表示形式コード」に［0"票"］と入力してから［追加］をクリックし、データラベルに単位を表示させます。

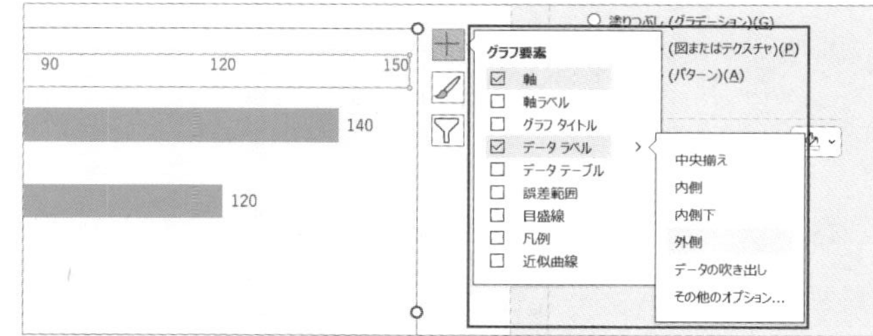

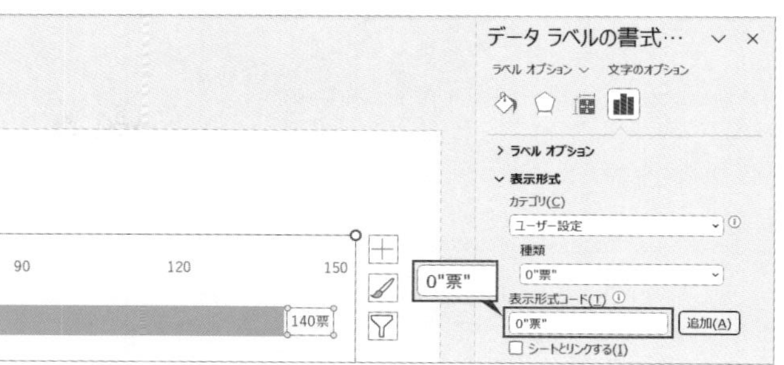

4 項目名とデータラベルの文字書式を変更する

横棒グラフを選択して ctrl + T で「フォント」のダイアログボックスを開きます。ダイアログボックスで「英数字用フォント」を［Segoe UI］、「日本語用のフォント」を［游ゴシック］に設定して、「スタイル」を［太字］、「サイズ」を［20pt］にします。次に、データラベルの「140票」だけを選択して ctrl + shift + > でフォントサイズを［40pt］に変更し、文字色を［●薄い青（標準の色）］に変更します。最後にグラフ内の「横（値）軸」をDeleteキーで削除します。削除するとレイアウトが崩れるのでプロットエリアやグラフエリアの横幅を調整してレイアウトを整えます。

フォント	英数字用フォント　Segoe UI 日本語用フォント　游ゴシック
スタイル	太字
フォントサイズ	20pt（「140票」のみ40pt）
文字色	「140票」のみ：●薄い青（標準の色）

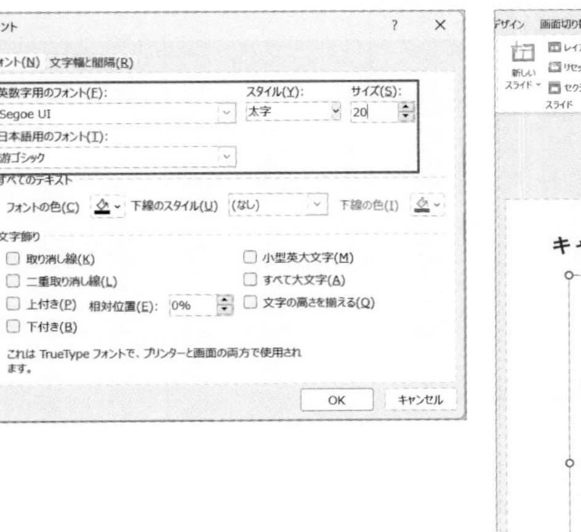

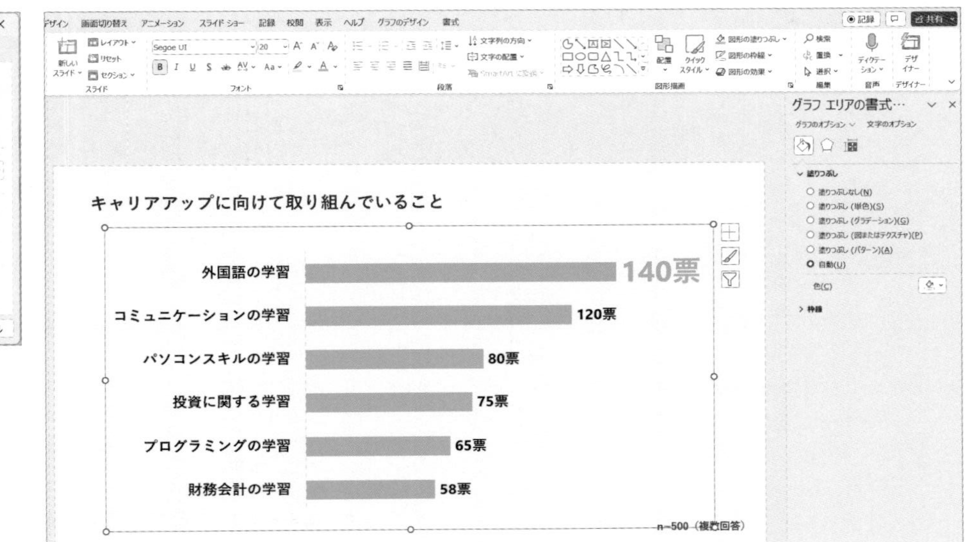

5 王冠のアイコンを挿入して配置する

[挿入]タブの[アイコン]をクリックして「ストック画像」を開きます。画像の検索窓に「王冠」と入力して、該当するアイコンを選択しスライドに挿入します。王冠のアイコンを選択して［グラフィックス形式］タブの［グラフィックの塗りつぶし］で［●オレンジ（標準の色)］に設定し、グラフの項目（「外国語の学習」）の隣にサイズ調整して配置したら完成です。

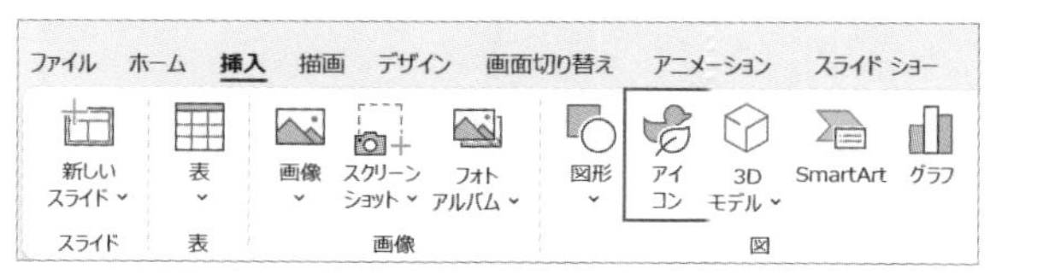

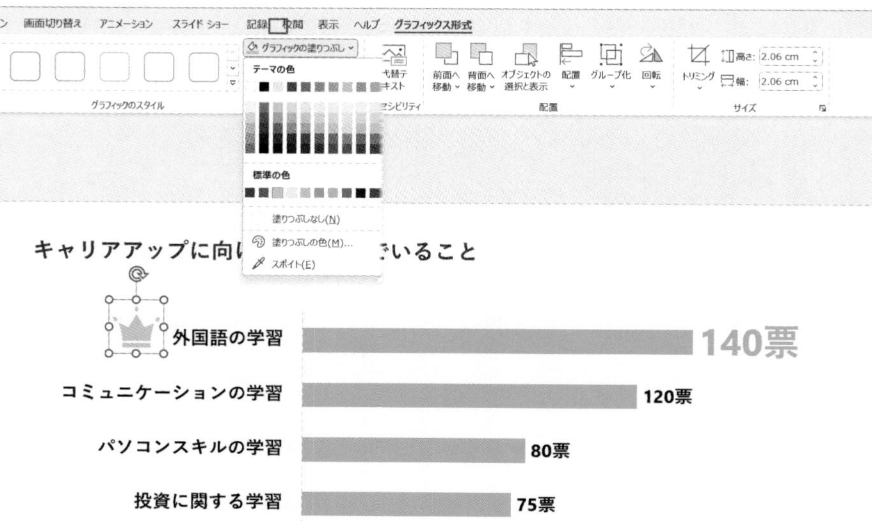

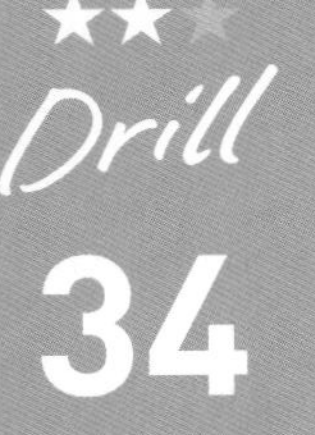

積み上げグラフで割合を比較する

項目の割合が比較しやすくなるように積み上げ横棒グラフを作成しましょう。

ドリル用ファイル 034-drill.pptx 完成ファイル 034-finish.pptx

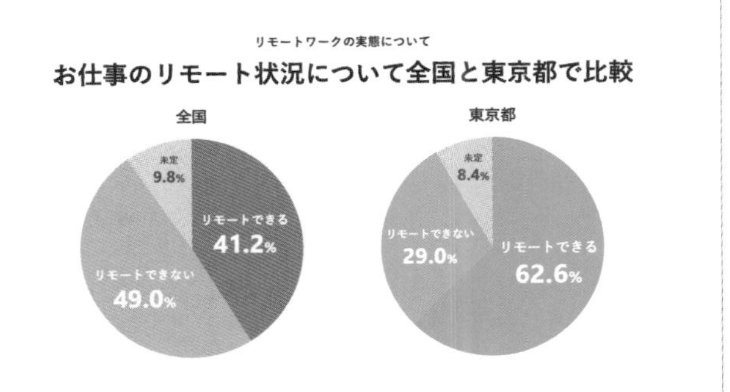

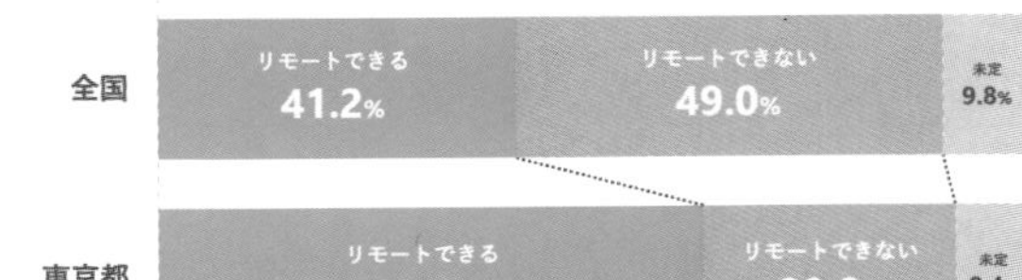

1. 100%積み上げ横棒グラフを作成する
2. 区分線を入れて比較しやすくする

使用フォント	游ゴシック
スタイル	太字
使用する色	●黒、テキスト1、白＋基本色25% ●薄い青（標準の色） ●オレンジ、アクセント2、白＋基本色40% ●白、背景1、黒＋基本色15%

Hint 1 割合の比較は「100%積み上げ棒グラフ」

割合の比較をおこなう際は、100%積み上げ棒グラフを使用します。円グラフと棒グラフは両方とも割合を示すために使用されますが、相対的な割合の比較をおこなう場合は円グラフではなく、100%積み上げ棒グラフを利用するのが適切です。このグラフでは各要素の割合を棒の長さとして表示するため、視覚的な比較が容易になります。また、区分線を入れることで割合の比較をより明確に示すことができます。区分線は「グラフのデザイン」タブの「グラフ要素を追加」から表示できるため、わざわざ作図する必要はありません。

割合の比較を行う場合は、円グラフではなく「100%積み上げ棒グラフ」を利用する

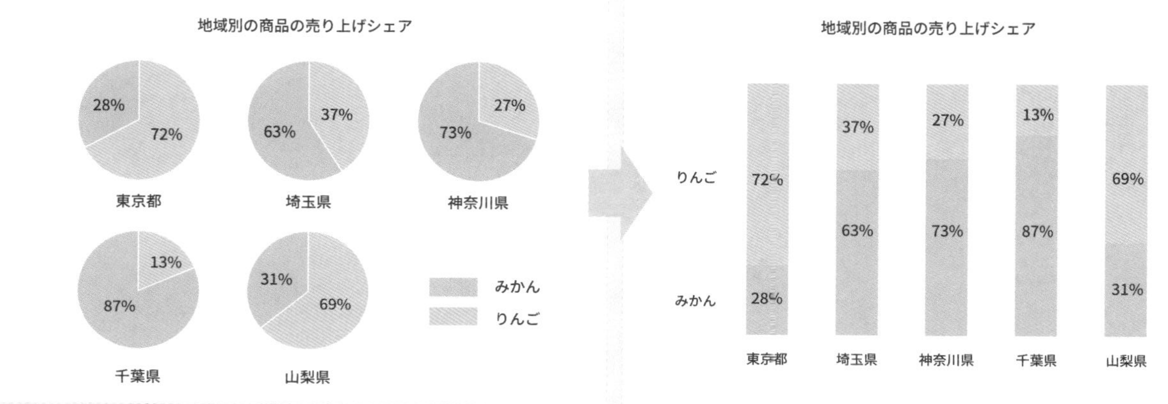

Answer 34

Drill **積み上げグラフで割合を比較する**

- [ ] 100%積み上げ横棒グラフを作成する
- [ ] 「グラフ要素を追加」から区分線を表示する

1 100%積み上げ横棒グラフを作成する

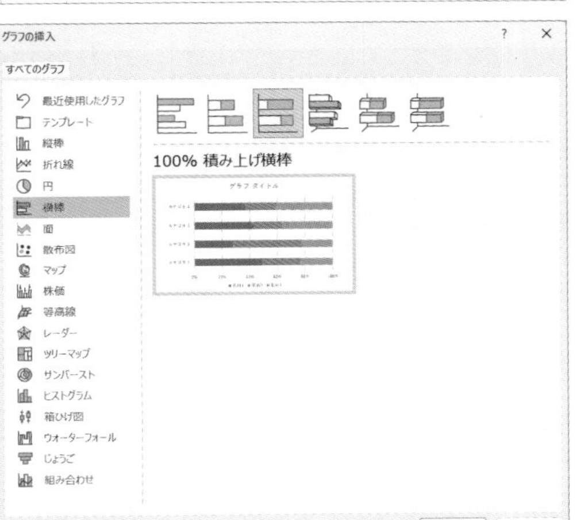

ドリル用ファイル [034-drill.pptx] を開き、[挿入] タブの [グラフ] をクリックして「グラフの挿入」のダイアログボックスを開きます。左側のメニューの「横棒」から [100%積み上げ横棒] をクリックしてグラフを挿入します。表示されたワークシートに下記のデータを入力します。
データを入力したら、ワークシートの青枠をドラッグしてデータの表示範囲を設定します。データの表示範囲を設定したら、ワークシートを閉じます。

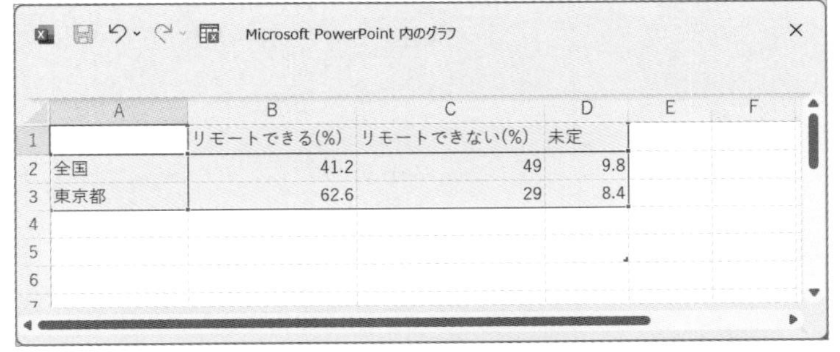

	リモートできる (%)	リモートできない (%)	未定 (%)
全国	41.2	49	9.8
東京都	62.6	29	8.4

2 レイアウトを整えて グラフの要素を非表示にする

alt+F9でガイド線を表示して、ガイド線の枠内にグラフエリアが収まるようにマウス操作でレイアウトを整えます。次に横棒グラフを選択して、グラフエリアの右側にある＋マークから「グラフ要素」を開き、「第1縦軸」以外のチェックを外して非表示にしておきます。

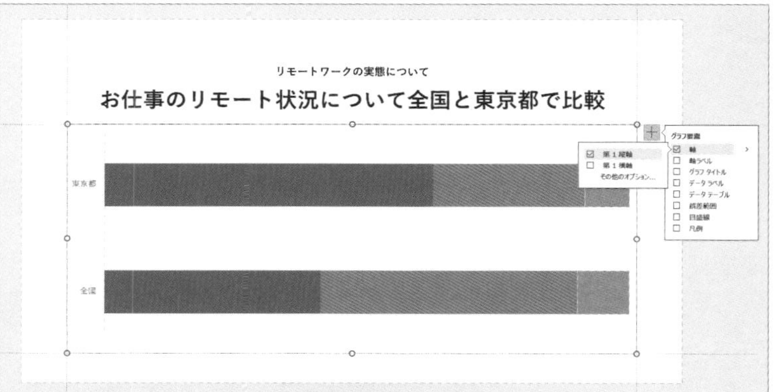

Memo 「第1横軸」はグラフ要素の「軸」の右側にある矢印からチェックを外すことができます。

3 縦軸を入れ替えて 文字の書式を変更する

横棒グラフの縦（項目）軸（「全国」・「東京都」）を右クリックして［軸の書式設定］を開きます。作業ウィンドウの「軸のオプション」から［軸を反転する］にチェックを入れ、縦軸を入れ替えます。次に縦（項目）軸（「全国」・「東京都」）を選択したまま、ctrl+shift+>でフォントサイズを［24pt］に拡大し、ctrl+Bで太字にします。最後に文字色を［●黒、テキスト1、白＋基本色25%］に設定します。

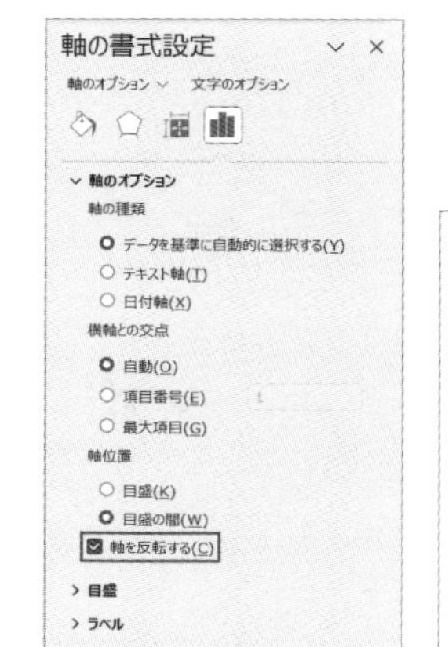

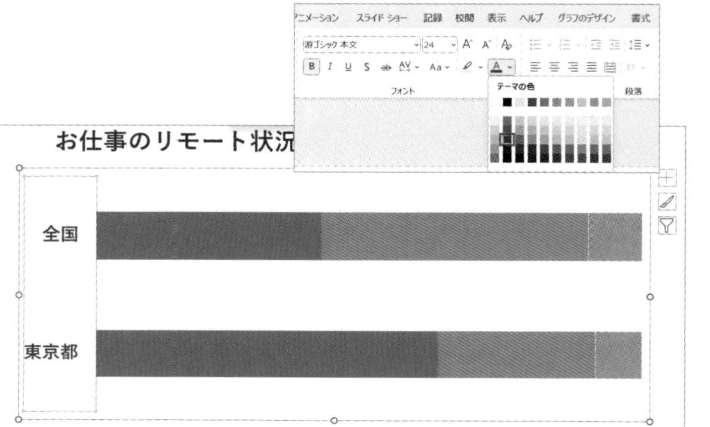

4 横棒の間隔を調整して、区分線を入れる

横棒グラフの棒の部分を右クリックして［データ系列の書式設定］を開きます。作業ウィンドウの「要素の間隔」を［35%］に設定して、棒同士の間隔を調整します。次に横棒グラフを選択したまま、［グラフのデザイン］タブの［グラフ要素を追加］をクリックして、下部にある［線］から［区分線］を選択します。グラフに区分線が表示されるので、その区分線を右クリックして［区分線の書式設定］を開きます。作業ウィンドウで「色」を［●黒、テキスト1、白＋基本色25%］、「幅」を［2.5pt］に設定し、「実線/点線」を［点線（丸）］にします。

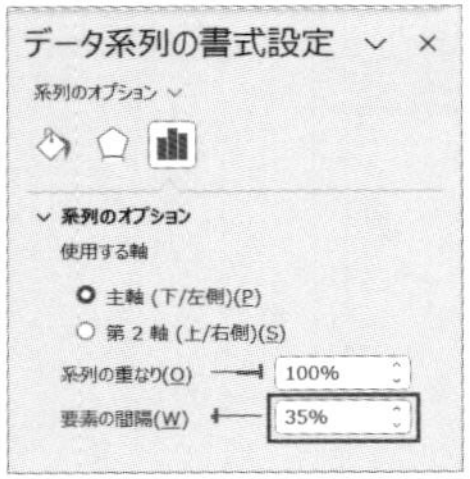

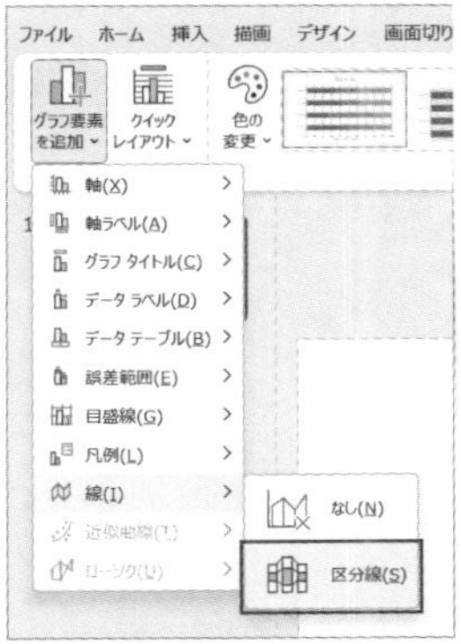

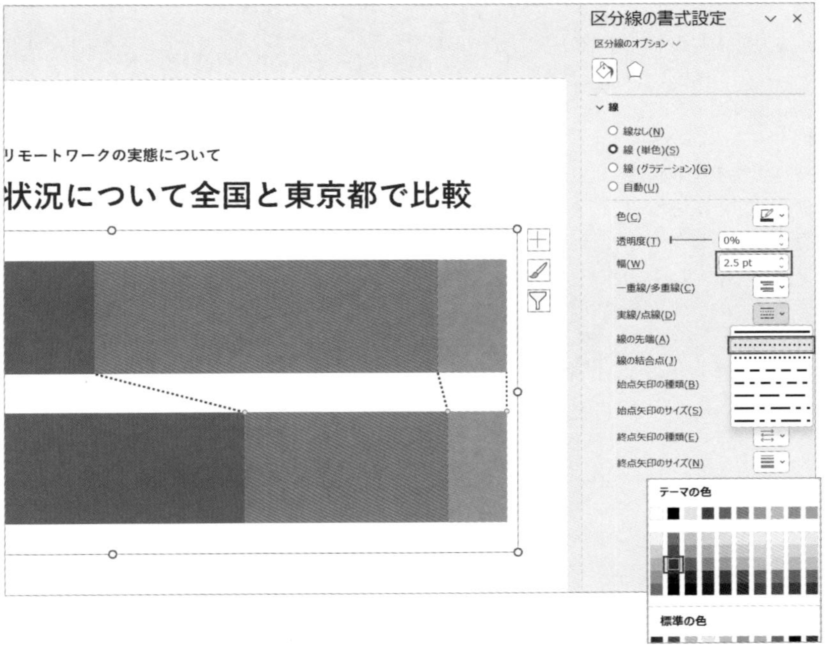

5 横棒グラフに色をつけてテキストを配置する

横棒グラフの左の項目（「リモートできる」）を選択して、作業ウィンドウの をクリックし、[塗りつぶし（単色）] にチェックを入れて「色」を [●薄い青（標準の色）] に設定します。同じような手順で、真ん中の項目（「リモートできない」）を [●オレンジ、アクセント2、白＋基本色40%]、右側の項目（「未定」）を [●白、背景1、黒＋基本色15%] に設定します。最後にスライド編集画面の右脇にあるテキストを右クリックして [最前面へ移動] したのち、横棒グラフの各項目に配置して完成です。

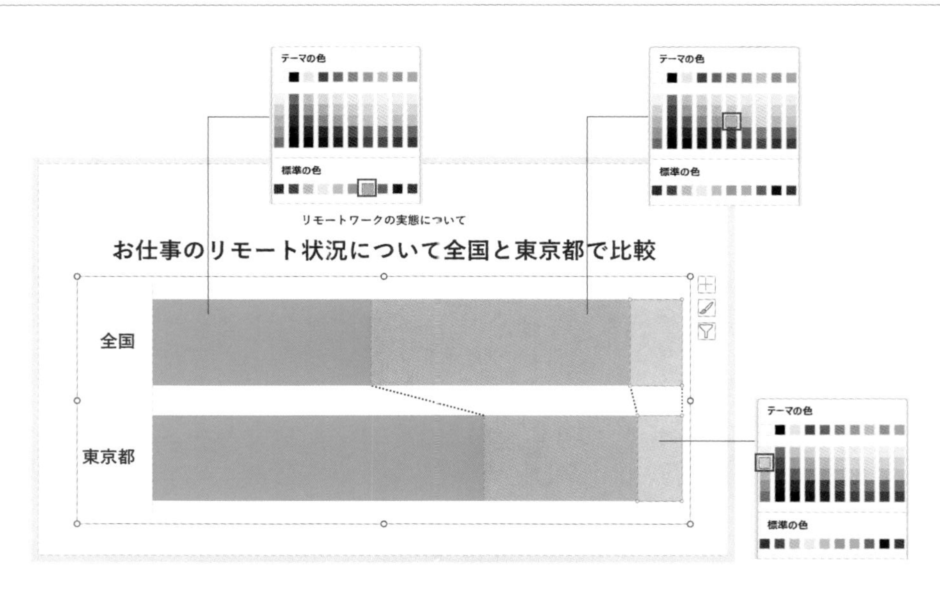

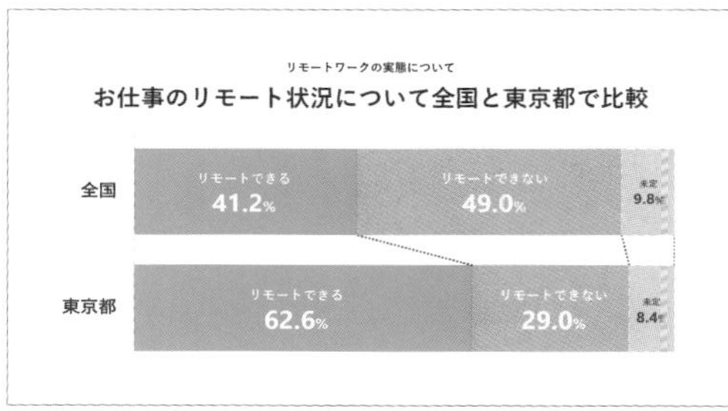

★★★ Drill 35

折れ線グラフで売上の推移を比較する

各課の売上推移を比較しやすいように棒グラフから折れ線グラフに修正しましょう。また営業２課のデータを強調しましょう。

ドリル用ファイル 035-drill.pptx　完成ファイル 035-finish.pptx

Before

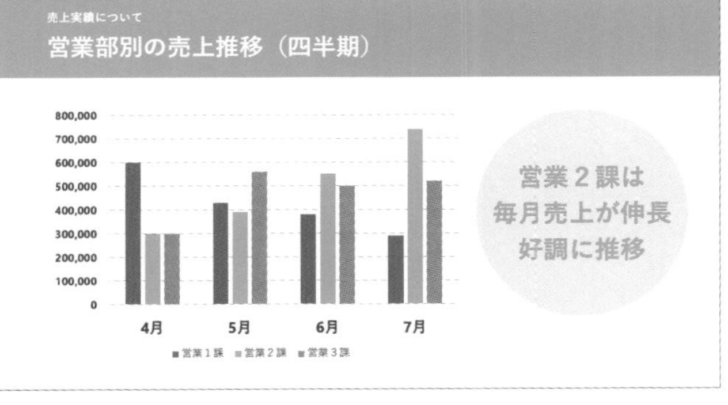

After

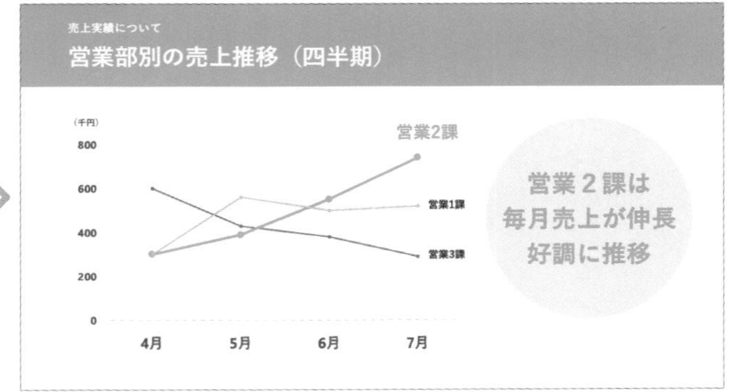

1 棒グラフから折れ線グラフに変更し、営業2課のデータを強調する

2 縦軸の目盛を半分にする

3 縦軸の単位を（千円）にして、データの桁数を少なくする

使用フォント	游ゴシック
スタイル	太字
使用する色	●薄い青（標準の色） ●#333333

Hint 1 単位の桁数は少なくして わかりやすく

軸ラベルの桁数が大きくなると、値がひと目でわかりづらくなります。PowerPointでは表示単位を「千単位」や「百万単位」などに変換できるので、これを利用して桁数を少なく表示して見やすくできます。表示単位の変換は「軸の書式設定」からおこないます。

軸ラベルの「表示単位」を変更して桁数を少なく表示する

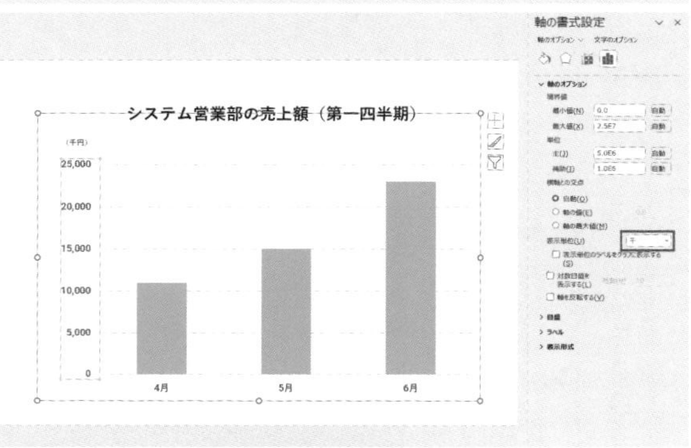

Hint 2 線幅やマーカーで データを強調する

折れ線グラフは時系列の変化や傾向を伝えるためのグラフですが、線で表現されているため印象が弱く、他のグラフと比べて内容が伝わりづらい特徴があります。そのため、伝えたいデータを強調して示すために線幅を太くしたり、マーカーのサイズを大きくするなど見せ方を工夫する必要があります。線やマーカーの設定は「データ系列の書式設定」からおこなうことができます。

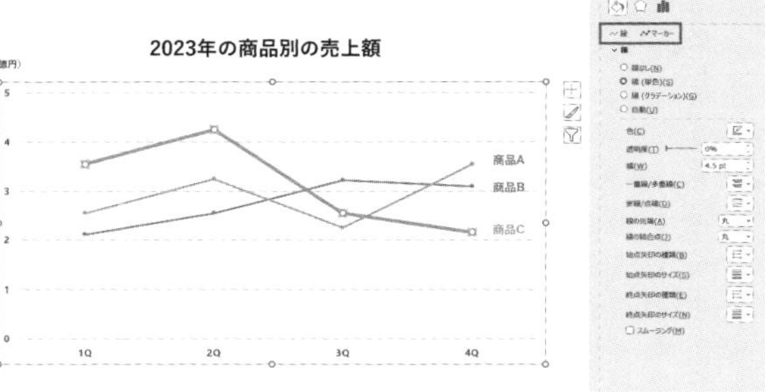

Answer 35

Drill **折れ線グラフで売上の推移を比較する**

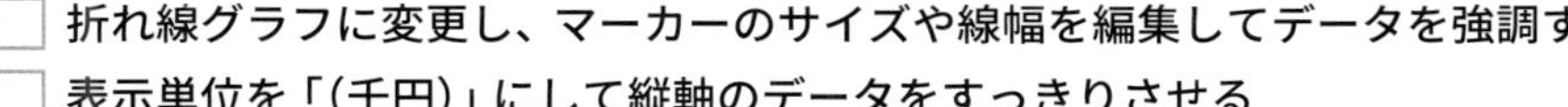

- □ 折れ線グラフに変更し、マーカーのサイズや線幅を編集してデータを強調する
- □ 表示単位を「(千円)」にして縦軸のデータをすっきりさせる

1 折れ線グラフに変換してグレースケールにする

ドリル用ファイル［035-drill.pptx］を開きます。まず棒グラフを選択して、［グラフのデザイン］タブにある［グラフの種類の変更］をクリックします。「グラフの種類の変更」のダイアログボックスを開き、左側メニューの［折れ線］から［マーカー付き折れ線］を選択します。次に［グラフのデザイン］タブにある［色の変更］をクリックして、ドロップダウンリストから［モノクロパレット3］を選択して、折れ線グラフをグレースケールにします。

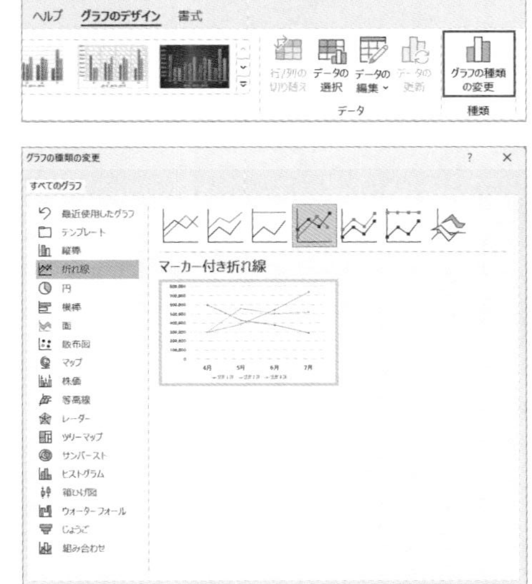

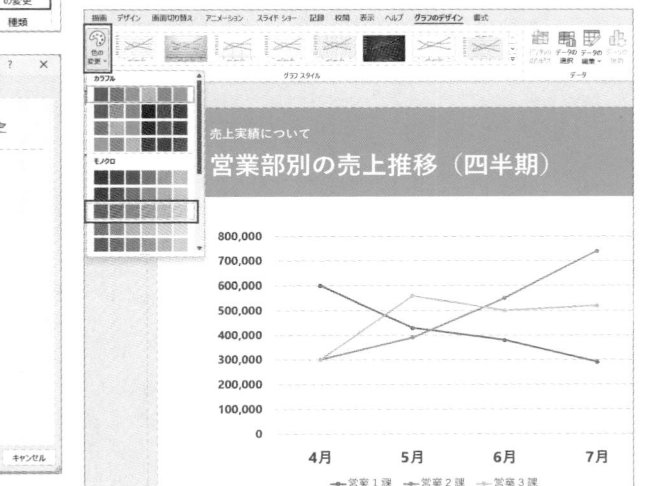

2 折れ線の「線」と「マーカー」を変更する

営業2課の売上推移を強調するため、「線」と「マーカー」を変更します。折れ線グラフの線（「営業2課の売上（右上がりのデータ）」）を選択して、右クリックから［データ系列の書式設定］を開きます。作業ウィンドウで をクリックして「色」を［●薄い青（標準の色）］、「幅」を［4pt］に設定します。次に作業ウィンドウの［マーカー］をクリックして「マーカーのオプション」を開きます。［組み込み］にチェックを入れ、サイズを［10］に設定してマーカーの点を大きくします。さらにマーカーの［塗りつぶし（単色）］にチェックを入れ「色」を［●薄い青（標準の色）］、「枠線」を［線なし］に設定して、営業2課のデータを強調させます。

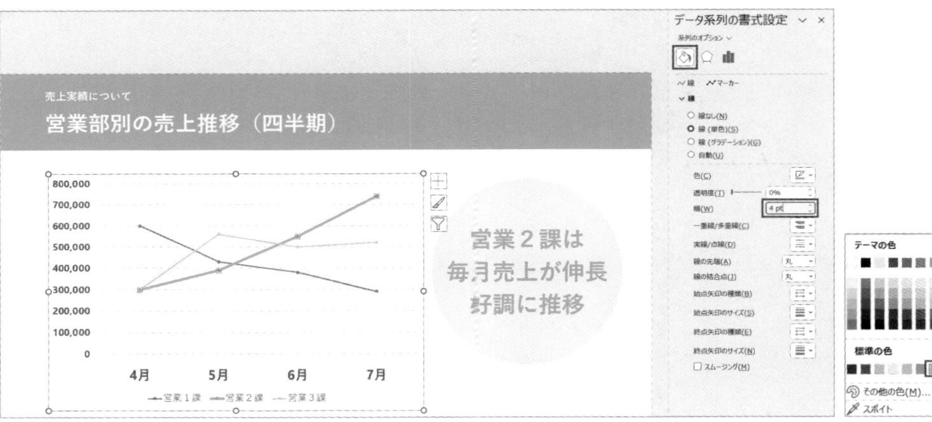

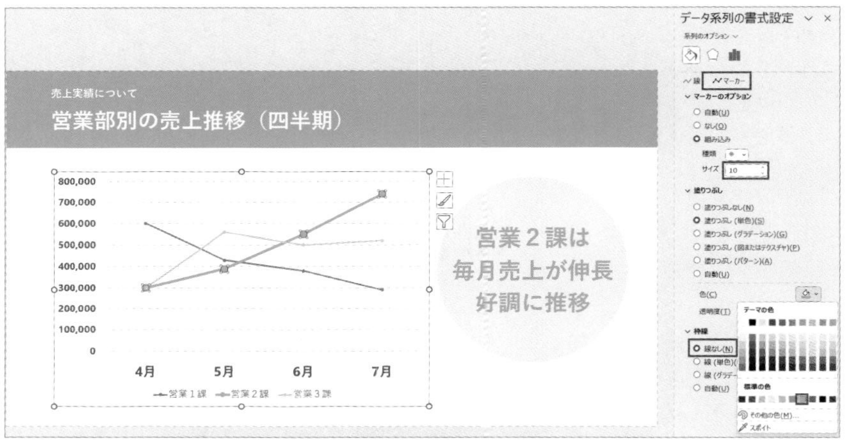

3 縦軸の目盛を半分にして、目盛線を非表示にする

折れ線グラフの［縦（値）軸］を右クリックして［軸の書式設定］を開きます。「軸のオプション」にある「単位」の「主」を［200000.0］にして目盛の表示を半分にします。続けて、グラフエリアの右側にある＋マークから［グラフ要素］を開き、「目盛線」と「凡例」のチェックを外して非表示にします。

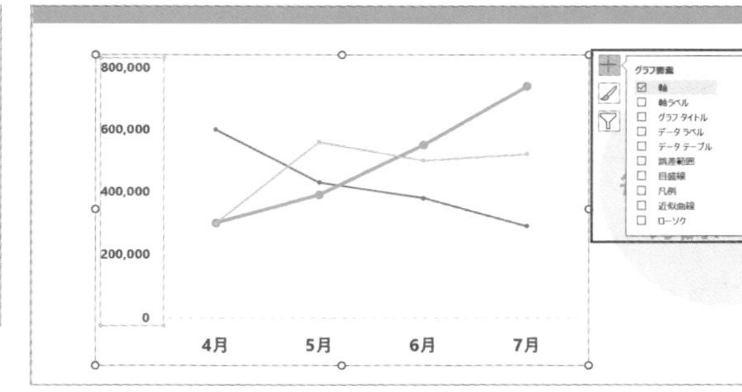

4 表示単位「(千円)」を縦軸の上側に配置する

折れ線グラフの［縦（値）軸］を右クリックして［軸の書式設定］を開きます。作業ウィンドウの「軸のオプション」にある「表示単位」から［千］を選択します。選択するとグラフエリアの左側に単位「千」が表示されるので、［ホーム］タブの［文字列の方向］を［横書き］にして、「千」→「(千円)」に編集し、ctrl+B で太字に設定します。最後にグラフエリアのスペースを編集して、単位「(千円)」を縦軸の上側に配置します。

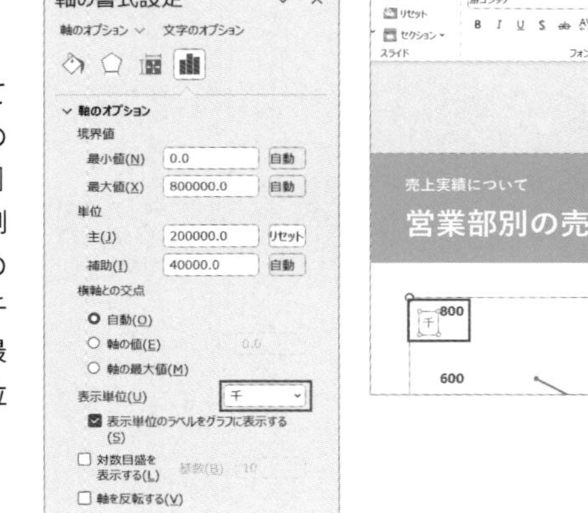

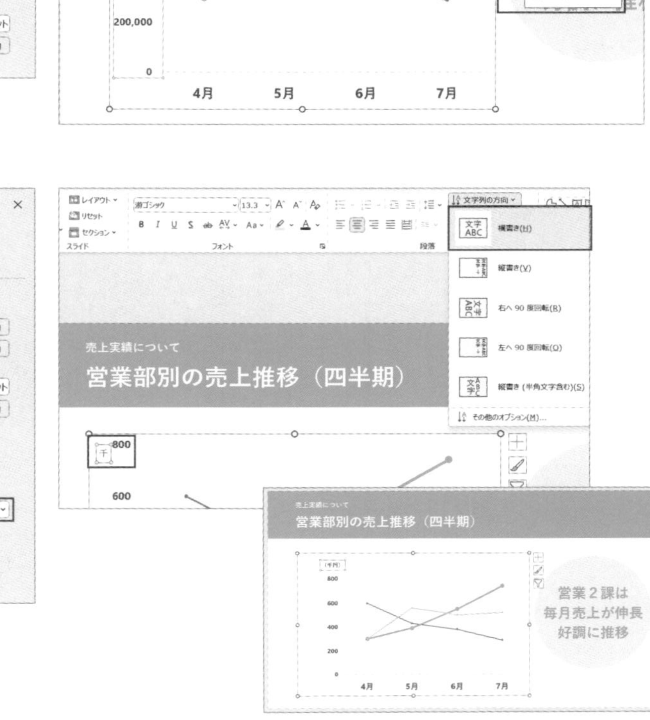

5 折れ線の右側にラベルを配置する

折れ線の右側に直接ラベルを置いて、項目をわかりやすくします。[挿入] タブの [図形] から [テキストボックス] を選択して、スライド編集画面で「営業１課」と入力します。作成したテキストボックスを ctrl+D で複製して「営業２課」・「営業３課」にテキストを編集し、対応する折れ線の右側にラベルとして配置します。「営業２課」は折れ線グラフで最も強調したい箇所なので ctrl+shift+> でフォントサイズを [24pt] にして、文字色を [●薄い青（標準の色）] に設定します。最後に文字の書式や全体のレイアウトを調整して完成です。

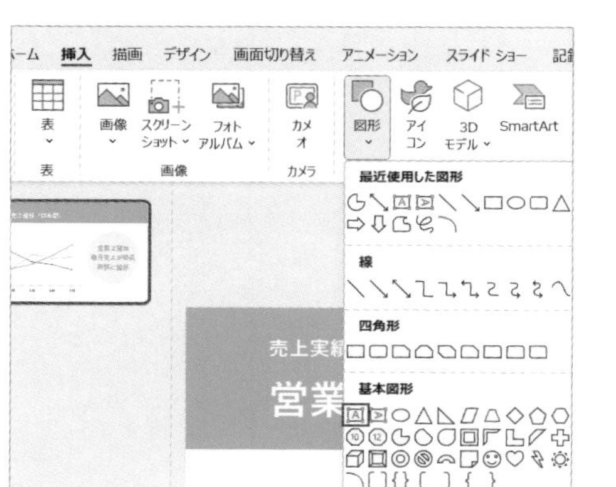

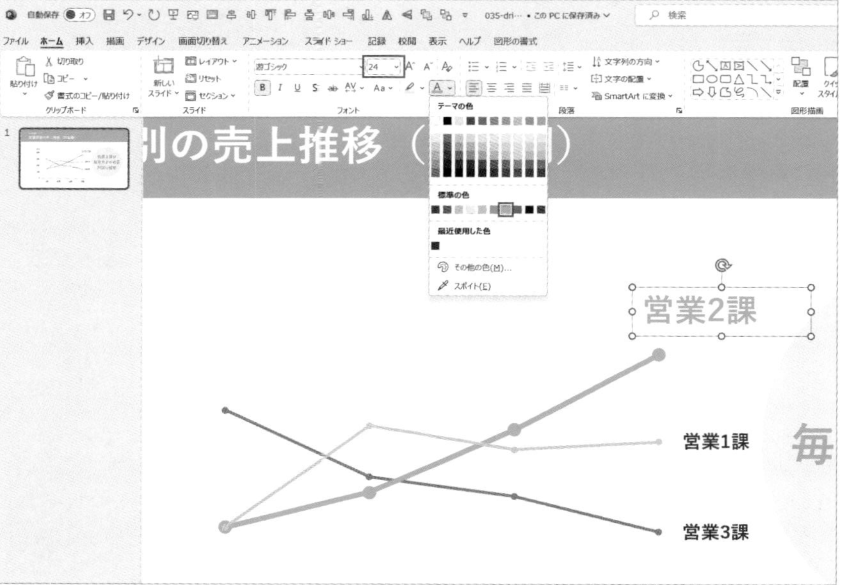

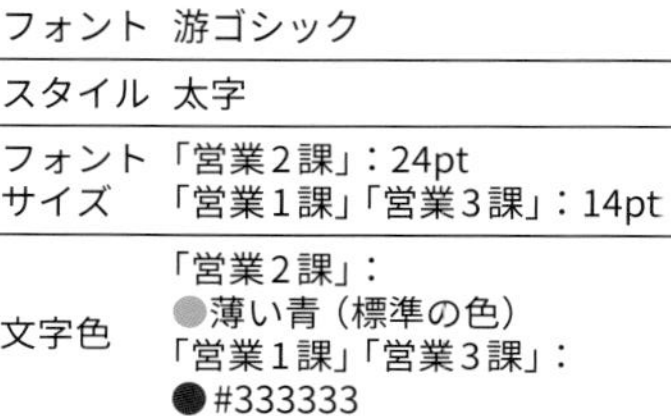

フォント	游ゴシック
スタイル	太字
フォントサイズ	「営業２課」：24pt 「営業１課」「営業３課」：14pt
文字色	「営業２課」： ●薄い青（標準の色） 「営業１課」「営業３課」： ●#333333

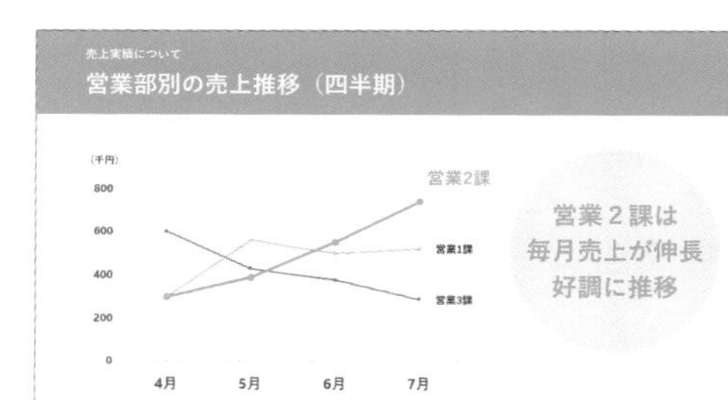

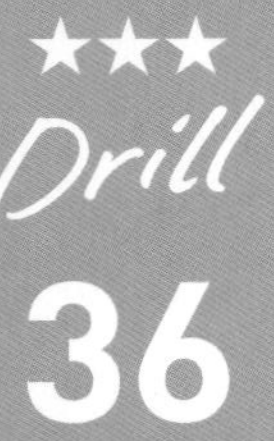

ウォーターフォールグラフで業績ハイライトを示す

各事業の売上の増減がわかるようにウォーターフォールグラフを作成しましょう。また吹き出しも作図しましょう。

ドリル用ファイル 036-drill.pptx　完成ファイル 036-finish.pptx

Before

当社事業

業績ハイライト（売上高）

広告事業・HR事業・投資事業が好調
コロナの影響もあり配信事業とメディア事業が減少

単位：億円

事業内訳	2021年	2022年	売上の増減額
配信事業	15.5	13.5	-2.0
メディア	4.0	2.0	-2.0
広告事業	26.2	29.2	+3.0
HR事業	3.4	5.4	+2.0
投資事業	5.5	7.5	+2.0

After

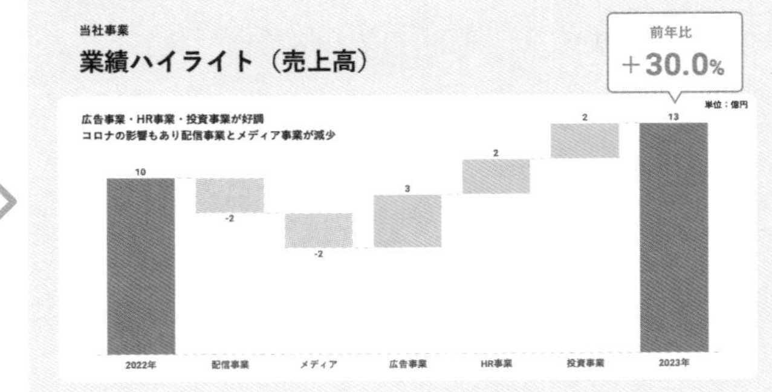

1. ウォーターフォールグラフを作成する
2. デフォルトの吹き出しは使用せずに、自身で吹き出しオブジェクトを作図する

使用フォント	英数字用フォント　Roboto 日本語用フォント　游ゴシック
スタイル	太字
使用する色	●オレンジ、アクセント2 ●オレンジ、アクセント2、白＋基本色60% ○白、背景1 ●白、背景1、黒＋基本色15%

ウォーターフォール（滝グラフ）

ウォーターフォールは会社の決算など業績を比較する際に用いられるグラフで、増減をわかりやすく示すことができます。このウォーターフォールは、PowerPointからでも作成することができます。作成する際は、グラフの左端と右端のデータを「合計値」として設定する必要があります。合計値の設定は「データ要素の書式設定」からおこなうことができます。

グラフの左端と右端のデータを「合計値として設定」して増減を示します

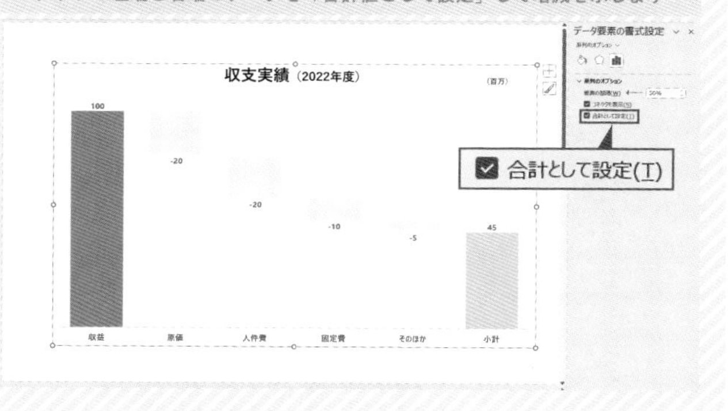

Hint 2 吹き出しオブジェクト

PowerPointのデフォルトの吹き出しは、先端のサイズや位置が調整しづらく不恰好になるため、できるかぎり自身で作図するのがおすすめです。作成は簡単で、四角形と小さい三角形を重ねて作成します。また吹き出しに枠線をつける場合は「図形の結合」で図形同士をひとつの図形として接合すれば、枠線をつけることができます。

枠線をつける場合は四角形と三角形を重ねて「接合」

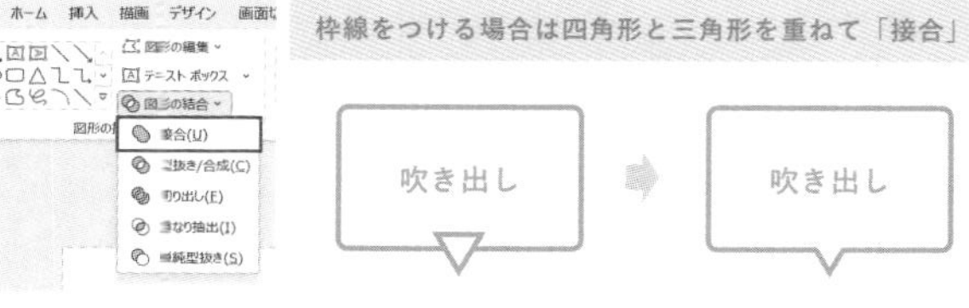

Answer 36

Drill

ウォーターフォールグラフで業績ハイライトを示す

- □ ウォーターフォールグラフを挿入して、合計値の設定をおこなう
- □ 図形の結合の「接合」を使って吹き出しオブジェクトを作図する

1 ウォーターフォールグラフを作成する

ドリル用ファイル［036-drill.pptx］を開き、［挿入］タブの［グラフ］をクリックして「グラフの挿入」のダイアログボックスを開きます。左側のメニューの「ウォーターフォール」を選び、グラフを挿入します。次に、表示されたワークシートに下記のデータを入力します。データの入力が完了したらワークシートを閉じます。

	売上の増減（億円）
2022年	10
配信事業	-2
メディア	-2
広告事業	3
HR事業	2
投資事業	2
2023年	13

Memo ワークシート内でカテゴリ8の行ごと削除しないと、ウォーターフォールグラフの右側にカテゴリ8のスペースが残ったままになります。

② レイアウトを整えてグラフの要素を非表示にする

[alt]+[F9] でガイド線を表示して、ガイド線の枠内にグラフエリアが収まるようにマウス操作でレイアウトを整えます。次にウォーターフォールグラフを選択して、グラフエリアの右側にある＋マークから「グラフ要素」を開き、「第１横軸」と「データラベル」以外のチェックを外して非表示にしておきます。

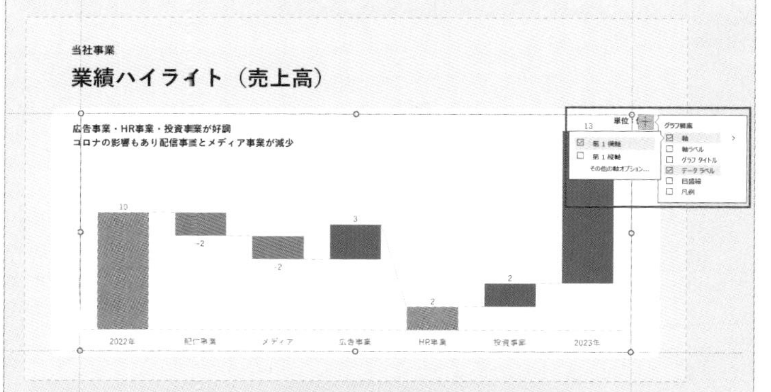

③ 合計値の設定をおこない、間隔を狭める

ウォーターフォールグラフの左端（「2022年」）と右端（「2023年」）の項目を合計値として設定します。左端（「2022年」）はすでに合計値として設定されているので、右端（「2023年」）の項目を選択して右クリックし［データ要素の書式設定］を開き、作業ウィンドウにある［合計として設定］にチェックを入れます。「HR事業」の項目が合計値として設定されてしまっているので、こちらはチェックを外します。最後に、作業ウィンドウから「要素の間隔」を［30%］に設定して棒同士の間隔を狭くします。

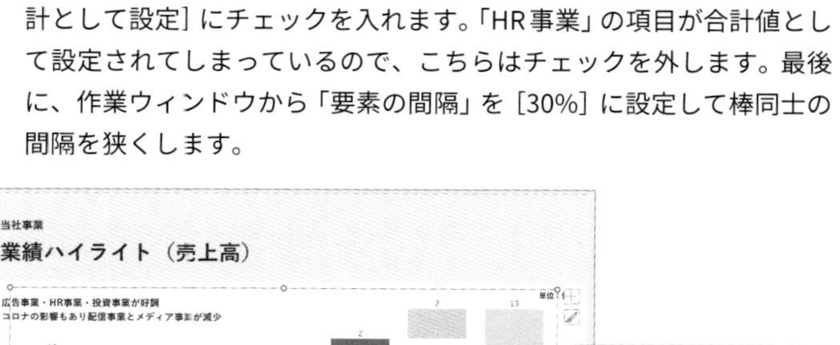

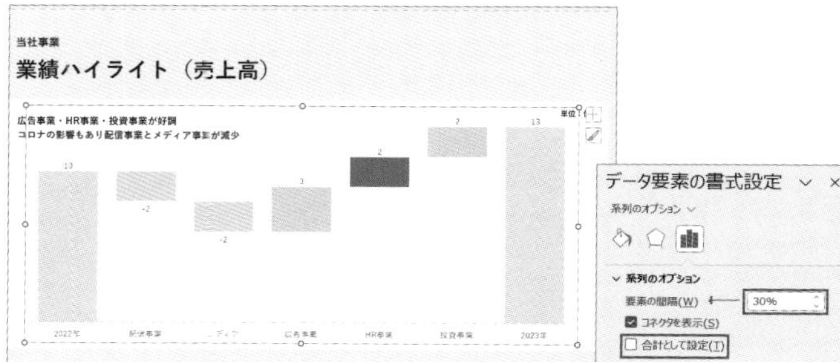

4 グラフ内のフォントの書式と色を変更する

ウォーターフォールグラフを選択して、ctrl+T で「フォント」のダイアログボックスを開きます。「英数字用のフォント」に［Roboto］、「日本語用のフォント」に［游ゴシック］を設定して、「スタイル」を［太字］にします。次に、「書式」タブの「図形の塗りつぶし」からグラフの「合計・減少・増加」の各データ項目に色をつけます。

Memo ウォーターフォールグラフの項目に色を入れる際は、複数選択できないのでひとつずつ色を入れていきます。

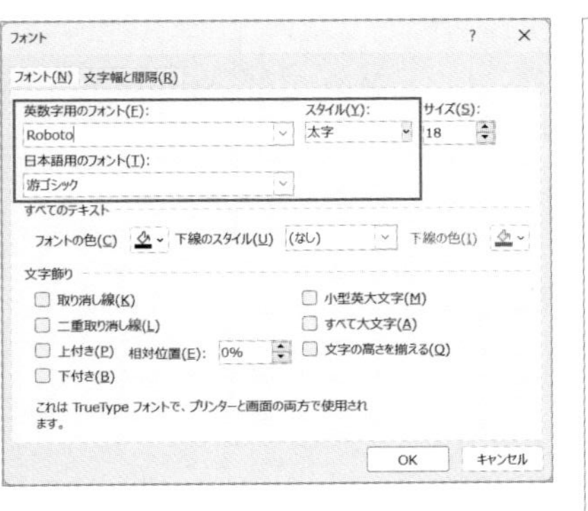

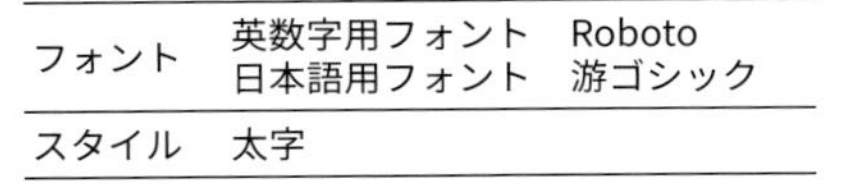

フォント	英数字用フォント　Roboto 日本語用フォント　游ゴシック
スタイル	太字

合計の項目（「2022年」・「2023年」）

●オレンジ、アクセント2

減少の項目（「配信事業」・「メディア」）

●白、背景1、黒＋基本色15%

増加の項目（「広告事業」・「HR事業」・「投資事業」）

●オレンジ、アクセント2、白＋基本色60%

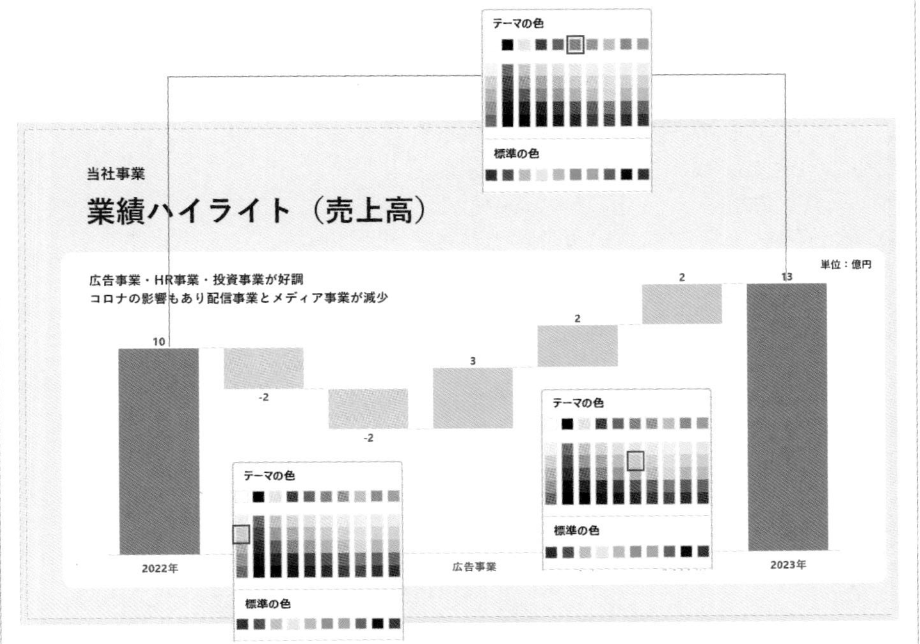

当社事業

業績ハイライト（売上高）

広告事業・HR事業・投資事業が好調
コロナの影響もあり配信事業とメディア事業が減少

単位：億円

10 / -2 / -2 / 3 / 2 / 2 / 13

2022年　広告事業　2023年

テーマの色　標準の色

5 吹き出しを作成する

前年比との増加をより印象付けるために吹き出しを作成し、「2023年」のグラフの真上に配置します。まず［挿入］タブにある［図形］から［四角形：角を丸くする］を選択して角丸四角形を作成し、［図形の書式］タブで図形のサイズを「高さ」［3.6cm］、「幅」［6cm］に設定します。次に、黄色のつまみを左側にドラッグして丸みを控えめにします。続いて［挿入］タブにある［図形］から［二等辺三角形］を選び、細長の三角形を作ります。吹き出しの形になるように角丸四角形と三角形を重ね、2つの図形を選択した状態で［図形の書式］タブにある［図形の結合］から［接合］をクリックします。吹き出しができたら、作業ウィンドウで背景色・線の色・幅を下記の数値に設定します。最後に吹き出しを「2023年」のグラフの真上に配置して、スライド編集画面の右脇にあるテキスト（最前面へ移動後）を重ねたら完成です。

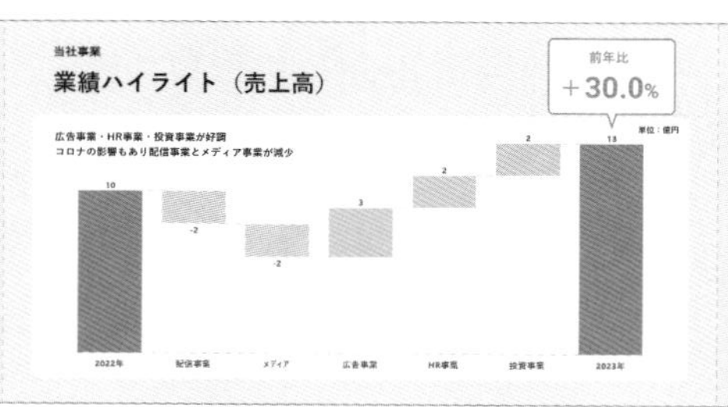

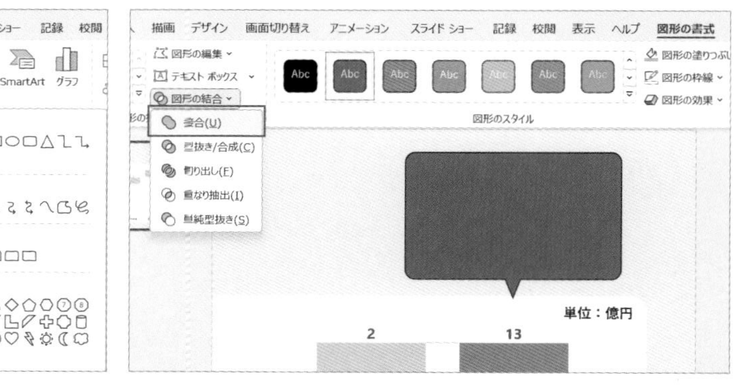

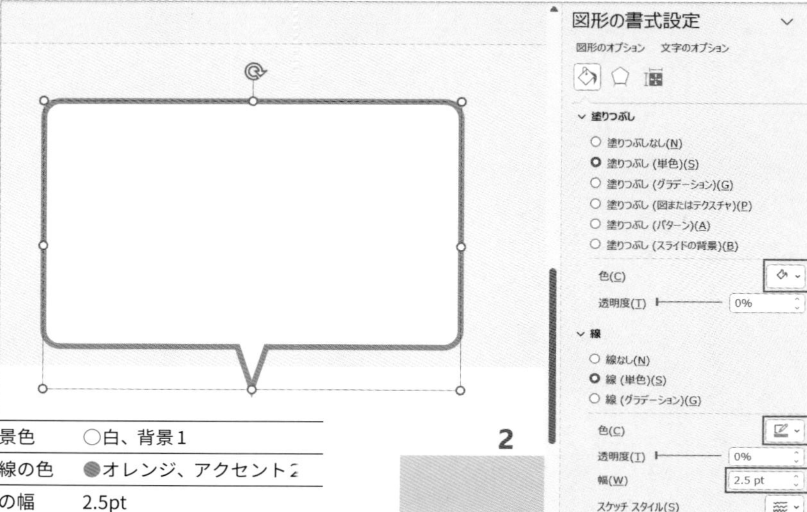

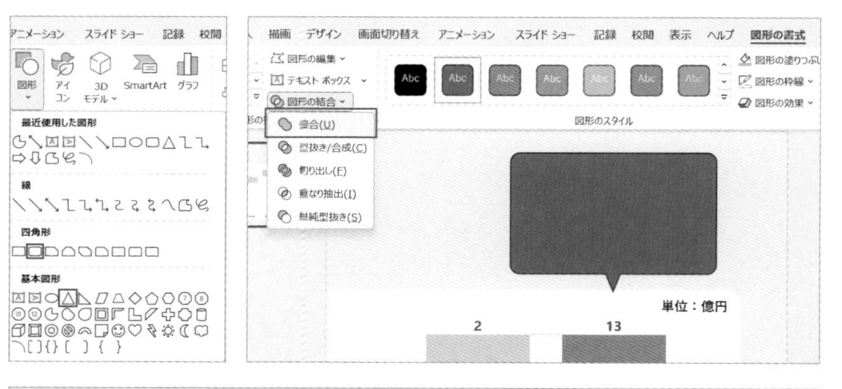

背景色	○白、背景1
枠線の色	●オレンジ、アクセント2
線の幅	2.5pt

Column

グラフデザインの参考になるサイト

グラフを作成する際にはどのような見せ方が効果的か、またどんな配色が望ましいか考える必要があります。ここではグラフの見せ方や配色の参考になるサイトを紹介します。

グラフの配色の参考になるサイト

グラフの色調節は難しく、また自動で配色される色や標準で用意されているカラーパレットを使っても、なかなか満足のいく配色になりません。そんな経験をした方におすすめしたいのが「COLORS（カラーズ）」です。COLORSは、ビジネス文書に適したグラフの配色をサポートしてくれるツールで、メインとなる会社のブランドカラーや商品カラーを基に色を生成してくれます。これにより資料のトンマナに合ったグラフカラーを作成できます。
「COLORS」：https://colors.design4u.jp/

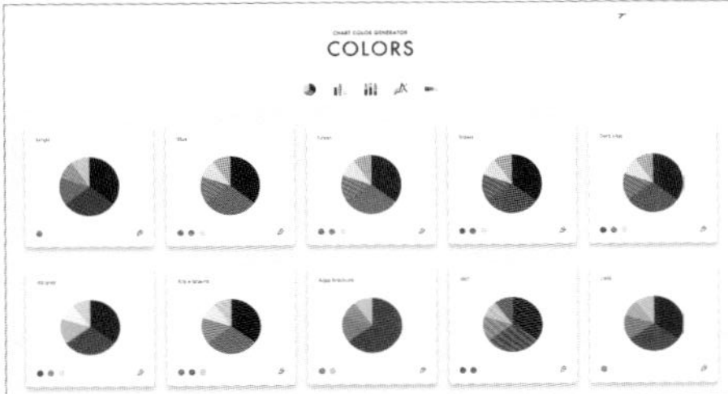

グラフの見せ方の参考になるサイト

グラフ作成において、実際の資料でどの種類のグラフが、どのような内容で利用されているかを見て学ぶことも重要です。そこでおすすめなのが、IR資料の閲覧・検索・比較ができるデータベース「CollectIR」です。ここでは決算説明会で使用された各企業のスライドを閲覧できます。IR資料のため売上や営業利益を示すためのグラフスライドが豊富に収録されています。
「CollectIR」：https://shikumiya.notion.site/CollectIR-IR-b2a64f6d4368493881748b4931ff779c

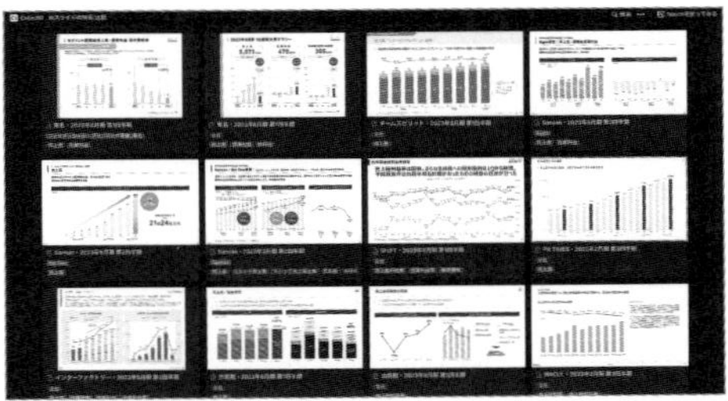

Exercise

演　習

★★★ Exercise 01

ビジネスモデルのスライドを作る

整列を意識しながら、アイコンや矢印を活用してビジネスモデルを作成しましょう。

演習用ファイル exercise1.pptx　素材ファイル exercise1.txt　完成ファイル exercise1-finish.pptx

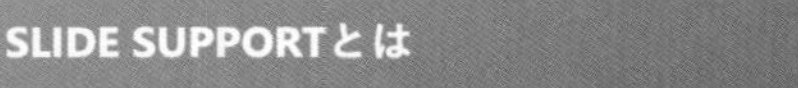

SLIDE SUPPORTとは

弊社パートナーであるビジネス資料の
専門集団が資料作成を代行するサービス

お客さま　依頼→　←納品　SLIDE SUPPORT　PJ管理→　←検品　専属パートナー

・営業資料・提案書・プレゼン資料・企画書・媒体資料・事業計画書・IR資料など幅広く対応

1 整列を意識してビジネスモデルを作図する

2 アイコンを挿入してグラデーションにする

使用フォント	英数字用フォント　Segoe UI　日本語用フォント　游ゴシック
フォントサイズ	「見出し」: 24pt　「本文」: 32pt　「補足文」: 16pt　「お客さま」・「専属パートナー」: 18pt 「SLIDE SUPPORT」: 24pt　「依頼」・「PJ管理」・「納品」・「検品」: 12pt
スタイル	太字・左右中央揃え
使用する色	●薄い青（標準の色）　●紫（標準の色）　○白、背景1　●黒、テキスト1、白+基本色15%

❶ 背景をグラデーションにする

演習用ファイル［exercise1.pptx］を開きます。スライド編集画面で右クリックから［背景の書式設定］を開き、作業ウィンドウで［塗りつぶし（グラデーション)］にチェックを入れて「種類」を［線形］、「方向」を［斜め方向 - 左上から右下］に設定します。また「グラデーションの分岐点」を2つにして、［色：●薄い青（標準の色）／位置：0%／透明度0%］、［色：●紫（標準の色）／位置：100%／透明度0%］に設定し、背景をグラデーションにします。

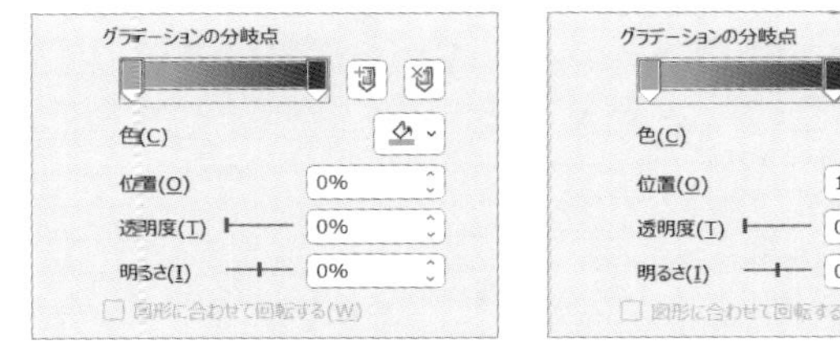

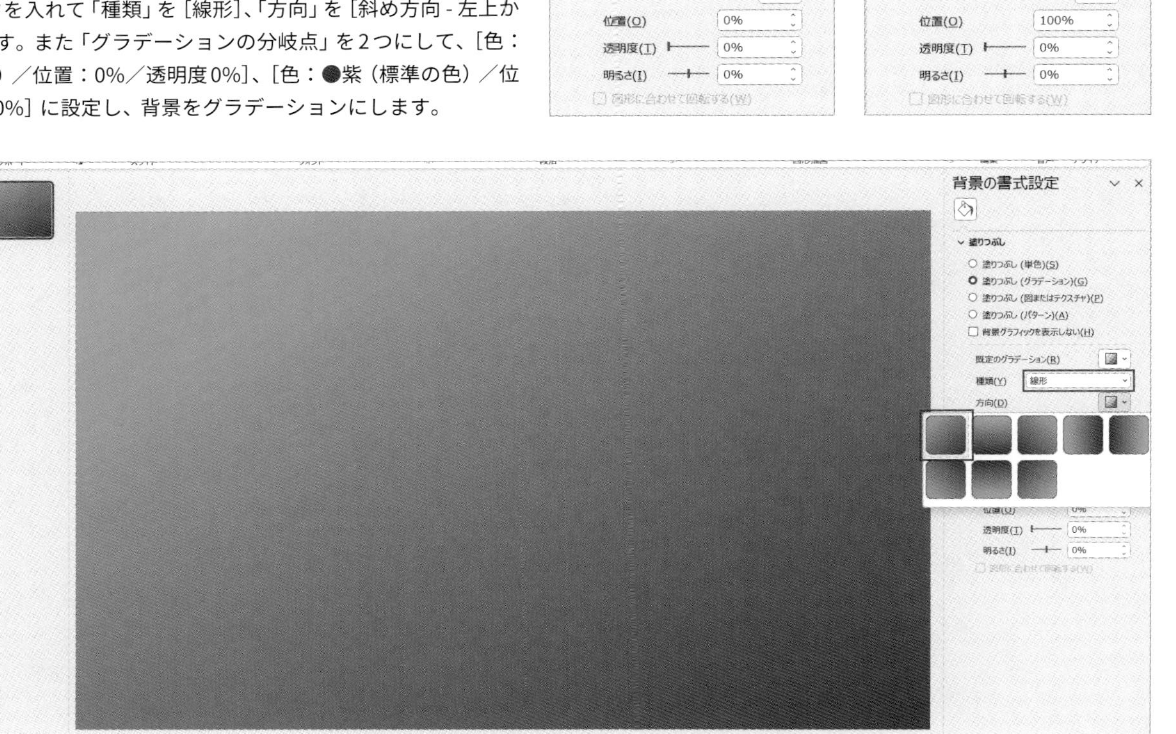

2 見出し・本文・補足文を配置する

[exercise1.txt] の「見出し」の内容をコピーし、[挿入] タブの [図形] から [テキストボックス] を作成してペーストします。同じ手順で [exercise1.txt] の「本文」と「補足文」もそれぞれテキストボックスにペーストします。次に、テキストの書式を下記の値に変更します（設定方法がわからなければ、Drill02とDrill03を見直しましょう）。書式を変更したら、完成ファイルを参考に各テキストが [左右中央揃え] になるよう配置します。

フォント	英数字用フォント　Segoe UI 日本語用フォント　游ゴシック
フォントサイズ	「見出し」：24pt 「本文」：32pt 「補足文」：16pt
スタイル	太字・左右中央揃え
行間	倍数1.25
文字色	○白、背景1

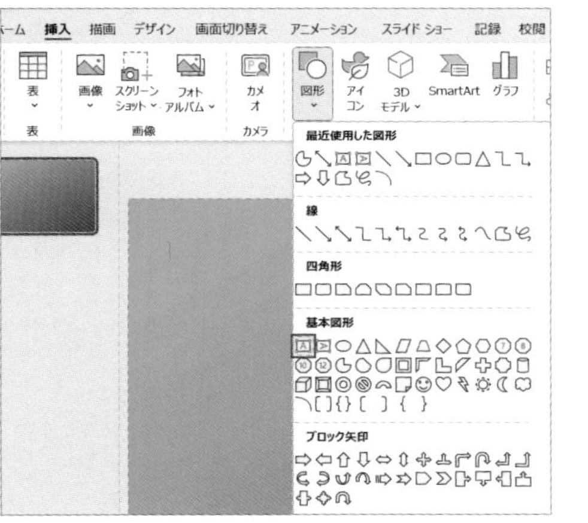

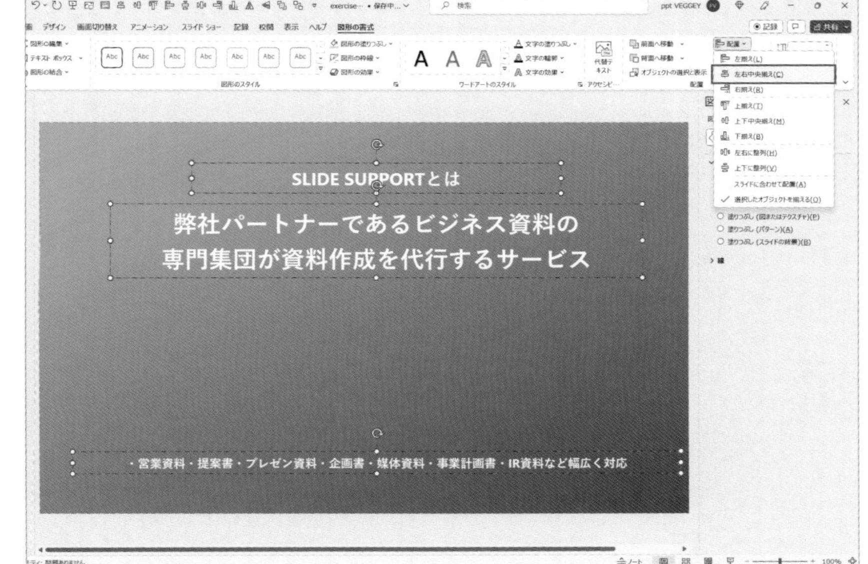

3 ビジネスモデルの枠組みを作る

四角形を作成、整列してビジネスモデルの枠組みを作ります。[挿入] タブの「図形」から [正方形/長方形] を選択して四角形を作成し、[図形の書式] タブで高さ [5.8cm] 幅 [6.8cm] に設定します。次に四角形を選択して、ctrl+shift を押しながら横方向に水平にドラッグして複製を2つ作ります。横に並んだ3つの四角形を選択して、[図形の書式] タブの [配置] から [左右に整列] で等間隔に揃えたのち、ctrl+G でグループ化し、[左右中央揃え] でスライド中央に配置します。スライド中央に配置したら ctrl+shift+G でグループ化を解除して、[図形の書式] タブの [図形の塗りつぶし] で背景色を [○白、背景1]、[図形の枠線] を [枠線なし] に設定します。

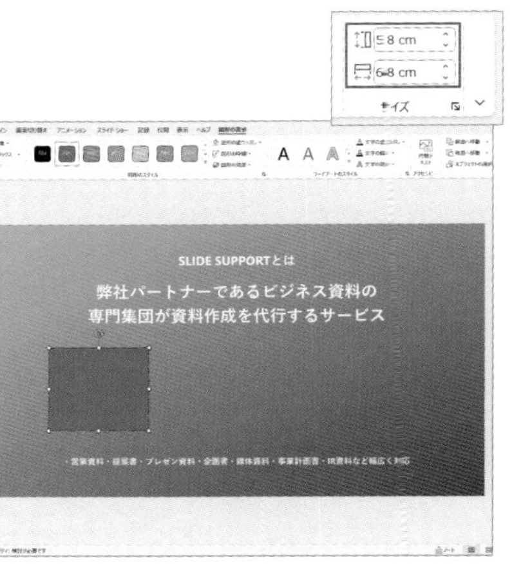

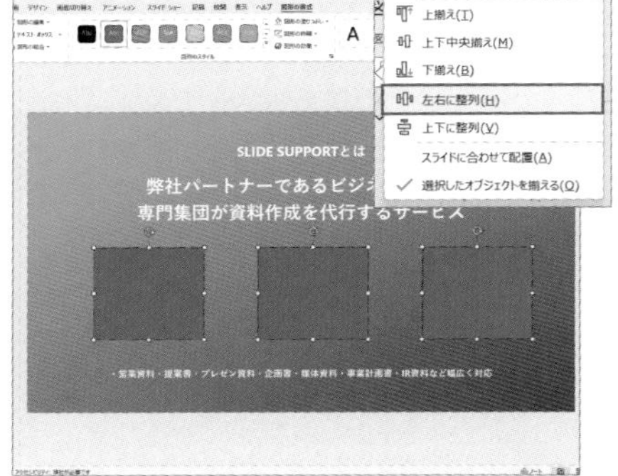

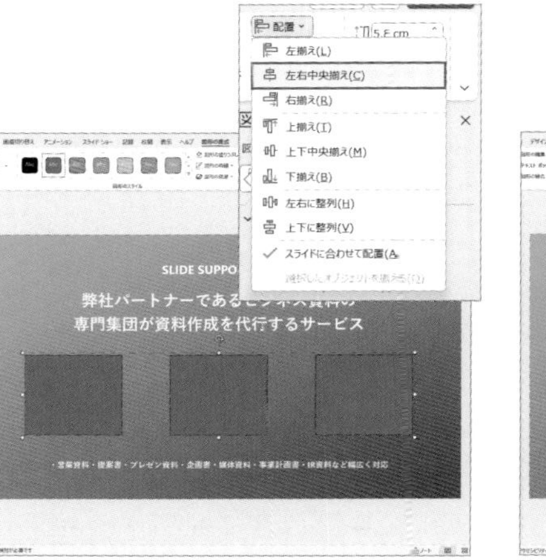

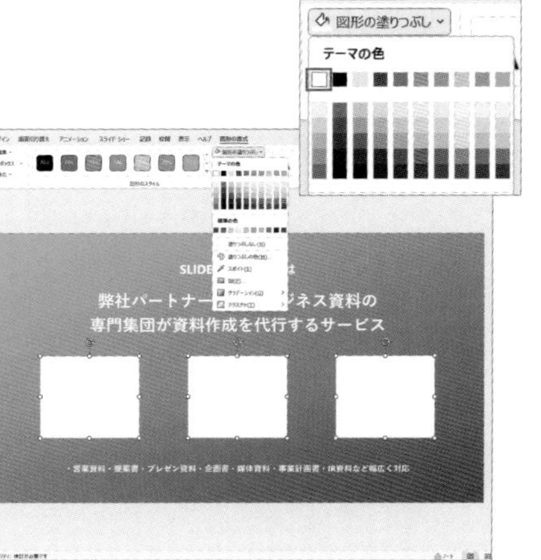

4 矢印を作成して並べる

ビジネスモデルの関係を示すために矢印を作成します。[挿入] タブの「図形」から [線矢印] を選択して、ビジネスモデルの枠組みの間（四角形と四角形の間）に shift を押しながら直線の矢印を作成します。作成した矢印を選択して、作業ウィンドウから「線（単色）」にチェックを入れ、「色」を [○白、背景1]、「幅」を [2pt]、「終点矢印のサイズ」を [開いた矢印] に設定します。完成スライドを参考にしながら、設定した矢印を複製して空いたスペース（四角形と四角形の間）に配置します（矢印を反対向きにするときは、[図形の書式] タブの [回転] で [左右反転] を使用します）。

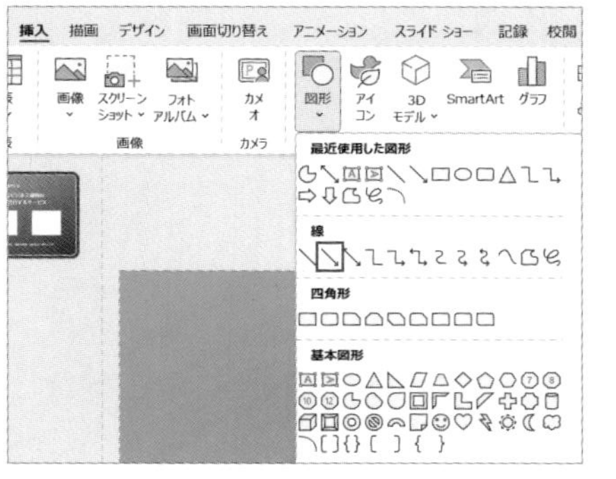

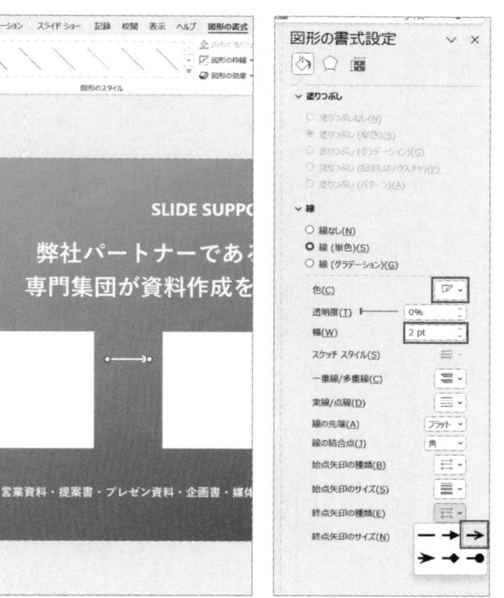

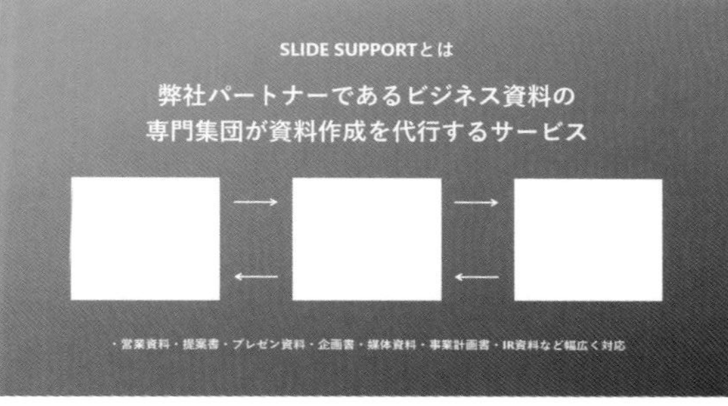

5 アイコンを配置しグラデーションにする

[挿入] タブの [アイコン] をクリックして「ストック画像」を開きます。画像の検索窓に「クライアント」・「チーム」・「紙」とそれぞれ入力して、該当するアイコンを選択しスライドに挿入します。完成スライドを参考にアイコンを配置した後、アイコンに色を入れます。人物のアイコン（クライアント・チーム）を複数選択して [グラフィックス形式] タブの [図形に変換] をクリックし（図形に変換するとグラデーションを設定できるようになります）、作業ウィンドウで [塗りつぶし（グラデーション）] にチェックを入れます。すると、❶の背景グラデーションと同じ色が反映されます。次に書類のアイコンを選択して、作業ウィンドウから「色」を [○白、背景1] に設定します。

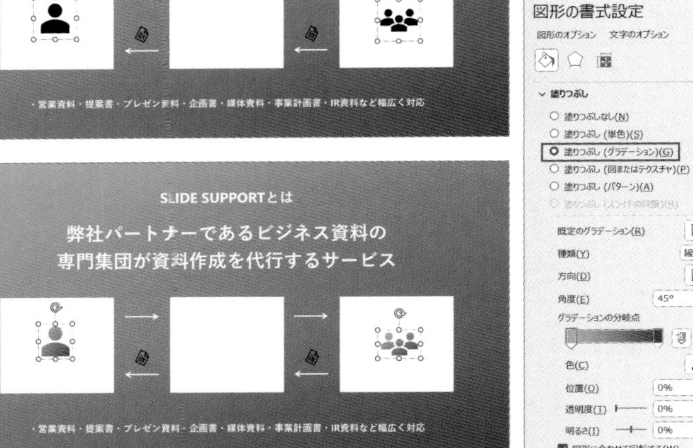

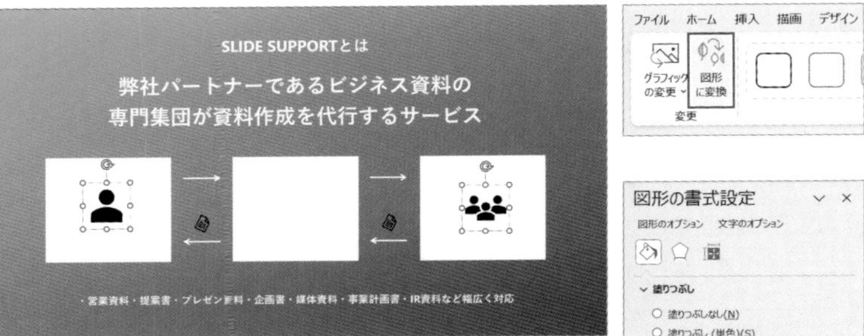

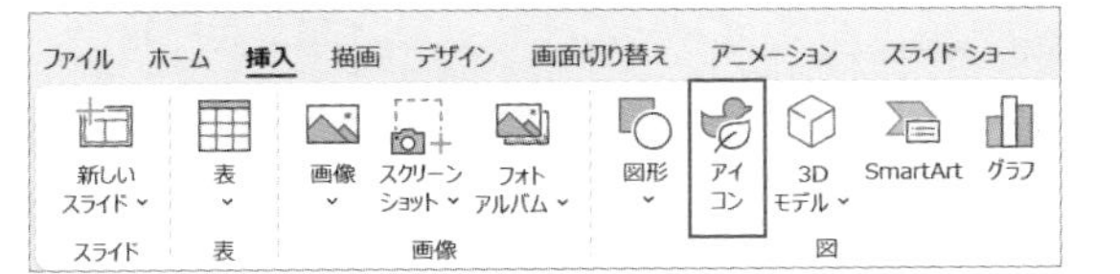
ファイル ホーム 挿入 描画 デザイン 画面切り替え アニメーション スライド ショー
新しいスライド 表 画像 スクリーンショット フォトアルバム 図形 アイコン 3Dモデル SmartArt グラフ
スライド 表 画像 図

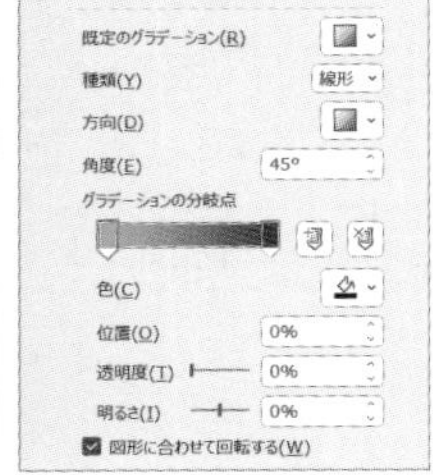

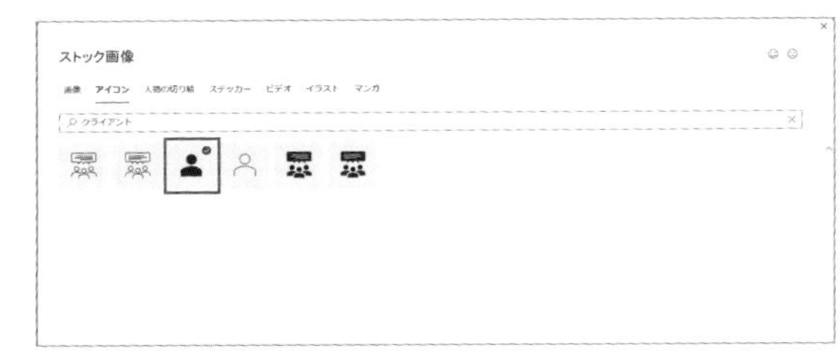
ストック画像

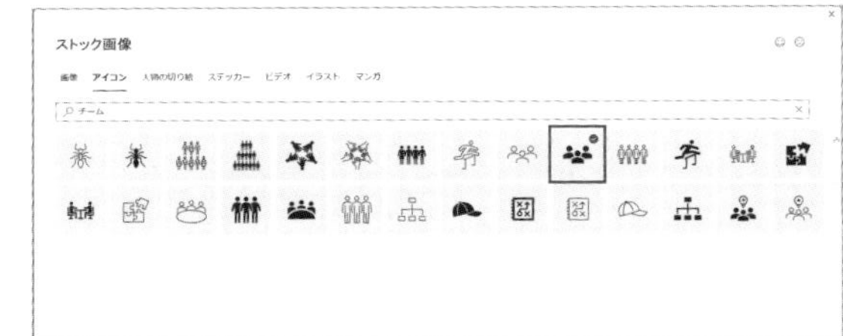
ストック画像

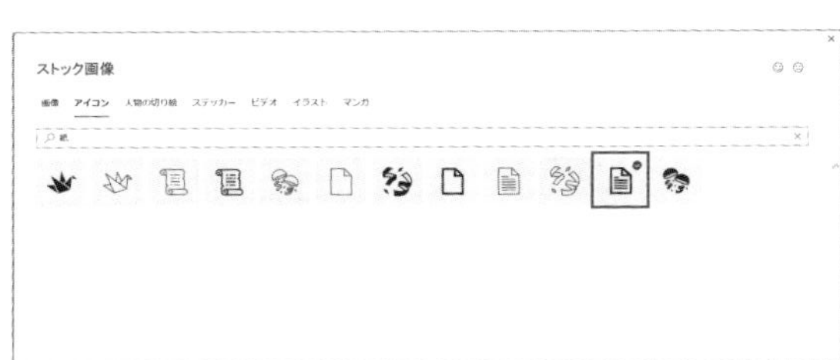
ストック画像

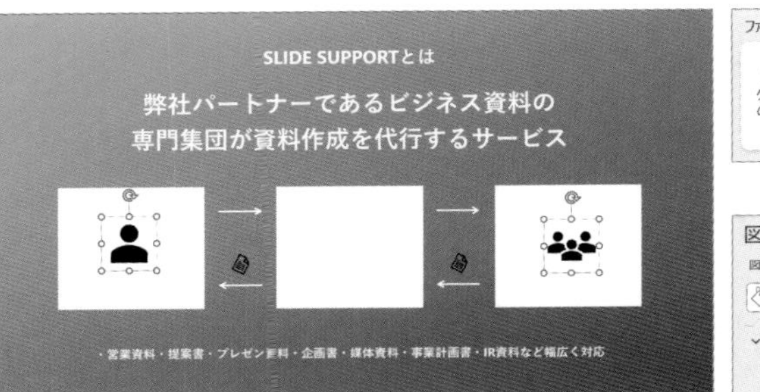
SLIDE SUPPORTとは
弊社パートナーであるビジネス資料の
専門集団が資料作成を代行するサービス

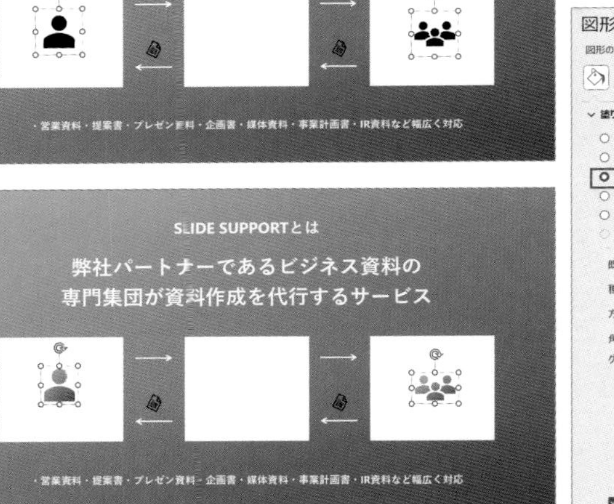
SLIDE SUPPORTとは
弊社パートナーであるビジネス資料の
専門集団が資料作成を代行するサービス

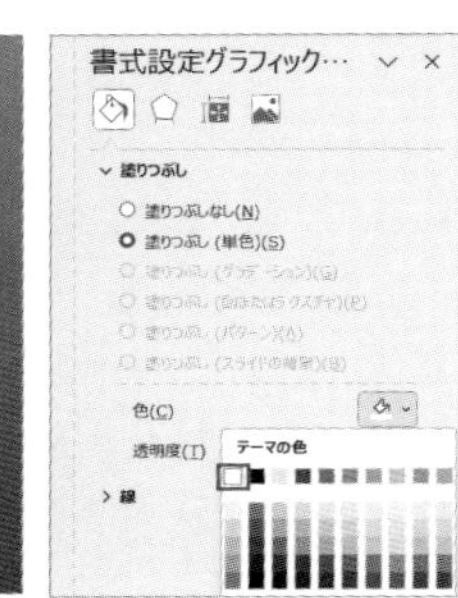

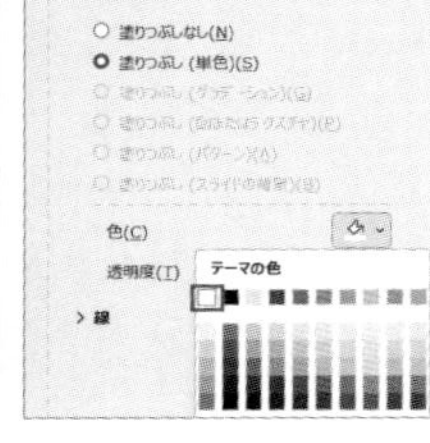
書式設定グラフィック…
塗りつぶし
塗りつぶしなし(N)
塗りつぶし（単色）(S)
色(C)
透明度(T)
テーマの色

6 ビジネスモデルの各文章を配置して書式を変更する

[exercise1.txt] から「ビジネスモデル」の各内容をコピーしてそれぞれテキストボックスにペーストします。ペーストしたテキストの書式を変更し、ビジネスモデルの枠組みに各テキストを整列しながら配置します。

フォント	英数字用フォント　Segoe UI 日本語用フォント　游ゴシック
フォントサイズ	「お客さま」・「専属パートナー」：18pt 「SLIDE SUPPORT」：24pt 「依頼」・「PJ管理」・「納品」・「検品」：12pt
スタイル	太字・左右中央揃え
文字色	「お客さま」・「専属パートナー」：●黒、テキスト1、白＋基本色15% 「依頼」・「PJ管理」・「納品」・「検品」：○白、背景1 （「SLIDE SUPPORT」は❼でグラデーションを設定）

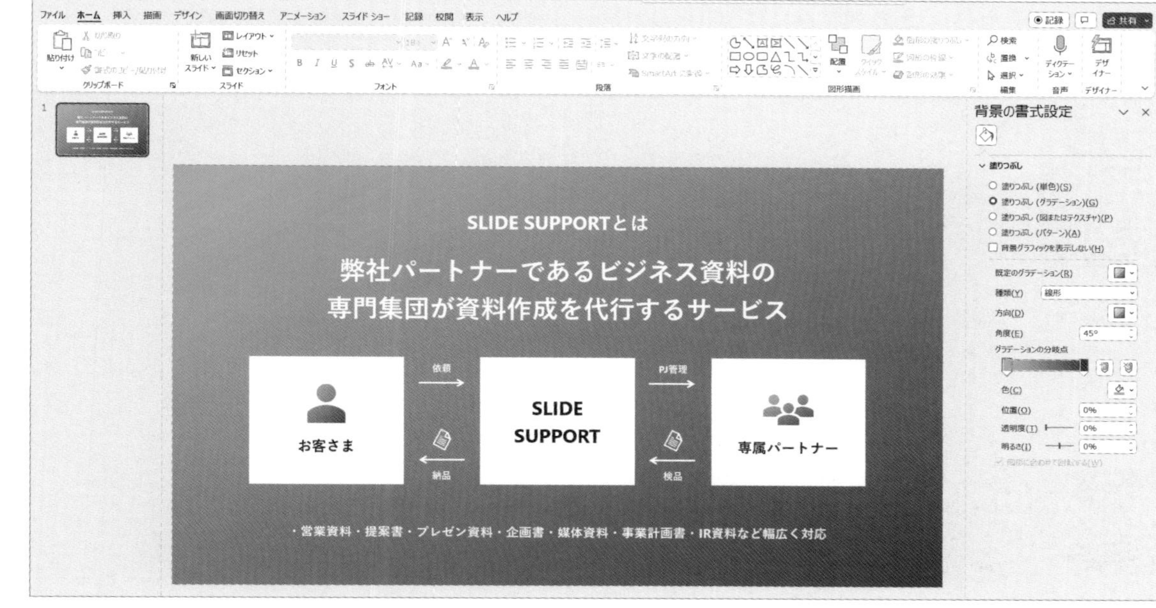

7 「SLIDE SUPPORT」の文字色にグラデーションを設定する

テキスト（「SLIDE SUPPORT」）を選択して、作業ウィンドウの［文字のオプション］をクリックし、文字の設定画面に切り替えて［塗りつぶし（グラデーション）］にチェックを入れます。すると、❶の背景グラデーションと同じ色が反映されます。最後に整列機能を用いて、全体のレイアウトを調整したら完成です。

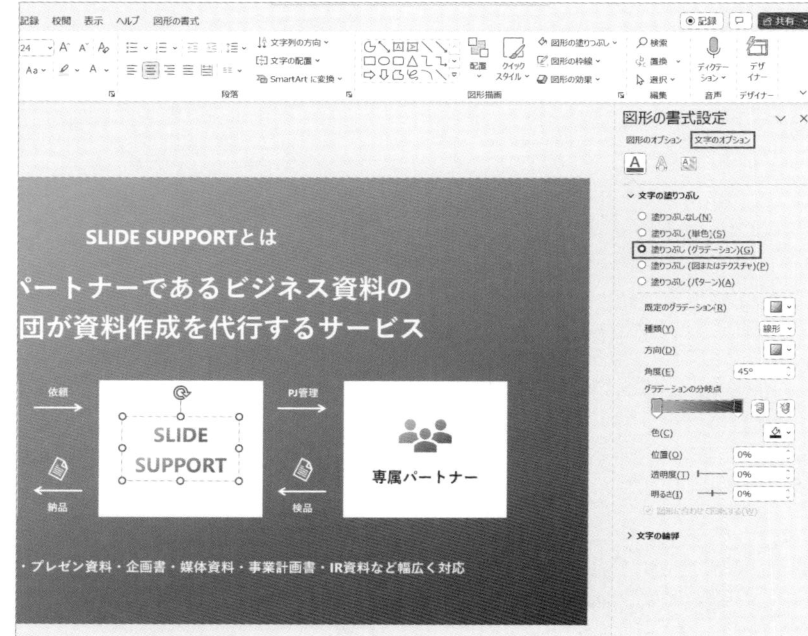

Stepup モックアップや画像を使ったビジネスモデル

ここまでのドリルで学んだテクニックを使って、モックアップや画像を使ったビジネスモデルの作成にトライしてみましょう。スライドを作成するときは以下を意識しながら作業します。

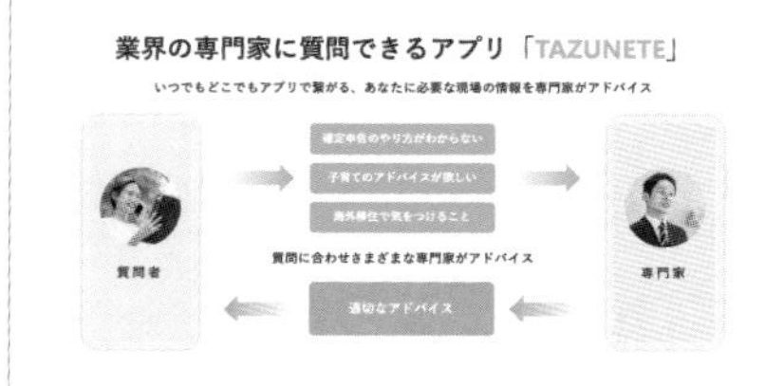

ステップアップ用ファイル stepup1.pptx

- □ カラーコードによる色変更
- □ 各要素（テキスト・オブジェクト）の整列
- □ 画像のトリミング（正円）
- □ 矢印グラデーション

使用する色	●#333333 ○#FFFFFF ●#5BC4B0 ●#D9F0EB ●#F89D85 ●#FEE7DF

★★★ Exercise 02

従業員数と部門ごとの推移をグラフにする

円グラフと棒グラフを用いて、従業員の在籍数と部門ごとの推移を示しましょう。

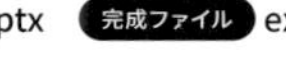

演習用ファイル exercise2.pptx　完成ファイル exercise2-finish.pptx

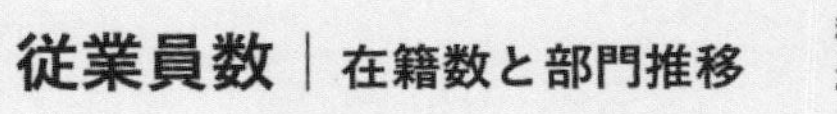

積極採用を継続し、全ての部門で従業員数が増加。
2023年4月期で在籍数112名。

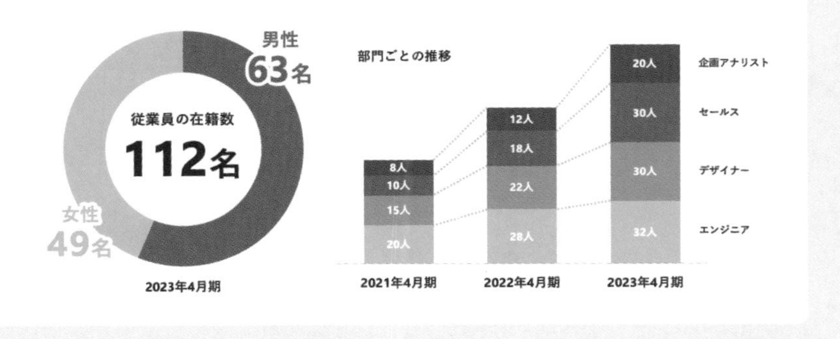

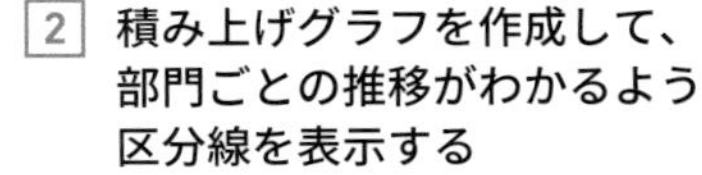

1. ドーナツグラフを作成して男女の在籍数を袋文字にする
2. 積み上げグラフを作成して、部門ごとの推移がわかるよう区分線を表示する
3. データラベルの単位を「人」にする

使用フォント	英数字用フォント　Segoe UI 日本語用フォント　游ゴシック
スタイル	太字
使用する色	#8AC8DD　#349FC6　#1C74B4 #096096　#333333　白、背景1

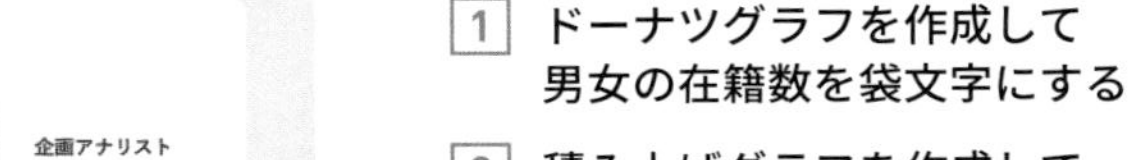

ドーナツグラフを挿入して要素を非表示にする

演習用ファイル［exercise2.pptx］を開きます。［挿入］タブの［グラフ］をクリックして「グラフの挿入」のダイアログボックスを開き、「円」から［ドーナツ］を選択してスライドに挿入します。挿入したドーナツグラフを選択して、グラフエリアの右側にある＋マークをクリックし、「グラフ要素」から「グラフタイトル」と「凡例」のチェックを外して要素を非表示にします。

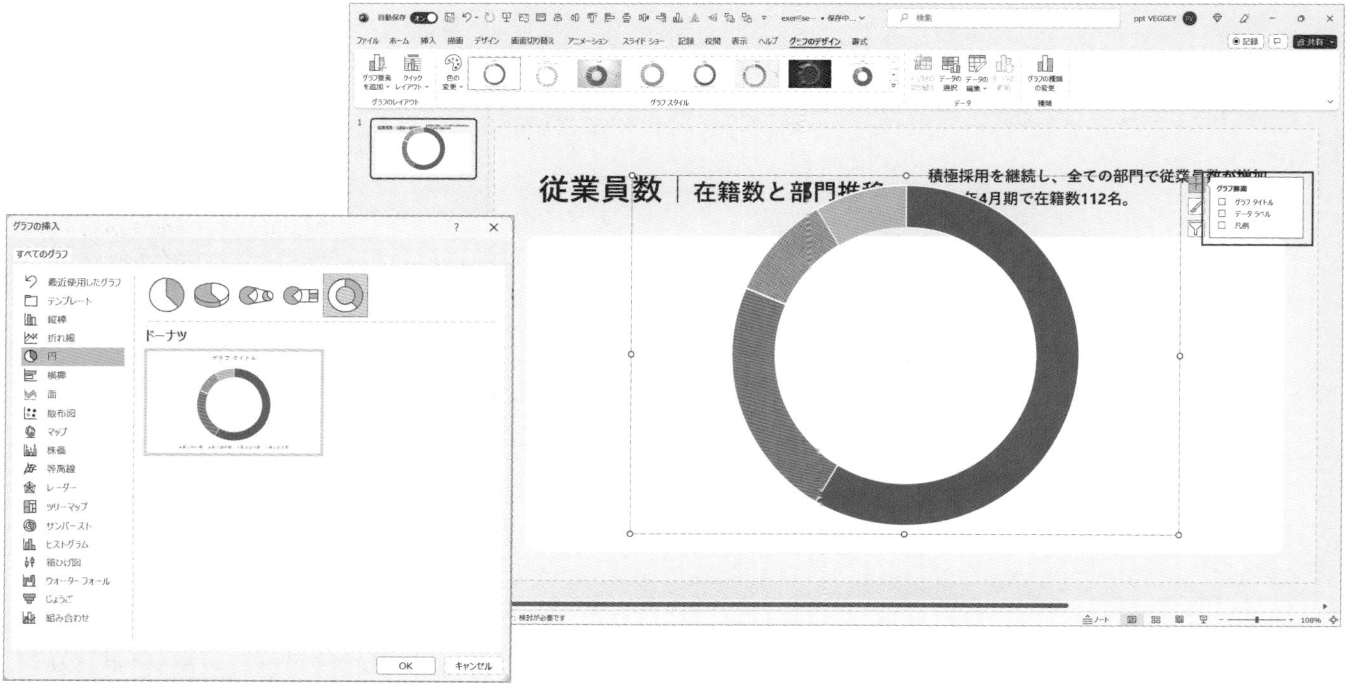

2 ワークシートでデータを編集して配置する

表示されるワークシートにデータを入力します。入力が完了したら、青枠をドラッグしてデータの表示範囲を設定しワークシートを閉じます。最後にドーナツグラフを適切なサイズに変更してスライド左側に配置します。

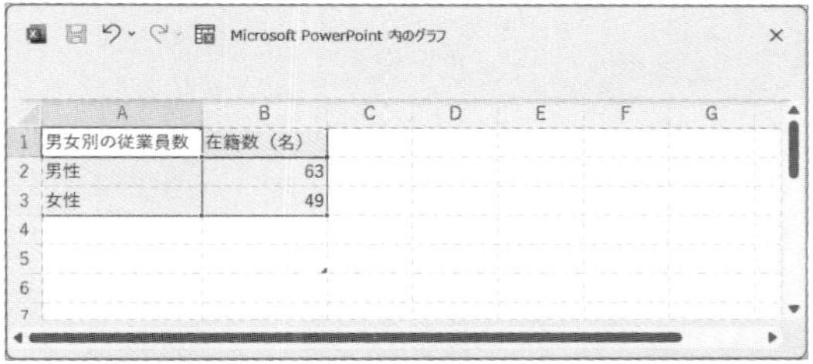

男女別の従業員数	在籍数（名）
男性	63
女性	49

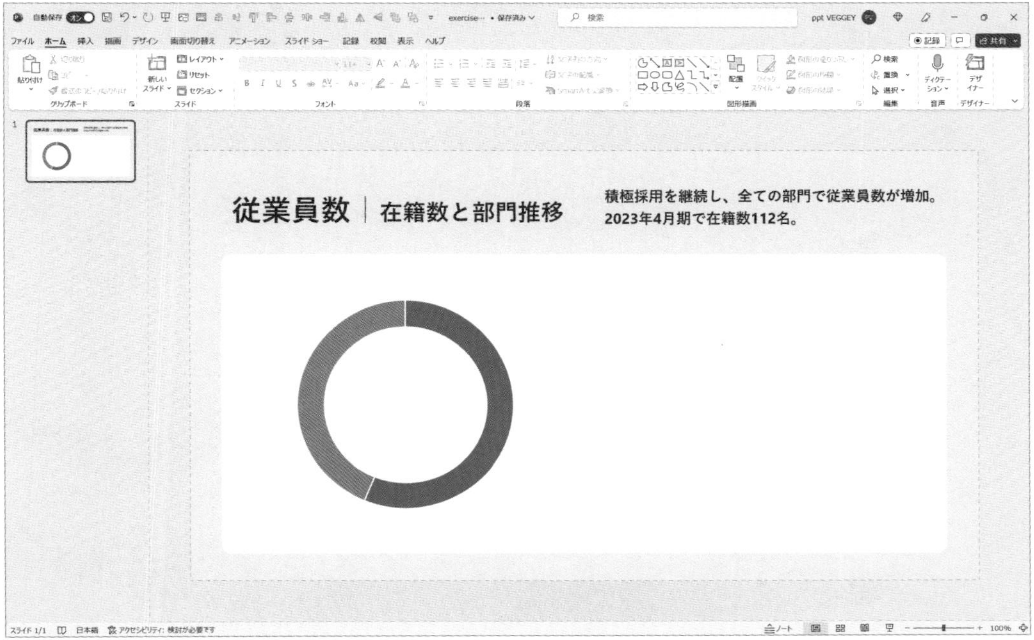

Memo ワークシートでデータの範囲を正確に設定しないと、グラフが正しく表示されない場合があります。

3 ドーナツグラフの色と穴の大きさを変更する

ドーナツグラフの項目（「男性」）を選択して、[書式] タブの [図形の塗りつぶし] で [塗りつぶしの色] を選択し、「色の設定」のダイアログボックスを開きます。[ユーザー設定] をクリックして「Hex」に [● #1C74B4] を設定します。同様の手順でドーナツグラフの項目（「女性」）に [● #8AC8DD] を設定して色を変更します。続けて [書式] タブの [図形の枠線] で [枠線なし] に設定します。最後にドーナツグラフを右クリックして [データ系列の書式設定] を開き、「ドーナツの穴の大きさ」を [65%] に設定して、穴を小さくします。

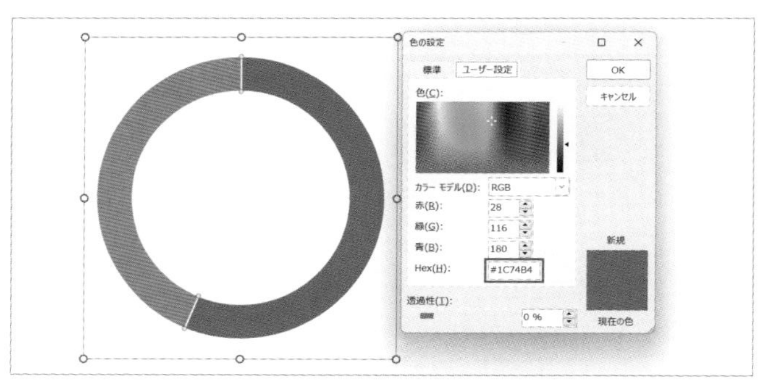

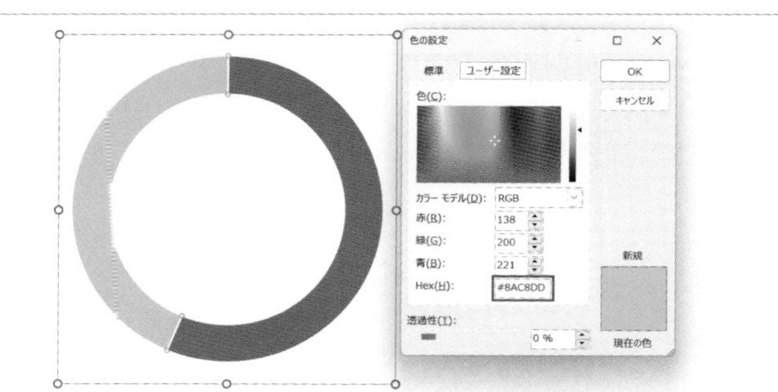

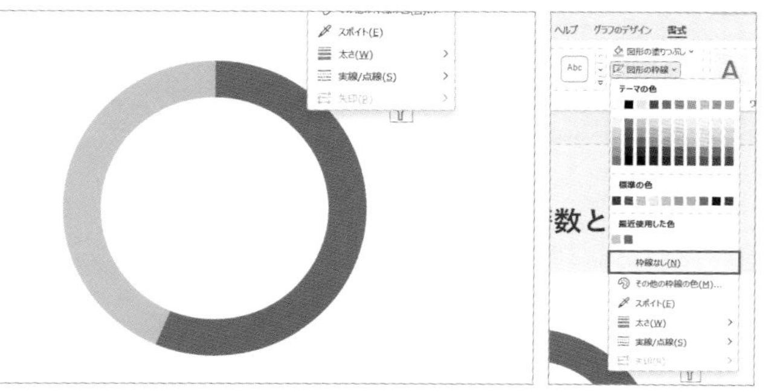

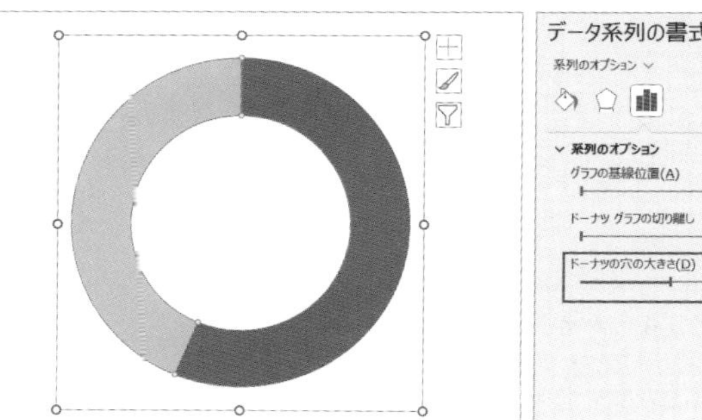

4 男女の在籍数を袋文字にする

まずスライド編集画面の右脇にあるテキスト(「男性63名」・「女性49名」)を右クリックで[最前面へ移動]し、スライド画面の中央に移動します。次に、テキスト(「男性63名」・「女性49名」)を選択して ctrl + shift を押しながら上に向かって垂直にドラッグして複製を作ります。複製元のテキスト(「男性63名」・「女性49名」)を右クリックして[オブジェクトの書式設定]を開き、作業ウィンドウで[文字のオプション]に画面を切り替えます。「文字の輪郭」から[線(単色)]にチェックを入れ、「色」を[○白、背景1]、「幅」を[8pt]に設定します。最後に複製しておいたテキスト(「男性63名」・「女性49名」)と複製元のテキスト(「男性63名」・「女性49名」)を選択して、[図形の書式]タブの[配置]で[下揃え]をクリックして文字を重ね、白縁の袋文字を作成します。

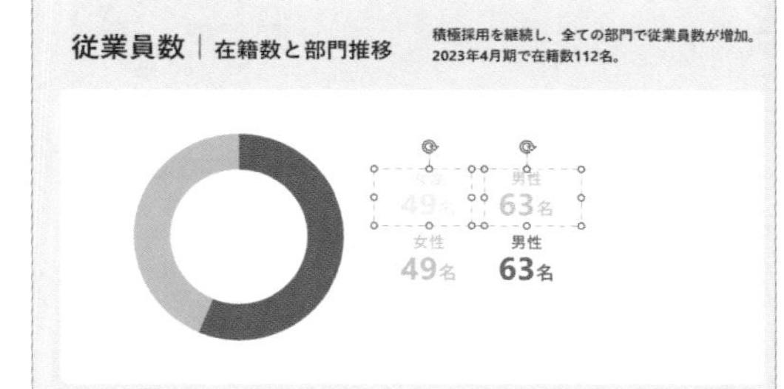

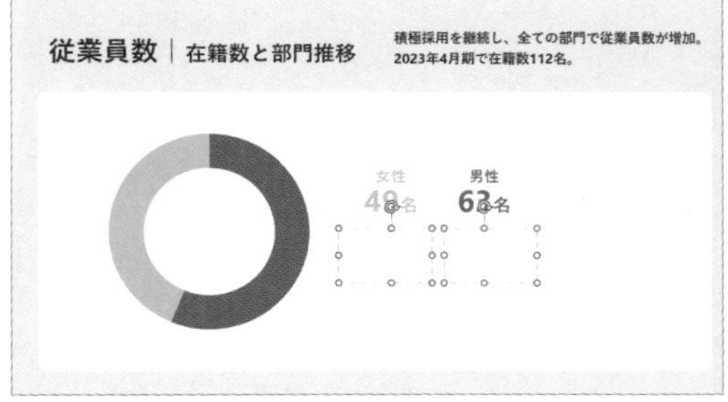

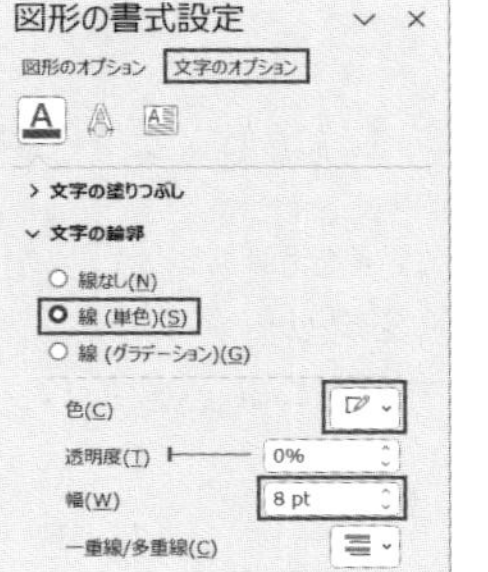

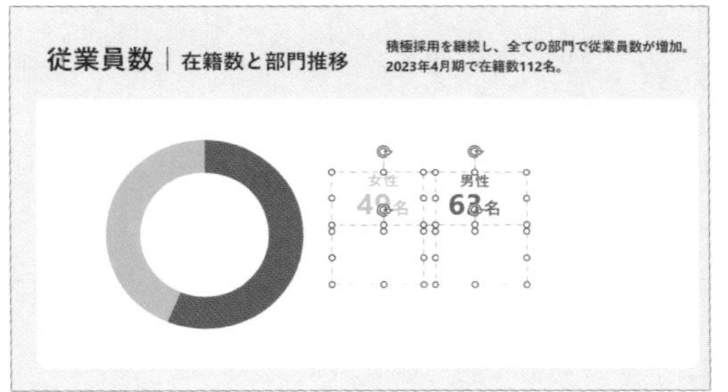

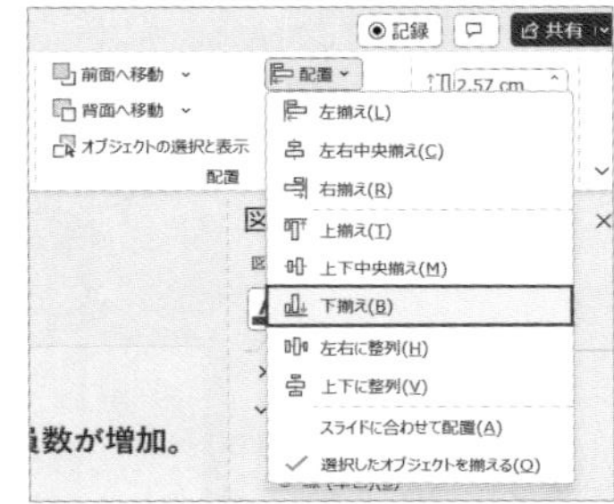

5 ドーナツグラフにテキストを配置する

❹で作成した袋文字を、それぞれ ctrl + G でグループ化してドーナツグラフの対応する項目に配置します。またスライド右脇にあるテキスト（「従業員の在籍数112名」・「2023年4月期」）を右クリックで［最前面へ移動］したのち、テキスト（「従業員の在籍数112名」）はドーナツグラフの穴の部分に、テキスト（「2023年4月期」）はドーナツグラフの下部に配置します。

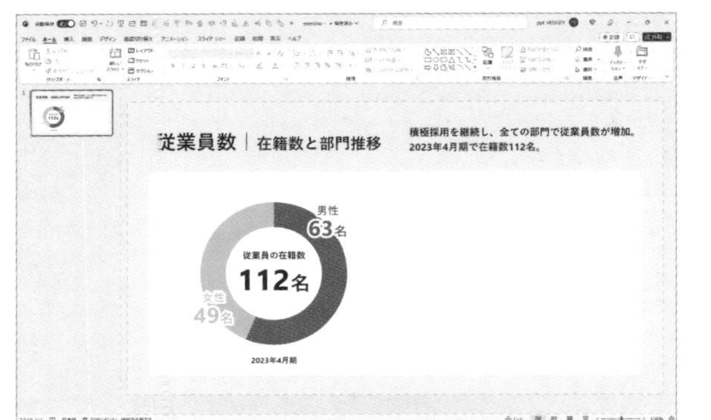

6 積み上げ縦棒グラフを作成する

部門ごとの推移を示す積み上げ縦棒グラフを作成します。［挿入］タブの［グラフ］をクリックして「グラフの挿入」のダイアログボックスを開きます。左側メニューの「縦棒」から［積み上げ縦棒］をクリックし、積み上げ縦棒グラフを挿入します。挿入した積み上げ縦棒グラフを選択して、グラフエリアの右側にある＋マークをクリックし「グラフ要素」を開き、「第1横軸」以外のチェックを外して要素を非表示にします。

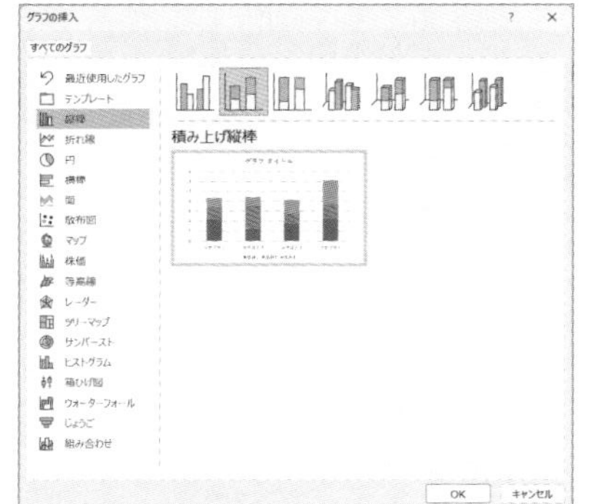

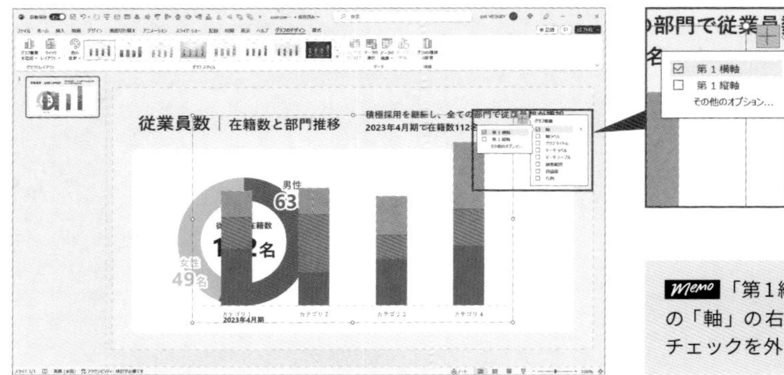

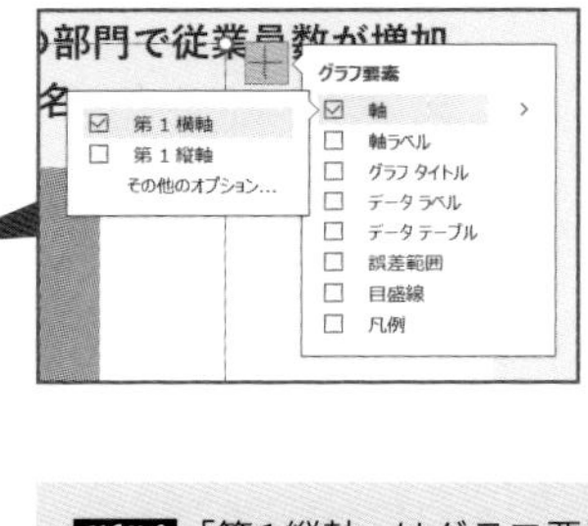

Memo 「第1縦軸」はグラフ要素の「軸」の右側にある矢印からチェックを外すことができます。

7 ワークシートでデータを編集して配置する

積み上げ縦棒グラフを挿入した際に表示されるワークシートにデータを入力します。

部門ごとの従業員推移	エンジニア	デザイナー	セールス	企画アナリスト
2021年4月期	20	15	10	8
2022年4月期	28	22	18	12
2023年4月期	32	30	30	20

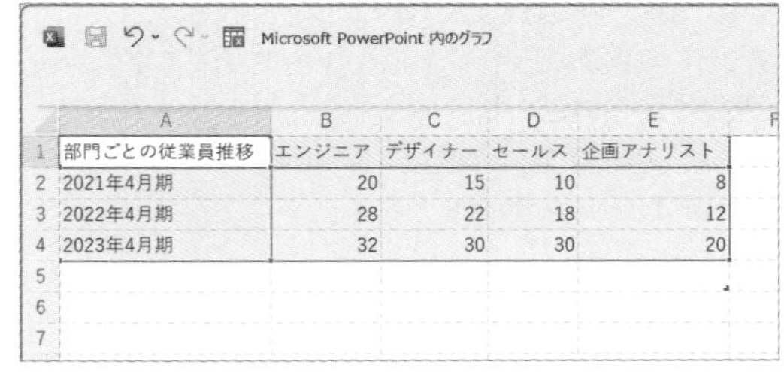

	A	B	C	D	E
1	部門ごとの従業員推移	エンジニア	デザイナー	セールス	企画アナリスト
2	2021年4月期	20	15	10	8
3	2022年4月期	28	22	18	12
4	2023年4月期	32	30	30	20
5					
6					
7					

データ入力が完了したら、データの表示範囲を設定してワークシートを閉じます。最後に、積み上げ縦棒グラフを適切なサイズに変更してスライド右側に配置します。

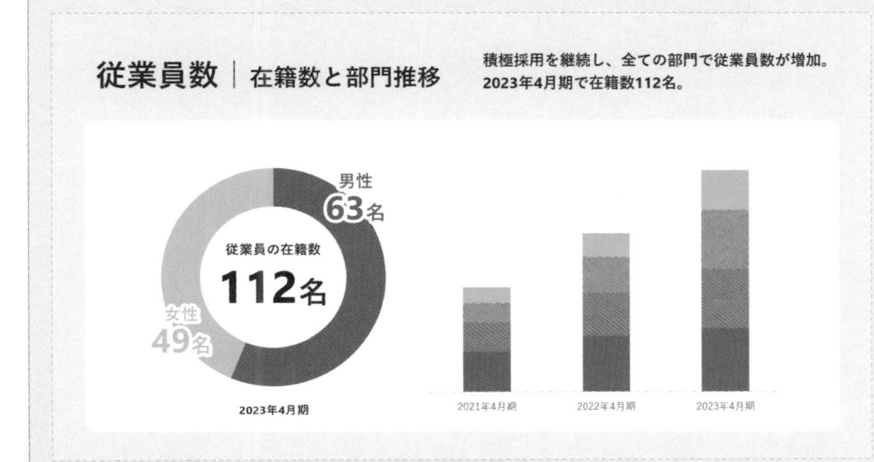

8 積み上げ縦棒グラフの色を変更する

積み上げ縦棒グラフの項目（「エンジニア」）を選択して、[書式]タブの［図形の塗りつぶし］で［塗りつぶしの色］を選択し、「色の設定」のダイアログボックスを開きます。[ユーザー設定] をクリックして「Hex」に［● #8AC8DD］を設定します。同様の手順で、そのほかの項目も色を変更します。

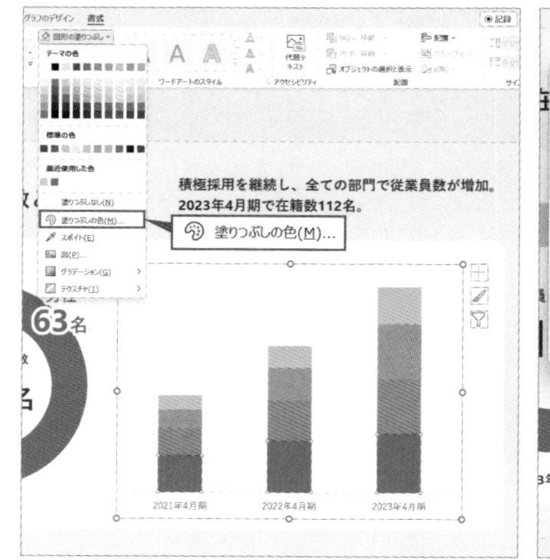

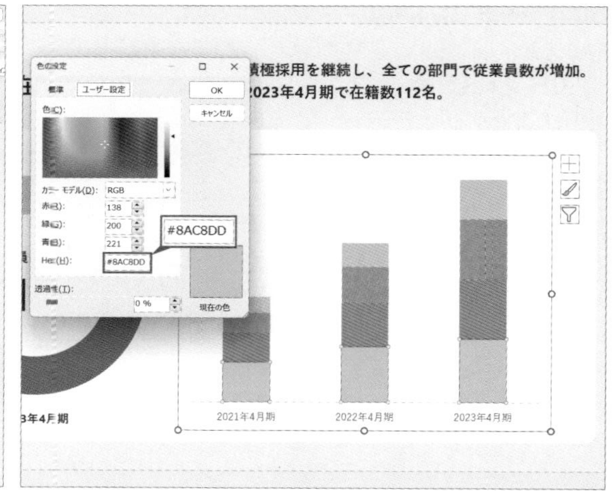

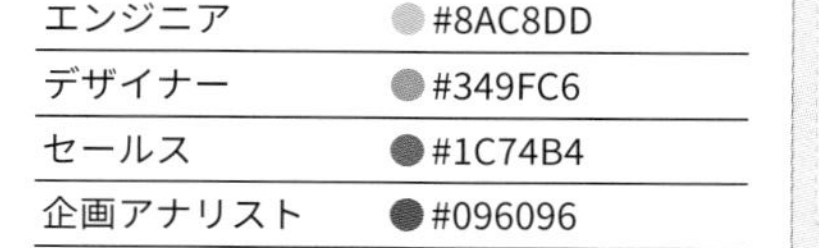

エンジニア	● #8AC8DD
デザイナー	● #349FC6
セールス	● #1C74B4
企画アナリスト	● #096096

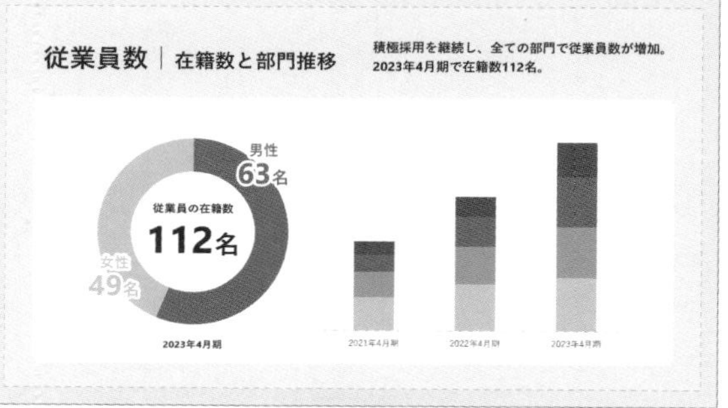

9 データラベルを表示して単位「人」を設定する

積み上げ縦棒グラフを選択して、[グラフのデザイン] タブの [グラフ要素を追加] をクリックし、[データラベル] から [中央] を選択してデータラベルを表示します。次に、積み上げ縦棒グラフで任意の項目のデータラベルを右クリックして [データラベルの書式設定] を開きます。作業ウィンドウで「表示形式」の「カテゴリ」を [ユーザー設定] に変更し、「表示形式コード」に [0"人"] と入力してから [追加] をクリックします。すると、選択した項目のデータラベルに単位が表示されます。積み上げ縦棒グラフでは、一度にすべてのデータラベルの単位を設定することができないため、そのほかの項目についても項目ごとに単位を設定します。設定する際は「表示形式」の「カテゴリ」を [ユーザー設定] に変更して、「種類」から先ほど追加した [0"人"] を選択します。

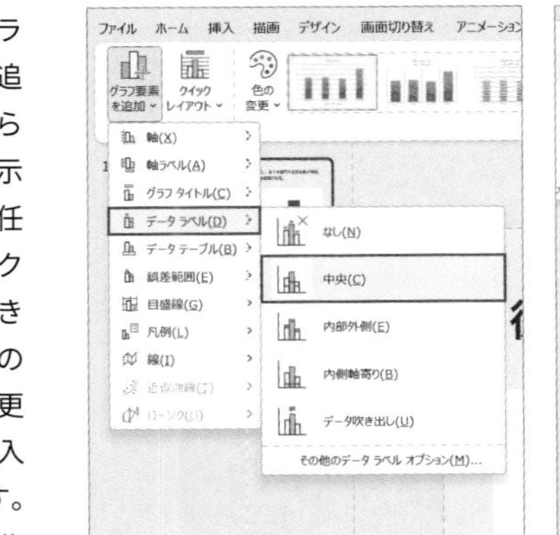

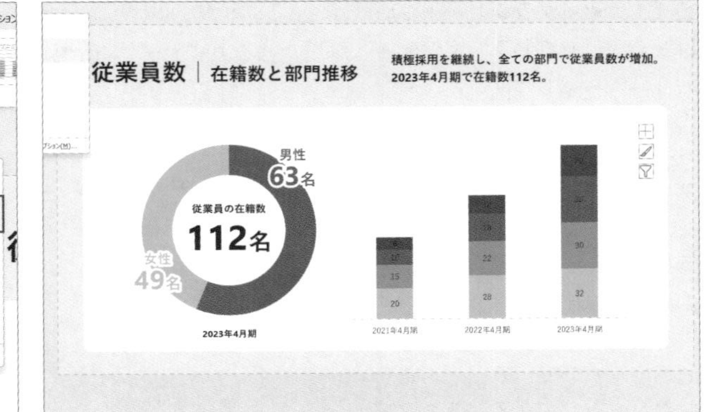

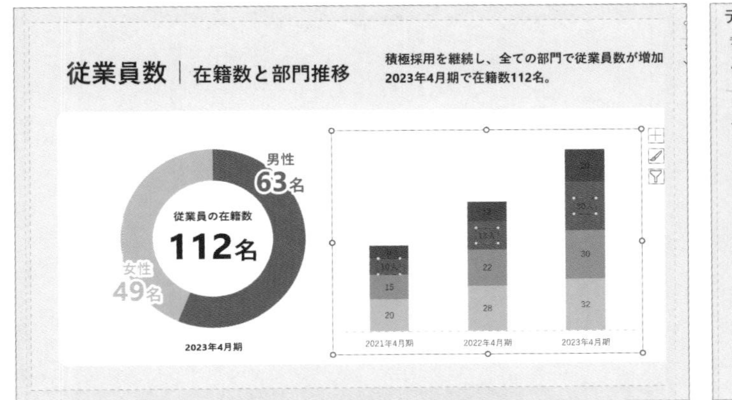

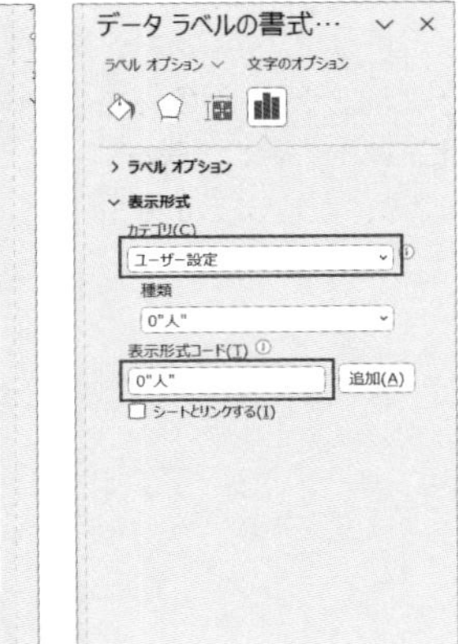

Memo 一度、表示形式コードで追加した単位は、ユーザー設定の「種類」から選ぶことができます。

棒の間隔を調整して、区分線を入れる

積み上げ縦棒グラフの任意の項目を右クリックして［データ系列の書式設定］を開きます。作業ウィンドウで「要素の間隔」を［80%］に設定し、棒同士の間隔を調整します。次に［グラフのデザイン］タブの［グラフ要素を追加］をクリックして、下部にある［線］から［区分線］を選択します。グラフに区分線が表示されるので、その区分線を右クリックして［区分線の書式設定］を開きます。作業ウィンドウで「色」を［●スカイブルー（最近使用した色）］、「幅」を［2pt］に設定し、「実線/点線」を［点線（丸）］にします。

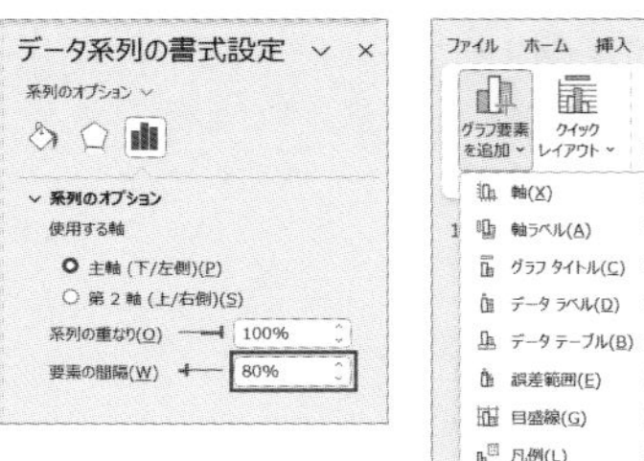

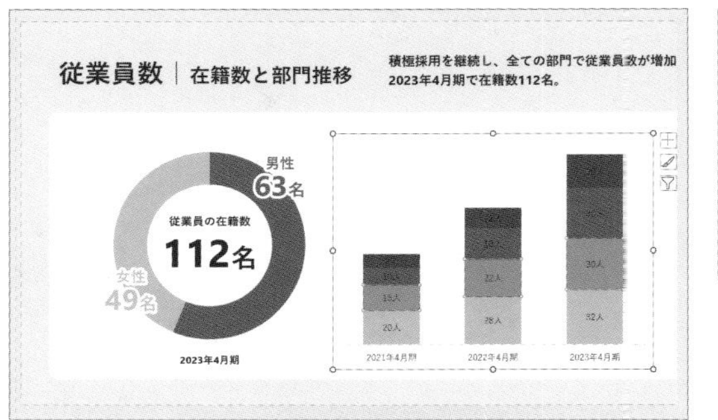

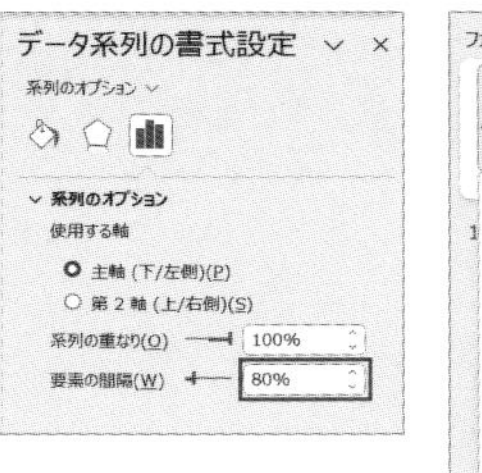

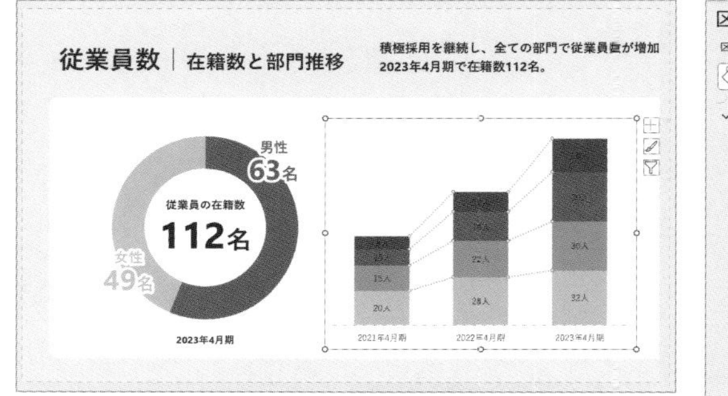

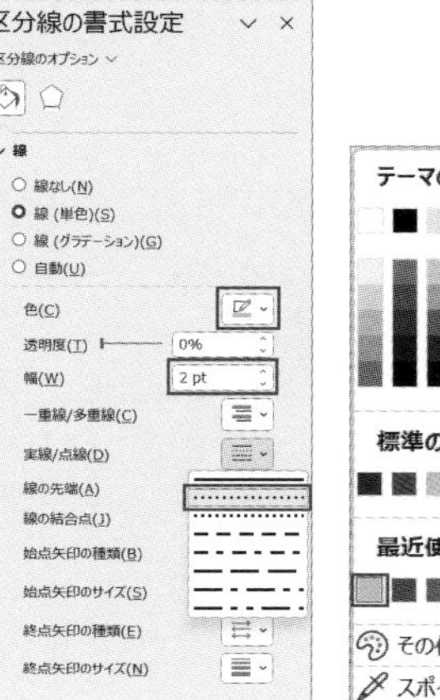

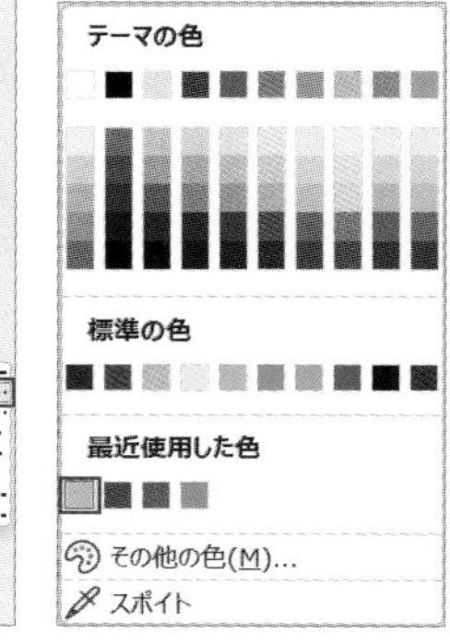

11 フォントを変更して、テキストを配置する

積み上げ縦棒グラフを選択して ctrl + T で「フォント」のダイアログボックスを開きます。「英数字用のフォント」に［Segoe UI］、「日本語用のフォント」に［游ゴシック］を設定し、「スタイル」を［太字］にします。次にデータラベルの文字色をすべて［○白、背景1］に、第1横軸（「2021年4月期」・「2022年4月期」・「2023年4月期」）を［● #333333］に設定します。最後にスライド編集画面の右脇にあるテキスト（「部門ごとの推移」）を積み上げ縦棒グラフの左上に、テキスト（「エンジニア」・「デザイナー」・「セールス」・「企画アナリスト」）を各項目の右隣に配置して完成です。

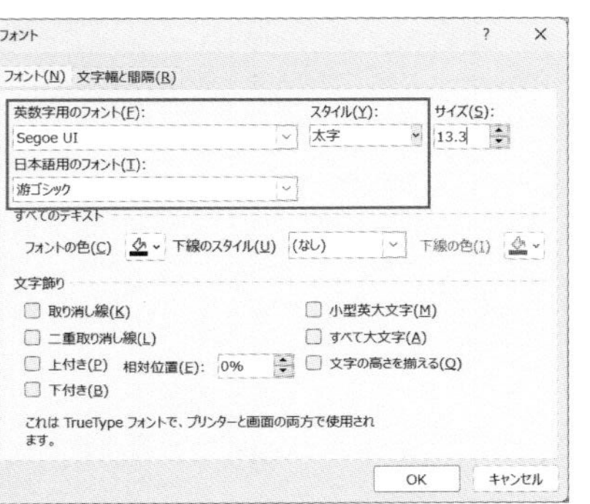

フォント	英数字用フォント　Segoe UI 日本語用フォント　游ゴシック
スタイル	太字
文字色	データラベル：○白、背景1 第1横軸：● #333333

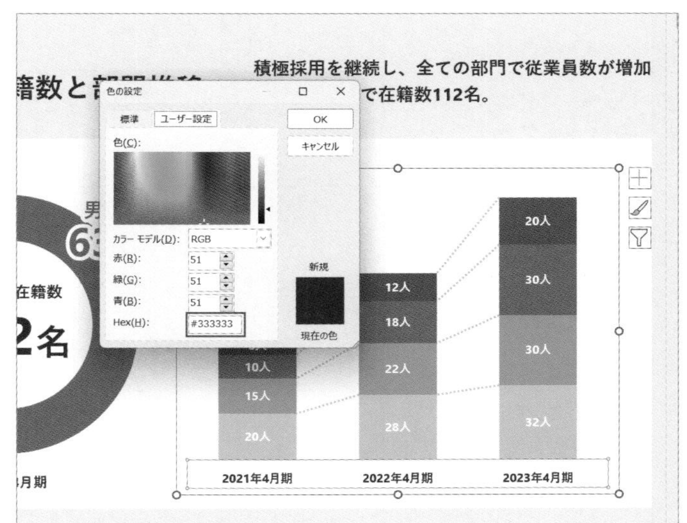

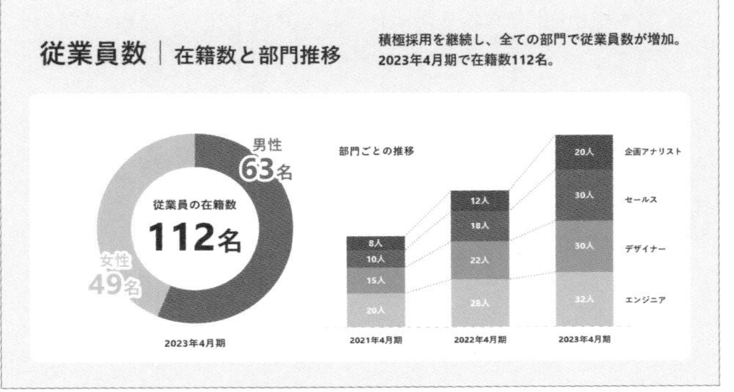

Stepup インフォグラフィックでグラフを作る

アイコンを利用してインフォグラフィックでグラフを作成しましょう。インフォグラフィックで示すことでビジネス資料をキャッチーに魅せることができます。スライド作成にあたって下記のポイントを意識しながら作成しましょう。またアイコンは「ストック画像」のものを使用しましょう。

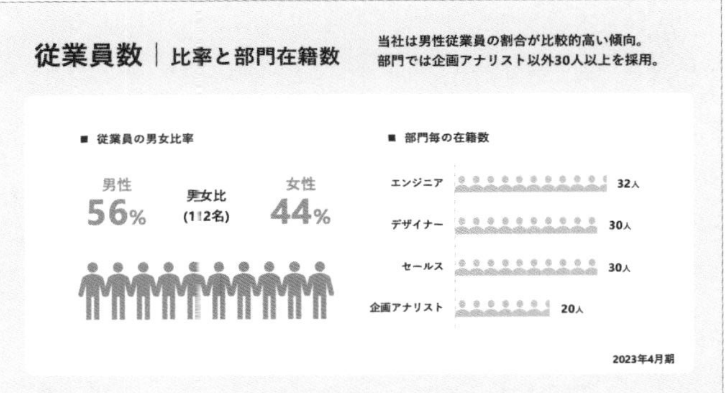

- □ フォントの書式（日本語：游ゴシック、英数字：Segoe UI）
- □ アイコンを図形に変換
- □ 男性と女性のアイコンの切れ目はグラデーションで表現
- □ %などの単位はフォントを小さく

また本編ではグラフにアイコンを挿入する方法を取り扱っていなかったので下記をHintに作成しましょう。

グラフにアイコンを挿入する場合

1. 挿入するアイコンを ctrl + C でコピー
2. 棒グラフを選択し、作業ウィンドウの「塗りつぶし（図またはテクスチャ）」にチェックを入れて「クリップボード」をクリック
3. 「積み重ね」をチェック
4. 「要素の間隔」でアイコンのサイズを調整

Column

資料作成に使えるプレゼンテーションツール

本書で紹介したPowerPoint以外にもさまざまなプレゼンテーションツールがありますが、ここでは資料作成ツールとしてビジネス利用が進むGoogleスライドについて紹介します。

Googleスライドとは

PowerPointに代わるツールとして、多くの企業で利用されているのがGoogleスライドです。無料で利用できることに加え、PowerPointと似たような画面構成のためPowerPointの操作に慣れている方なら比較的簡単に扱うことができます。さらにクラウド上にデータが保存されるため、複数の人がオンライン上で編集できるだけでなく、スマートフォンやタブレットなど別端末からも操作可能です。

GoogleスライドとPowerPointの互換性

GoogleスライドとPowerPointの間には一定の互換性がありますが、PowerPointで作成したファイルをGoogleスライドで開く場合には使用しているフォントに気をつける必要があります。もしPowerPointで使用したフォントがGoogleスライドに搭載されていない場合、文字やレイアウトが崩れて表示されてしまいます。そのため、GoogleスライドとPowerPointを横断して利用する際は、事前にどのフォントが安定して表示されるか確認することが重要です。「プレゼンデザイン」さんの記事でGoogleスライドのフォントについて詳しく書かれているので、一度目を通しておくとよいかもしれません。

※ https://ppt.design4u.jp/how-to-choose-the-best-fonts-for-google-slides-2022/

参考書籍リスト

『伝わるデザインの基本　よい資料を作るためのレイアウトルール』（高橋佑磨、片山なつ／技術評論社）

『シーンごとにマネして作るだけ！見やすい資料のデザイン図鑑』（森重湧太／インプレス）

『「デザイン」の力で人を動かす　プレゼン資料作成「超」授業』（宮城信一／SBクリエイティブ）

『PowerPoint「最強」資料のデザイン教科書』（福元雅之／技術評論社）

『伝わる［図・グラフ・表］のデザインテクニック』（北田荘平、渡邉真洋／MdM）

『外資系コンサルが実践する 図解作成の基本』（吉澤準特／すばる舎）

『秒で使えるパワポ術　一瞬で操作、一瞬で解決』（豊間根青地／KADOKAWA）

『一生使える 見やすい資料のデザイン入門』（森重湧太／インプレス）

『25の実例で学ぶ！ビジネス資料のRe：デザイン』（廣島淳／ソーテック社）

『パワポdeデザイン PowerPointっぽさを脱却する新しいアイデア』（菅新汰／インプレス）

『誰でも作れるセンスのいいパワポ　PowerPointデザインテクニック』（白木 久弥子／MdM）

Profile

VEGGEY（ベジー）
フリーランスとして活動する資料制作デザイナー。大手企業を含め200社以上のビジネス資料を支援。SNSを通じて資料づくりに関わるデザインやテクニックを配信中。

ブックデザイン　宮嶋章文
レイアウト　株式会社シンクス
編集　関根康浩
協力　大村優介

パワポの5分ドリル
PowerPoint（パワーポイント）の「伝わる」資料デザイン

2023年10月18日　初版第1刷発行

著　者　VEGGEY（ベジー）
発行人　佐々木幹夫
発行所　株式会社翔泳社（https://www.shoeisha.co.jp）
印刷・製本　中央精版印刷株式会社

※ 本書へのお問い合わせについては、7ページに記載の内容をお読みください。
※ 造本には細心の注意を払っておりますが、万一、乱丁（ページの順序違い）や落丁（ページの抜け）がございましたら、お取り替えいたします。03-5362-3705までご連絡ください。
ISBN 978-4-7981-8125-7　Printed in Japan